食品科技译丛

微藻生物技术在食品、保健品和高价值产品中的应用

Microalgae Biotechnology for Food, Health and High Value Products

［孟加拉］穆罕默德·阿斯拉夫·阿拉姆

许敬亮   编著

王忠铭

杨 旭   何玉远   译

中国纺织出版社有限公司

原文书名:Microalgae Biotechnology for Food, Health and High Value Products

原作者名:Md. Asraful Alam Jing-Liang Xu Zhongming Wang

First published in English under the title

Microalgae Biotechnology for Food, Health and High Value Products

edited by Md Asraful Alam, Jing-Liang Xu and Zhongming Wang, edition:1

Copyright © Springer Nature Singapore Pte Ltd., 2020

This edition has been translated and published under licence from

Springer Nature Singapore Pte Ltd.

Springer Nature Singapore Pte Ltd. takes no responsibility and shall not be made liable for the accuracy of the translation.

本书中文简体版经 Springer Nature Singapore Pte Ltd.授权,由中国纺织出版社有限公司独家出版发行。本书内容未经出版者书面许可,不得以任何方式或任何手段复制、转载或刊登。

著作权合同登记号:图字:01-2022-6239

图书在版编目(CIP)数据

微藻生物技术在食品、保健品和高价值产品中的应用/
(孟加拉) 穆罕默德·阿斯拉夫·阿拉姆,许敬亮,王忠铭编著;杨旭,何玉远译.--北京:中国纺织出版社有限公司,2023.7

(食品科技译丛)

书名原文:Microalgae Biotechnology for Food, Health and High Value Products

ISBN 978-7-5180-9939-9

Ⅰ.①微… Ⅱ.①穆…②许…③王…④杨…⑤何… Ⅲ.①微藻-生物工程-应用 Ⅳ.①Q949.2

中国版本图书馆 CIP 数据核字(2022)第 191872 号

责任编辑:闫 婷 金 鑫 责任校对:江思飞 责任印制:王艳丽

中国纺织出版社有限公司出版发行

地址:北京市朝阳区百子湾东里 A407 号楼 邮政编码:100124

销售电话:010—67004422 传真:010—87155801

http://www.c-textilep.com

中国纺织出版社天猫旗舰店

官方微博 http://weibo.com/2119887771

北京华联印刷有限公司印刷 各地新华书店经销

2023 年 7 月第 1 版第 1 次印刷

开本:710×1000 1/16 印张:21.25

字数:545 千字 定价:168.00 元

凡购本书,如有缺页、倒页、脱页,由本社图书营销中心调换

前　言

从人类营养、食品/饲料添加剂、化妆品、药品和保健品到新兴领域,包括生物塑料、生物聚合物和水产养殖生物的疫苗接种剂,微藻是最吸引人的产品来源之一。2017 年,全球微藻产品市场价值为 32.60 亿美元,预计到 2026 年将达到53.43 亿美元。目前正在商业化或正在考虑商业化提取的主要产品包括人类营养物质、动物和水产饲料、藻胆素、β-胡萝卜素、多糖、多不饱和脂肪酸、维生素、甾醇、稳定同位素生物化学品,用于人类和动物健康的抗菌、抗病毒和抗癌药物的生物活性分子。在接下来的十年中可能会产生更多新的产品。此外,商业藻类生产被称为一种新的农业现象,可以为数百种新产品提供可持续的蛋白质和油脂原料,吸收数百万吨二氧化碳、处理废水并成为世界各地经济增长的驱动力。我们在上一本书《发展生物燃料和废水处理的微藻生物技术》中介绍了微藻,这是一种非常有前途的生物质资源,可以用于废水处理和生产生物燃料。那本书大量介绍了微藻在新鲜或废水中的培养和收获技术,包括开放系统和封闭系统。《微藻生物技术在食品、保健品和高价值产品中的应用》关注微藻的各种应用,包括人类营养、食品/饲料添加剂、化妆品、医药健康和土壤改良等。涵盖了由一群致力于推动微藻应用于人类的作者收集的相关研究成果。我们相信本书对致力于推动微藻生物技术在健康、饮食、营养、化妆品和生物材料等方面发展的商业藻类生产者、藻类产品开发人员、科学研究人员、学生或社区人士将有很大帮助。

参考文献列在每章最后,以延伸阅读的形式呈现。

——出版者注

目 录

图书资源总码

第一部分　微藻食品开发

第1章 微藻食品和高附加值产品：市场机遇和挑战

Khondokar M. Rahman

摘要 微藻是生产新型食品和高附加值产品的潜在来源，具有巨大的市场潜力。微藻可用于生产生物燃料、健康补充剂、饲料、药品和化妆品。为了使工业生产经济可行，需要开发能源投入低的创新和可持续工艺技术以大量提取微藻中的油脂和碳氢化合物。此外，以微藻为原料生产生物燃料、饲料、食品和化学品的可行性取决于整个过程的净能量收益。作为生物燃料产品产生的能量必须大于生产和加工藻类所需的能量。微藻可生产各种各样的生物产品，如酶、色素、脂类、糖、维生素和甾醇等。此外，它能够将大气中的二氧化碳转化为有益的产品，如脂肪、碳水化合物、代谢物和蛋白质，这是微藻原料最大的优势所在。关键挑战在于运营、基础设施和维护的高成本、高蛋白藻类的选择、脱水和商业规模的收集。优化微藻产品的生产和商业化还取决于众多因素（如市场和财务）。由于缺乏真实可靠的微藻市场的统计数据，很难评估其实际潜力。这就需要进行长期研究，以开发可持续生产藻类产品的系统，因为可持续性是一个关键问题，特别是在食品、饲料和生物燃料方面。

关键词 微藻；高附加值产品；市场挑战；机遇

1 前言

通过光合作用生长的藻类是一种简单生物，范围从微小的藻类（微藻）到大型的海藻（大型藻类）。它们在许多生态系统中扮演着至关重要的角色。藻类的生长遍及全球，特别是在海洋中，包括沼泽的水和废水。

微藻是单细胞的，但也有些是更大的多细胞生物体（Ozkurt，2009），例如大型藻类（或海藻）（图1.1）。学术界大部分观点认为：由于成本和营养投入的原因，微藻成为商业性或可持续性燃料是不可行的。一些微藻因其具有特殊的药理和生物潜力可用来生产高附加值产品、动物和鱼类饲料、化妆品、化学药品和聚合物,或进行污染控制等的前景而被研究(Khan et al,2018)。自20世纪中叶以来,由于石油价格急剧上涨,为用于生产生物燃料培养微藻的生物技术得到发展,现在已经有了诸多商业应用。养殖微藻最广泛的应用是通过水产养殖来饲养海洋动物,包括鱼类、甲壳类和软体动物。可开发多级营养系统并利用微藻对废水或水产养殖废物进行生物处理,以利用废水培养微型和大型藻类。废水提供的营养物质,例如氨、亚硝酸盐、硝酸盐、溶解的有机氮和磷酸盐(Abe et al,2002),可用于培养微藻。微藻可以进行光合作用,利用阳光和二氧化碳可产生碳氢化合物和脂类。本章介绍了当前食品、饲料和高附加值微藻衍生品等领域的技术、经济和市场前景。概述了与微藻领域相关的现有成果和未来发展方向。主要内容如下:

(1)微藻背景及研究简史。

(2)藻类剂藻产品价值链。

(3)微藻高附加值产品。

(4)微藻产品及市场。

(5)微藻产业未来展望。

图1.1 微藻(美国能源部和瓦赫宁根大学,2016)

1.1 背景:微藻特征和组成

微藻是一种丰富的碳源,可用于生物燃料、保健品、药品和化妆品的生产(Das et al,2011),具有生物处理废水和储存二氧化碳的潜力(Alam et al,2019)。利用微藻可生产各种生物制品,如多糖、脂类、色素、蛋白质、维生素和抗氧化剂等(Brenna et al,2010)。培养技术和基因工程技术的进步为扩大微藻的应用和高价值产品的加工提供了支持。

近几十年来,工业规模培养微藻生产生物制品和生物能源受到越来越多的关注,其应用也越来越广泛(Plaza et al,2009)。藻类可直接作为食物和营养补充剂进行生产和销售,其处理后的副产品可用于生物制药和化妆品行业(Luiten et al,2003;Borowitzka,2013;Pulz et al,2004)。

微藻和蓝藻是生产高价值产品的原料,例如β-胡萝卜素、虾青素、色素和藻类提取物可用于化妆品的生产。根据藻类产品的市场价值,可将其分为三类:高价值产品、中价值产品和低价值产品(图1.2)。

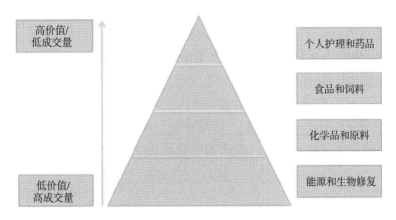

图 1.2　价值金字塔:微藻产品的市场价值(Voort et al,2015)

1.2　藻类研究简史

在中国、日本和澳大利亚,藻类被用作食物来源和治疗各种疾病已有两千多年的历史(Gao,1998)。关于微藻作为能源燃料的使用,Meier(1955)、Oswald 和 Glueke(1960)建议利用微藻细胞通过厌氧消化(AD)生产甲烷。早在 20 世纪 40 年代,在某些环境条件下,一些微藻物种就可以产生类似细胞油脂的、相对高浓度的脂类(USDOE,2010)。

与陆生植物相比,微藻含有更高浓度的脂类。平均脂肪含量从 1%到 70%不等,在特定的功能环境下,有某些微藻的脂肪含量能达到干物质重量的 90%(Mata et al,2010;Georgianna et al,2012)。全球出现了多起严重的石油危机,例如 1973 年和 1979 年第四次中东战争和伊朗伊斯兰革命期间是最严重的两次危机,这导致中东石油传输中断(Oil Squeeze,2008;Duncan,2001)。1978 年石油危机爆发后,微藻作为一种生物替代燃料的研究应运而生。近年来,利用微藻生产生物燃料成了研究热点,主要是因为微藻能够通过光合作用将二氧化碳转化为潜在的生物燃料、食品、原料和高价值生物化学品(Zeng et al,2012)。

通过评估微藻的生理和生化特性,研究人员(Hounlow,2016)将研究重点集中在如何大量积累脂类物质。例如,在营养胁迫的条件下,有利于微藻中脂质的积累,三酰甘油(TAG)是其主要成分。许多研究表明,大多数微藻在营养胁迫下可以促进脂肪的积累和转化。

在真核细胞中进行光合作用的有机体的大小和形状方面微藻种类繁多。这些真核微生物对地球上的生命至关重要。生活在海洋中的浮游藻类完成了全球近一半的光合作用(Behrenfeld et al,1997)。藻类蛋白是鱼和动物饲料的潜在来源,这类蛋白质的氨基酸组成有望得到解析(Gross,2013)。例如,蓝藻、节旋藻和许多其他市售的单细胞绿藻含有 42% ~ 70% 的蛋白质(Milovanovic et al,2012; Plaza et al,2009),这些微藻还含有一种与鸡蛋、白蛋白和大豆蛋白相媲美的氨基酸(Williams et al,2010),特别是含有人体内无法产生但需要从食物中获得的所有重要氨基酸(Gantar et al,2008)。叶绿素是一种有用的生物活性化合物,对高度稀释的海洋微藻培养物进行脱水和脱盐可从中提取叶绿素(Hosikian et al, 2010)。

2 藻类到藻类产品:价值链

Bush(2019)将价值链定义为企业在将原材料转化为成品的整个过程中执行的相互关联的创造价值的行动。微藻的价值链和高附加值产品的开发取决于成分、应用、配方、生产规模和比较参照,需要对从大型藻类和微藻中获取能源进行整体价值链探索。价值链的各个阶段包括培养、收获和预处理(包括洗涤、提纯、脱水和干燥等)。

2.1 藻类及藻类产品的性质和特征

微藻用途广泛,可以产生各种复合物,如蛋白质、碳水化合物、脂类、类胡萝卜素以及不同的维生素和矿物质。它们的相对组成取决于物种和生长条件(Koller et al,2014;Hamed,2016)。人们对微藻的特性进行了各种研究,并阐明了具有商业价值的关键化合物,其中包括小球藻、钝顶节旋藻、微拟球藻和三角褐指藻等(Tibbetts et al,2015;Matos et al,2016);其他种类有杜氏盐藻(Muhamin et al,2009)、雨生红球藻红色阶段(Shah et al,2016)和绿色阶段(Kim et al,2015)以及栅藻(Sánchez et al,2008)。

目前,小球藻、钝顶节旋藻、雨生红球藻和杜氏盐藻在食品、饲料和营养食品领域得到了应用。类似地,从藻类中提取的类胡萝卜素和脂类,特别是 ω-6 和

ω-3,在许多市场上的用途比现有的更好,例如在鱼和动物食品、水产养殖、蛋白质和化妆品工业中(Molino et al,2018)。

2.2 价值链原则:生物经济

微藻的价值主要取决于以下变量:成分、纯度、应用、产品形式(Vieira,2016)。产品的价值随着其精炼或加工水平的提高而增加。

2.2.1 成分价值

微藻的化学成分包括脂肪20%~30%,蛋白质50%左右,碳水化合物20%~30%,其他化合物约占5%。市场价值取决于必需氨基酸、多糖、多不饱和脂肪酸(PUFAs)的浓度和数量以及必需维生素的数量(Vieira,2016)。

2.2.2 应用价值

同样,价值取决于应用。例如,使用藻类的目的是什么? 并与该产品的类似替代原料进行比较。主要包括作为食品、饲料、药品和化妆品的应用以及作为燃料、化肥、废水处理和化学品的应用(Vieira,2016)。

2.2.3 产品价值

以微藻为基础的产品的价值取决于其产品形式,例如,它是颗粒状的,小颗粒还是大颗粒? 糊状的,干的还是湿的? 许多干藻产品被用于食品和饲料、水产养殖和制药(Vieira,2016)。这个产品价值链也依赖于比较参照,例如微藻高价值产品与其他原料的比较:大豆油和鱼油、大豆粉和鱼粉。

3 微藻高附加值产品

微藻在化妆品、医药替代品和高附加值食品的开发中发挥着越来越重要的作用。微藻的高价值提取物包括:蛋白质、脂类、碳水化合物、色素、维生素和抗氧化剂,可用于化妆品、营养和药品等不同行业。

3.1 藻类:人类的食物

日本拥有成熟的藻类食用产品(藻类汤)(图1.3)(Holdt et al,2011),根据Wellinger(2009)的数据,中国和日本的干藻类产量和消费量最高。藻类的全细胞(例如紫菜或其他)和提取物都可利用。

3.1.1 藻类琼脂

琼脂是一种源自红藻科海藻(大型藻类)的多糖,也是最常用的固化剂

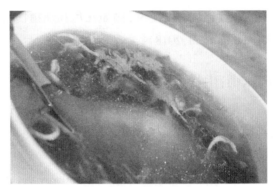

（a）藻类烹调汤（Fresh Designpedia 2019）

（b）片剂形式藻类药物

图 1.3　藻类产品

（Mesbah et al,2006）。琼脂具有双螺旋结构,结合形成凝胶或膏状,具有保水能力（Tiwari et al,2015）,这种保水能力使琼脂成为一种很好的增稠剂。在日本、韩国和中国,常被用于甜点和其他食品配料中。目前在医学和科学研究中,琼脂作为胶质物质用于有机体生长,具有很重要的作用。

3.1.2　藻类海藻酸盐

海藻酸盐是从褐藻中提取的多糖。褐藻是制造海藻酸盐的原料。海藻酸盐是由 α-β-D-甘露糖醛酸和 L-古洛糖醛酸排列组成的聚合物,作为增稠剂、稳定剂、乳化剂和螯合剂广泛用于各种食品、饮料、印刷、纺织和制药行业（Hay et al,2013）。

3.2　药品和健康产品

在全球范围内,基于藻类的产品（如来自蓝藻的产品）在不同行业（如制药）中的应用有所增加（Sathasivam,2019）。对基于微藻的抗生素和药理活性化合物

[图1.3(b)]的关注和研究也在增长。制药行业有多种产品来源于藻类,如抗病毒剂、抗微生物剂和抗真菌剂,以及药物和治疗性蛋白质。源自微藻的药物产品包括ω-3脂肪酸、EPA(二十碳五烯酸)、DHA(二十二碳六烯酸)、β-胡萝卜素和虾青素(Sathasivam et al,2019)。

3.2.1 ω-3脂肪酸/多不饱和脂肪酸

藻类中的酸,如EPA和DHA,参与了许多疾病的抑制并发挥作用,包括血栓、动脉粥样硬化和关节炎,引起了一定程度的关注。虽然海洋鱼油仍然是EPA和DHA的传统来源,但有研究表明,从藻类中可以获得更多的EPA和DHA。ω-3和ω-6是两种最重要的脂肪酸,不饱和脂肪酸的长的碳链上有两个重要的基团:羧基和甲基(Harris,2010)。微藻能够产生高浓度ω-3脂肪酸。不同的物种,如隐甲藻属、破囊壶菌属和裂殖壶菌属含有ω-3脂肪酸DHA,而褐指藻、小球藻和单胞藻则含有二十碳五烯酸(EPA)。人体内脂肪酸碳碳双键位于C(9)后(Jones et al,2014)。因此,α-亚麻酸(ALA)是一种必需的脂肪酸,必须从饮食中获得,不能在体内合成(Jones et al,2012)。

3.2.2 虾青素

虾青素是一种存在于各种微藻中的叶黄素类胡萝卜素,是自然界中最丰富的天然色素(Ambati,2014)。人类食用的虾青素主要来源是海鲜或从雨生红球藻中提取。据估计,全球虾青素市场约为2.57亿美元(Khattar et al,2009)。从微藻中提取的虾青素大多用于水产养殖,其中大部分用于鱼类着色。2016年虾青素的市场规模为5.554亿美元(2017年市场研究报告)。因为具有较强抗氧化活性,虾青素主要用于鲑鱼饲料行业;虾青素也对患有心血管、免疫、炎症和神经相关疾病的人群有益处(Wu et al,2015)。

虾青素是商业化生产的,也天然存在于雨生红球藻中。商业生产的虾青素最常用于鱼类养殖,为养殖鲑鱼和甲壳类动物提供色素(Koller et al,2014)(图1.4)。由于其抗氧化活性和强化作用,已被广泛用于营养保健品和制药行业(Cardozo et al,2007)。市场销售的虾青素以合成虾青素为主,因为天然虾青素的市场价值高于合成虾青素(PérezLópez et al,2014;Li et al,2011)。由于消费者对健康食品的需求增强,使对天然来源的虾青素的需求增加。

3.2.3 β-胡萝卜素

β-胡萝卜素是微藻中发现的另一个重要组分,具有维生素A活性,对健康起着至关重要的作用。β-胡萝卜素是维生素A的前体物质,是较安全的用于补充维生素A的产品(Grune et al,2010)。大多数藻类中类胡萝卜素(表1.1)的浓度

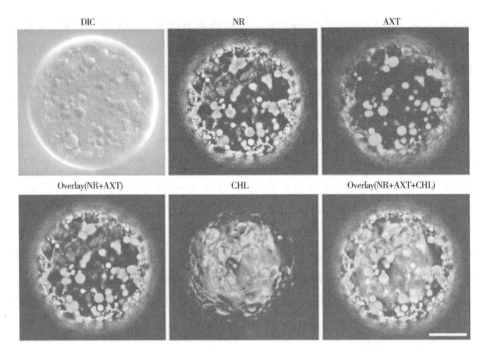

图 1.4　雨生红球藻细胞中脂质、虾青素和叶绿素
NR 尼罗红、*AXT* 虾青素和 *CHL* 叶绿素（Wayama et al,2013）

为 0.1%~2%,而杜氏藻如果在高盐度和光照强度的合适环境中生长,可以产生高达 14%的 β-胡萝卜素。β-胡萝卜素的全球市场收入的复合年增长率为 3.5%,2018 年为 2.24 亿美元(Transparency Market Reasearch,2018)。

　　β-胡萝卜素是一种类胡萝卜素化合物,提取自杜氏盐藻。β-胡萝卜素的生物活性相对较高,这就是为什么它在医学上被广泛使用,并被用作维生素 A 的补充,来改善生长发育和视力原因。由于它的抗氧化特性,β-胡萝卜素也被认为是一些基因的抑制物,并且表现出抗癌特性(Berman et al,2014;Harasym et al,2014;Zhang et al,2016)。

表 1.1　盐藻产 β-胡萝卜素的理想条件(Hermawan et al,2018)

工艺参数	反应设备	产量
温度:25℃; pH:7.5±0.5	半连续室外封闭式(55 L)	生物量:2 g·m^{-2}·d^{-1} 总类胡萝卜素:102.5±33.1 mg·m^{-2}·d^{-1} (β-胡萝卜素:10%生物量)
温度:29℃; pH:7.5~8.6	半连续室外	最适溶氧(DO) 6.3~6.9 mg·L^{-1}

续表

工艺参数	反应设备	产量
温度:30℃;pH:7.5	连续反应器,平板(2.5 L)	β-胡萝卜素:13.5 mg·L^{-1}·d^{-1}(15.0 pg/细胞)
温度 30℃;pH:7.5	连续反应器带原位提取,平板(9 L)	β-胡萝卜素:0.7 mg·L^{-1}·d^{-1} β-胡萝卜素:8.3 mg·L^{-1}·d^{-1}(8.9 pg/细胞)

3.3　藻类营养食品

藻类及其提取物在营养食品工业中扮演着重要的角色。目前利用的主要物种包括螺旋藻和小球藻,与藻类营养食品相关的产品包括多不饱和脂肪酸(PUFAs,如 DHA、ARA、GAL 和 EPA)、β-胡萝卜素和虾青素。用于食品补充剂的干螺旋藻含有约 60% 的蛋白质,其组成成分富含所有重要的氨基酸(Nicoletti,2016)。由于与食品和健康相关的市场得到消费者认可,螺旋藻和小球藻在全球微藻市场处于领先地位(Koyande et al,2019)。螺旋藻的两个常用物种是 *Arthrospira platensis* 和 *Arthrospira maxima*(Tomaselli,1997)。螺旋藻具有类似革兰氏阳性细菌的细胞壁,由氨基葡萄糖和与多肽相连的胞壁酸组成(Falquite,1997)。螺旋藻的细胞壁是不可消化但易碎的,因此胞内物质很容易被消化酶利用。

3.4　动物和鱼类饲料

在水产养殖中,微藻被用作幼体和幼体动物(如牡蛎、幼鲍和轮虫)的重要饲料和补充剂。与藻类食品相关的产品有养殖饲料、对虾饲料、贝类饲料和家畜饲料。微藻是许多养殖鱼类、贝类和无脊椎动物初级生长阶段重要的直接和间接饲料来源(Shields et al,2012)。

3.5　藻类化妆品

许多藻类被用来生产高价值的化妆品。在化妆品中用作增稠剂、抗氧化剂和保水剂。卡拉胶、藻类蛋白质、不同类型的维生素、糖、淀粉、不同的微量营养素和大量营养素都是藻类的其他应用形式。化妆品中添加的藻类、卡拉胶和海藻酸盐,无论是作为药膏还是抗氧化剂,这些物质对皮肤都很有益处。最常见的应用是在牙膏、剃须膏、乳液和抗菌霜中发挥皮肤护理、防晒和护发等作用

（Pimentel et al,2018）。

3.6 藻类化学品

除了从藻类中提取油之外,还可以生产藻饼,用作有机肥料。微藻生产的化学品主要有叶绿素、藻青蛋白、岩藻黄质,其潜在的应用是消泡剂、油墨、藻类树脂、稳定的同位素标记化合物、染料和色素（Kruus,2017）。

3.6.1 藻青蛋白

藻青蛋白是螺旋藻中发现的主要色素分子之一（$C_{165}H_{185}N_{20}O_{30}$）。藻青蛋白的食用价值和美学价值已经广为人知（Romay et al,2003）。这是一种蓝色的染料,与蓝绿藻中发现的藻类蛋白相吻合。

3.6.2 藻红蛋白

藻红蛋白是由蓝绿色螺旋藻产生的红色蛋白质色素复合体。通常作为天然色素用于食品工业（Taufiqurrahmi et al,2017）。任何化学品（如藻青蛋白）的价格都是一个重要问题,因为可证明其市场能力。培养成本是决定藻青蛋白价格的主要因素之一。某些微藻,特别是红藻,可产生类胡萝卜素,包含藻青蛋白和藻红蛋白（Becker,1994）。

3.6.3 岩藻黄质

岩藻黄质（$C_{42}H_{58}O_6$）是一种在棕色海藻中发现的显性类胡萝卜素,具有非凡的自然特性。海蕴（*Sphaerotrichia divaricata*）是一种可食用的棕色藻类,其形态与墨角藻几乎无法区分。海蕴含有各种抗氧化成分,更有可能改善人类健康（Maeda et al,2018）。

4 微藻产品及市场

经济可行性取决于市场价值和生产成本（例如,生物质生产成本和生物精炼成本）。藻类产品有亲水胶体、类胡萝卜素和 ω-3 多不饱和脂肪酸等,以及在食品和饲料、保健品、化妆品和化学品中的应用。

4.1 市场机会:藻类衍生产品

尽管某些微藻的总生产成本高于工业预期,但商业规模的微藻培养已经有所改善。为了提高微藻产品的竞争力,其价值链的许多方面都需要改进。技术和经济方面,包括产品维护、市场意识和遵守法规,是扩大藻类市场机会和范围

的重要因素。了解基于微藻的市场产品开发的监管框架、环境和生态以及风险
管理非常重要。

4.2　决定市场机遇和挑战的重要因素

目前,藻类中富含的蛋白质和脂肪是藻类市场中大部分产品的主要成分,但
通过对藻类进行有效的加工,可以获得更高价值的生物产品,例如,用于食品着
色的色素;作为化妆品、护肤剂和防晒产品的功能性成分和酚类产品。欧洲生物
质工业协会(EUBIA)正致力于这方面的工作,将藻类通过生物精炼成为真正具
有竞争力的产品。目前,欧洲国家用微藻制造食品和饲料确保了全球5%的市场
份额(Enze et al,2014)。美国、亚洲和大洋洲主导着微藻市场,欧洲可能在未来
十年成为另一个以微藻为基础的生物制品的领先国家,但需要针对具体的政策
推出具体的目标。

4.3　微藻产品:市场机遇和关键挑战

4.3.1　螺旋藻市场

螺旋藻是一种微小的丝状蓝藻,由于其呈螺旋状而得名,并已证明这个名称
在阿兹特克文明期间已经在使用了(Dillon et al,1995)。螺旋藻或节旋藻是一种
蓝绿色藻类,在美国国家航天局(NASA)成功地将其用作宇航员执行行星任务的
膳食补充剂后成名。探索螺旋藻在治疗几种疾病中的有效性和潜在临床应用的
一些研究表明,它具有抗癌、抗病毒和抗过敏作用(Karkos et al,2011)。

1970—1980年螺旋藻被引入市场时,食品公司没有很好地组织和控制市场。
目前螺旋藻的主要供应者位于美国(EarthRise牌螺旋藻)、美国夏威夷和泰国
(Bosschaert,2002)。关于螺旋藻的市场范围,澳大利亚的梅里登的地理位置非常
适合螺旋藻大范围流通运输。

4.3.2　ω-3脂肪酸/多不饱和脂肪酸市场

ω-3多不饱和脂肪酸市场预计将以13.5%的复合年增长率增长(市场观察,
2018)。ω-3多不饱和脂肪酸(PUFA)是一种人体不能合成的必需脂肪酸,需要
通过摄取富含ω-3的食物摄入。ω-3多不饱和脂肪酸可以用于增强人体的心血
管和认知功能。ω-3多不饱和脂肪酸来源于各种鱼油、磷虾油、辣椒籽、亚麻籽
和其他植物来源(市场研究未来,2019)。全球ω-3多不饱和脂肪酸市场分为欧
洲、北美和亚太地区以及世界其他地区。其中,北美在全球ω-3多不饱和脂肪酸
市场上无论从质量还是数量上都占据着主要的市场份额。这归因于美国注重健

康的人数不断增加,以及联合利华、雅培和雀巢等公司都在北美地区。此外,很多公司正在北美地区推出新产品,以留住现有客户并获得新客户。而亚太地区预计将在预测期内实现巨大增长(市场研究未来 2019 年)。据联合国粮食及农业组织统计(2010 年),EPA 和 DHA 的市场规模分别为 3 亿美元和 15 亿美元,价格分别为 0.2~0.5 美元/克和 18~22 美元/克。

超过 75% 的微藻生产作为营养增强剂被用于保健食品市场(Chacon-Lee 和 Gonzalez-Marino,2010)。以藻类为基础的有价值的食品添加剂和配料,如 DHA,代表着一个有发展潜力的市场。美国 99% 的婴儿食品中都含有马泰克公司(现为 DSM)生产的藻类衍生的 DHA(Eckelberry 2011)。

4.3.3 虾青素市场

现在市场对天然虾青素的需求正在增加,营养食品市场潜力已经增加到 10 亿美元(Martín et al,2008)。全球虾青素市场分为五个区域:亚太地区、北美、欧洲、拉丁美洲和中东和非洲。饲料、补充剂、食品、保健品和其他产品对类胡萝卜素的需求不断增长,北美占据了主要的市场份额。雨生红球藻在美国、加拿大和墨西哥等国生产的高标准虾青素的消费量不断增加,预计虾青素在饲料领域将出现快速增长。据估计,在 2023 年,保健品部分的市场份额将出现更高的增长(市场观察,2019)。据预测,由于类胡萝卜素的使用越来越多,虾青素市场将出现更高的增长(市场观察,2018)。根据 Shah(2016)的报道,合成虾青素的总价值估计超过 2 亿美元,相当于每年消耗 130 吨产品。平均市场价格在 2000 美元/千克以上,成本估计为 1000 美元/千克(Shah et al,2016;Milledge,2011)。最近的调查表明,微藻来源的虾青素只占整个商业化市场的 1%,这是由于其产品价格高于合成产品,以及大规模培养和收获微藻的技术上还存在难题(Koller et al,2014)。天然虾青素的化学成分和结构提高了其生物利用度和生物活性(特别是抗氧化活性),突出了类胡萝卜素的商业价值。就红球藻虾青素而言,根据产品纯度的不同,市场价格估计在 2500~15000 美元/公斤之间(Koller et al,2014;Pérez-López et al,2014)。虾青素的市场规模、国家细分市场和未来市场潜力分别见表 1.2 和表 1.3。

表 1.2 微藻产品的市场规模和潜在市场(Molino et al,2008)

市场部门	市场规模(2009 年)/百万美元	潜在市场(2020 年)/百万美元
着色剂	300	800
抗氧化保健食品	30	300

续表

市场部门	市场规模(2009年)/百万美元	潜在市场(2020年)/百万美元
医药/化学品开发	发展中	500
化妆品	新兴/上升	30

表1.3　虾青素生产厂家和未来市场的主要国家

公司	地点	纯虾青素产能
Alga Technologies	以色列	—
Cyanotech	夏威夷	—
Stone Forest Astaxanthin Biotech Co.,Ltd	中国	1200 公斤/年
Yunnan Baoshan Zeyuan Microalgae Health Technology Co.,Ltd	中国	500 公斤/年
Jingzhou Natural Astaxanthin Inc	中国	—
Beijing Gingko Group	中国	900 公斤/年
Yunnan Alphy Biotech Co.,Ltd	中国	600 公斤/年
Yunnan SGYJ Biotech Co Ltd	中国	400 公斤/年
Algaetech International	马来西亚、印度尼西亚	—
Parry Nutraceuticals	印度	—
Mera Pharmaceuticals Inc.	夏威夷	—
Fuji Chemicals	日本、瑞典	—
Valensa International	佛罗里达	—

注　"—":没有数据。

4.3.4　β-胡萝卜素市场

2017年,欧洲拥有最大的β-胡萝卜素市场份额(市场观察,2019)。食品和饮料(图1.5)、制药和个人护理行业需求量的增长导致了β-胡萝卜素市场的上升。发展中国家的食品和医药行业,例如中国和印度,也正在推动亚太地区对β-胡萝卜素的市场需求(表1.4)。

表1.4　β-胡萝卜素市场的知名公司(市场观察,2019)

公司	地点
Aqua Carotene	美国、新西兰

公司	地点
Cognis Nutrition and Health	澳大利亚
Fuqing King Dnarmsa Spirulina Co. ,Ltd.	中国
Cyanotech	夏威夷,美国,英国
Nikken Sohonsha Corporation	日本
Tianjin Lantai Biotechnology	中国
Parry Nutraceuticals	亚洲/印度
Seambiotic	以色列
Muradel	澳大利亚

按产品划分的全球β-胡萝卜素市场份额, 2016 (%)

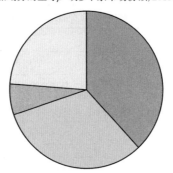

■ 微藻   □ 水果和蔬菜   ▨ 合成产品   □ 其他

图 1.5　藻类 β-胡萝卜素的市场份额
(市场调查报告,2016)

2015 年 β-胡萝卜素的市场份额估计为 2.47 亿美元,但到 2017 年这一数字增加到 2.85 亿美元,年复合增长率为 1.8%(Rastogi et al,2017)。

4.3.5　藻红蛋白市场

藻胆蛋白是一种从螺旋藻(*Spirulina*)、紫球藻属(*Porphyridium*)和罗德拉(*Rhodella*)中提取的商业生产的蛋白质(Becker, 1994;Singh et al, 2005;Borowitzka,2013;Spolaore et al,2006)。在细胞匀浆后,用超滤方法从带形蜈蚣藻(*Grateloupia turuturu*)中分离出藻红蛋白,该方法保留了 100% 未变性蛋白(Denis et al,2009)。在红藻中有相当数量的完整藻红蛋白,其中,棕榈藻(*P. palmata*)藻红蛋白含量为 1.2%(Wang et al,2001)。

在藻红蛋白市场中的主要公司有 Europa-Bioproducts 公司、西格玛-奥德里奇公司、杰克逊免疫研究公司、塞默飞世尔科技公司、SETA 生物医药公司、宾美生物科技公司、阿尔加帕玛生物技术公司、植物生物技术公司、诺兰生物技术公司、哥伦比亚生物科学公司和大尼蓬油墨和化学品公司。对藻红蛋白市场起重要作用的主要地区有北美、欧洲、中国、日本、中东和非洲、印度和南美。最重要的藻红蛋白产品类型:PE545、R-藻红蛋白和 B-藻红蛋白(市场观察,2019)。藻红蛋白的主要商业市场来源是:英国剑桥的 Europa-Bioproducts 公司和美国纽约州的英杰公司。

4.4　欧洲微藻产品营销指南

在欧盟销售微藻产品的主要挑战是生产成本、技术突破、获得风险投资以及监管、学术和行业培训(图 1.6)。在使用和销售之前,了解、监测、遵守和践行食品和饲料行业的规定是非常重要的。

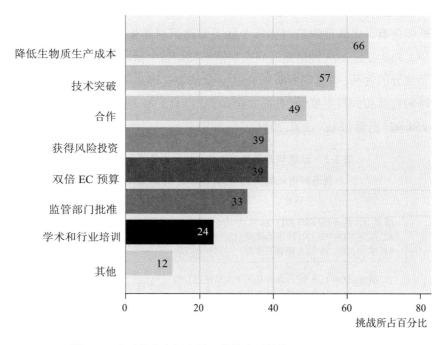

图 1.6　欧盟微藻市场发展面临的主要挑战(Salimbeni,2014)

根据从微藻获得的营养量计算的市场规模,与从谷物和其他作物获得的市场规模相比,仍然较小。但尽管如此,该行业仍取得了令人印象深刻的非同寻常的增长。一项调查发现,即使面临由于气候状况、国内需求不足和欧盟新食品法规的困难而带来的挑战,欧盟仍可以在未来十年改善其市场地位(Vigani et al,2015)。

欧盟食品法的一般原则和要求受(EC)178/2002号条例的限制。其他相关法规包括(Parker et al,2014):

- 关于新食品和配料(EC)258/97号条例。
- 关于饲料原料和配合饲料销售的(EC)767/200号条例。
- (EC)第41/2009号条例。
- (欧盟)第1169/2011号条例。
- 欧盟执行条例(欧盟)第828/2014号(欧盟2014)。
- 关于食品添加剂第89/107/EEC号指令。
- 关于饲料添加剂的授权和标签(EC)1831/2003号条例。
- 关于食品卫生(EC)第852/2004号条例。
- 关于饲料卫生第183/2005号条例。
- 关于食品和饲料用转基因生物第1829/2003号条例。
- (欧盟)第828/2014号条例。

欧盟还有许多其他的条例和指令涵盖动物饲料的生产和分销,第183/2005号条例是藻类生产的关键措施。向市场推出使用整个微藻(如螺旋藻或小球藻)或微藻成分的食品,须遵守所有的食品安全法规。通过工程技术生产和销售来自微藻的食品和饲料主要受《食品安全条例》(EC 178/2002)和新的《食品条例》(EC 258/97)监管(Enze et al,2014)(表1.5)。

表1.5 欧盟和美国关于食品和饲料微藻产品调查、
制造和市场的安全条例(Enzing et al,2014)

	欧盟	美国
研究	-委员会实施条例(EU)2017/2470 -EC指令2009/41/EC(转基因藻类) -EC指令2001/18/EC(转基因藻类)	-美国国立卫生研究院rDNA指南 -EPA标准,有毒物质控制法(TSCA)
产品	-EC指令2009/41/EC(包含转基因藻类的使用) -EC指令2001/18/EC(故意释放转基因藻类)	-TSCA环境释放申请(TERA) -微生物活性TSCA -美国农业部植物保护法
市场介绍	-食品安全条例(EC 178/2002) -指令2002/46/CE(Borowitzka 2013) -EC转基因食品和饲料法规(EC 1829/2003) -法规EC2017/2470和2002/46/CE -欧盟关于食品营养和健康声明的法规(EC 1924/2006)	-食品、药品和化妆品法 -膳食补充剂健康和教育法

5 微藻产业未来展望

为了确保微藻生物精炼过程的可持续性,需要应用先进的生物技术生产多种形式的高价值产品和生物燃料。藻类在以生物为基础的经济中发挥重要作用,它们可以在不适合农业种植和不受自然灾害的地方得到有效培养(Wolkers et al,2011)。最近,微藻培养受到越来越多的关注,因为可以合成更多的高价值产品,如色素、维生素、多不饱和脂肪酸、抗氧化剂等。

藻类被认为是地球上最多样化的生物群体,根据其需求、潜在供应和技术,未来具有广泛的应用潜力。基于工业领域的需求以及藻类在工业上的应用能力,藻类和藻类衍生产品在工业领域具有光明前景。目前,藻类产品在医药(生物活性药物和新药)、营养食品(益生菌、抗氧化剂)以及作为生物燃料、化学品/酶、化妆品等工业中的应用虽然有限,但具有更广泛的发展空间。藻类产品未来的前景是:营养丰富的食品、生物能源、生物活性药物、新型酶、特种化学品、生物肥料、清洁杀虫剂和生物治理。尽管有潜在的需求、供应和产品优势,但技术问题阻碍了藻类的应用。主要的制约因素包括生产中的工程难度、配方、菌株稳定性和生产率。通过克服与藻类燃料和生物产品相关的挑战和限制,将藻类燃料和生物制品技术从实验规模提高到可获利的水平是可能的。

6 结论

藻类的性质、特征和组成各不相同,产品类型和配方也各不相同。在对微藻研究进行广泛综述的基础上发现,微藻、微藻产品及其市场潜力已在实验室、中试和工业规模进行了重要研究。微藻和藻类产品的价值链是以生物为基础的经济,价值取决于其组成、应用和配方。来自微藻的潜在高价值产品有食品、琼脂、海藻酸盐、虾青素、β-胡萝卜素、ω-3脂肪酸、藻青蛋白、藻红蛋白和岩藻黄质,这些产品主要可以用于制药、保健食品、化妆品和工业部门。从微藻中提取的高价值产品提高了生物精炼方法的经济效益,有其市场空间和发展机会。然而,需要了解它是市场驱动的还是技术驱动的。生产经济性(如系统的成本效益)对于进一步的投资也很重要,当然还需要市场流动稳健且可靠。

微藻目前被认为在经济上不能用于生产燃料,但已被证明具有生产食品和高附加值产品的潜力。本章就更广泛的基于藻类的价值链、从微藻衍生的高价值产品、市场范围和机会以及用于生产高价值产品的微藻生物精炼提供了见解。正确和现代化地使用技术和工具可以提供更高的产量和生产便利性，并有助于经济生产。利用微藻生产多种产品的潜力促进了在使用材料和能源方面更有效和更高效的发展。了解微藻对于环境的影响及相关法律法规，对于评估生物精炼系统的技术和经济性能及其营销特性具有重要意义。从藻类价值链分析发现，价值取决于产品的成分、应用、配方、生产规模。为了增加藻类产品的市场发展机会，重要的是确定市场机遇和挑战并找到可持续的解决方案。在高附加值产品及其供应链阶段理解和践行与藻类相关的规则、法规和条例非常重要。在许多发展中国家，没有关于藻类和藻类高附加值产品的正式法规，但在欧盟、美国和其他发达国家已经有一些法规。这些法规是关于新型食品和配料、饲料原料和复合食品、食品添加剂、食品卫生以及食品和饲料的转基因生物的。为了更好地发展微藻产业，必须重视微藻的研究、生产和市场推广。

延伸阅读

第2章　微藻作为主流食品配料:供求视角

Alex Wang,Kosmo Yan,Derek Chu,Mohamed Nazer,

Nga Ting Lin,Eshan Samaranayake 和 James Chang

摘要　未来微藻食品市场的价可达数十亿美元。目前以微藻为基础的营养补充剂产品,如螺旋藻、粉状或片剂小球藻和虾青素(雨生红球藻),几乎已经在世界各地商店货架上出售。虽然微藻有可能进一步成为主流食品成分,但在被接受为常规膳食的一部分之前,仍面临着许多挑战。本章从食品应用的角度对微藻的各种营养价值,如蛋白质、脂肪、维生素等进行了详细的研究,这是一个多元化的话题。我们在关注藻类固有的营养价值以证明其适合日常消费的同时,也通过培养技术和生物技术,以及生物利用度的分析,试图明确藻类产品的生产目标。随后从微藻及其衍生物作为食用色素来源和消费细分市场方面进行了需求分析,其中素食者和老年可能是较早的受益者。在整个章节中,举出了在特定市场中含有微藻产品的例子,突出了该地区的特点,并适当强调了营养价值。只有在目标消费者中对藻类的价值进行适当的定位,并运用各种技术,微藻才能成为主流食品配料市场的重要组成部分。

关键词　微藻食品;消费者细分;供需

1　前言

预计到 2050 年,地球上的人口数量将激增至近 100 亿。2016 年,约 55% 的居民居住在城市,根据联合国数据,到 2030 年这一比例预计将上升到 60%。因此,粮食需求必然会经历爆炸性增长。例如,全球营养食品市场,包括功能食品和饮料配料、膳食补充剂、个人护理产品和药品,2015 年的市场价值接近 2000 亿美元,2021 年近 3000 亿美元(Transparent 2018)。

从更细致的角度来看,肉类(蛋白质)消费正以 3%~4% 的复合年增长率推动新兴市场的增长,新兴中产阶级日益富裕是造成这一现象的主要原因之一。最终,社会将如何可持续地养活全球人口,这个不可避免的问题需要得到解决。

世界各地涉及植物蛋白的科学家和公司都在寻找并试图找到一种可持续的资源,以填补这一缺口,从而满足人类对蛋白质日益增长的需求。除了肉类(蛋白质)以外,由于人类活动的不断增加,对其他营养的需求将急剧增加。微藻(即原核蓝藻和真核微藻)是一个极其多样化的生物群体。微藻在世界各地无处不在,它能在多样化的自然环境中茁壮成长。快速繁殖、高效利用光能、固定二氧化碳、每公顷产生比植物更多的生物量的能力确保了微藻能克服极端条件生存。单细胞生物自史前时代就存在了,是生物活性物质的丰富来源。这种高度营养的生物质含量只是在最近几年才被认识到的,并被大规模工业化养殖。微藻已经显示出在未来几年满足人类对可持续供应的食物需求潜力,特别是在蛋白质方面(Caporgno 和 Mathys,2018;Alam 和 Wang,2019)。这种丰富而又微不足道的资源,其美丽之处在于,它不会影响我们现有的食物供应;相反地,它不仅增加了健康益处,还提供了多样化的选择,完美地增加了可持续的食物供应,将为几代人提供足够的营养平衡。

1.1 藻类作为食物的历史视角

微藻作为食品成分的起源并不是最近才出现的。它在我们食物链的上游和下游都发挥了至关重要的作用。我们一直在消耗的某些食物,是以藻类为主要的营养来源。例如来自细胞生物的 ω-3(鱼油)通过鱼进入我们的食物链(Ji et al,2015)。微藻是一部分食物的根本来源,一直是我们食物链中不可或缺的一部分。

研究表明,数百年来人类一直使用微藻作为食物来源或营养补充剂。阿兹特克人(公元 1300—1521 年)和其他中美洲人以特斯科科湖的螺旋藻为食物,作为一种当时称为"Tecuitlatl"的干蛋糕(Digs,2013)。图 2.1 描绘了阿兹特克人收获"Tecuitlatl",也称为绿色泥浆。由于螺旋藻生长需要高盐度的水,因此人们修建了堤坝,以防止洪水期间淡水溢出。最终,在西班牙人征服战争期间,堤坝被摧毁,特斯科科湖的环境不再适合螺旋藻的生长,导致当地墨西哥人失去了食物。几个世纪以来,乍得人民每天都从科索罗姆湖捕捞螺旋藻作为食物(Abduqader et al,2000)。乍得湖的碱度与特斯科科湖相似。大约在公元 900 年,卡内姆布人发现了螺旋藻的营养价值,他们称为"dihe"。如图 2.2 所示,一名乍得妇女正在浅水中收获螺旋藻。尽管营养不良在中非普遍存在,在乍得由于"dihe"是饮食的一部分,出现营养不良的情况几乎可以忽略不计。

为了减轻中非共和国班吉急性营养不良儿童的痛苦,在圣约瑟夫保健中心

图 2.1　阿兹特克人从特斯科科湖收获螺旋藻

图 2.2　一名乍得妇女正在收获螺旋藻

帮助妇女和儿童提供产前和产后护理的修女们找到了解决方案。她们利用法国药剂师提供的技术和配方在自家后院培育富含维生素的绿色螺旋藻,如图 2.3

所示。结果出乎所有人的意料："我们的孩子都不会再死了,我们在这方面取得了巨大的成功。"修女玛格丽塔的眼睛里流露出满意的神情。

图2.3　修女们在中非共和国种植螺旋藻
以对抗营养不良(Central Africa,2015)

1.2　藻类作为主流食品配料的研究进展

螺旋藻是最受欢迎的微藻(蓝藻)之一,含有所有必需氨基酸(EAAs)以及铁等矿物质,它是植物蛋白的良好来源。由于蛋白质含量达60%以上,在相同的土地面积上,螺旋藻相当于种植大豆蛋白含量的7倍。在一项研究中,令刚果民主共和国6个月至5岁的营养不良儿童食用螺旋藻,结果显示他们的健康状况有了显著改善(Matondo et al,2016)。其他广泛的探索性工作是在20世纪70年代针对植物蛋白(Soeder 和 Pabst,1970)开展的,这帮助加快了小球藻和螺旋藻作为保健食品补充剂在日本和墨西哥等地的商业化发展。

虽然食品科学技术在20世纪取得了巨大的进步,如转基因粮食作物、化学防腐剂、人工调味料和色素,这些都使我们的日常食品更具吸引力,但随之而来的疾病和与健康相关的问题也影响着我们的生活质量。对非天然成分替代的需要,加上满足人口增长对额外食物来源的需求,这些为微藻成为一个可行的竞争者提供了充足的机会。微藻是公认的天然产生的高价值化学物质的来源,包括类胡萝卜素(Borowitzka,2013)、长链多不饱和脂肪酸(PUFAs)(Martins et al,2013)和食用色素(Begum et al,2015)。微藻的提取物具有广泛的生物活性,如抗氧化性(Sansone 和 Brunet,2019)、抗生素活性(Falaise et al,2016)以及抗病毒、抗癌、抗炎、降血压等活性。

表2.1列出了第三方食品检测实验室出具的美国食品检测报告,该报告涉

及甲菌科技生产的无菌绿裸藻培养物的干生物量。其中,蛋白质含量占干生物量的55%以上,脂类则占将近10%。本章将对微藻的各种关键营养成分进行详细的分析,并与现代食品中的营养成分进行比较。重点介绍微藻及其衍生物在主流食品中的应用。

表2.1　来自第三方食品检测实验室的关于在中国香港甲菌科技培养的

无菌绿裸藻的干生物量的美国食品标签报告

指标	结果	方法
水分(g/100 g)	2.46	GB 5009.3—2010
灰分(g/100 g)	10.3	称重法的实验室内部方法
总膳食纤维(g/100 g)	9.0	AOAC 985.29(2005)
蛋白质(g/100 g)	56.3	凯氏定氮法的实验室内部方法
甘油三酯中的总脂肪酸(g/100 g)	9.2	AOAC 996.06(2005)
顺式脂肪(g/100 g)	4.72	AOAC 996.06(2005)
反式脂肪(g/100 g)	0.309	AOAC 996.06(2005)
糖(葡萄糖、半乳糖、果糖、蔗糖、麦芽糖、乳糖)(g/100 g)	2.6	采用高效液相色谱–RI 技术的实验室内部方法
添加糖 3(g/100 g)	0	客户提供的资料
钠(mg/100 g)	233	采用电感耦合等离子体–AES 技术的实验室内部方法
铁(mg/100 g)	40.3	
钙(mg/100 g)	76.4	
钾(mg/100 g)	768.0	
维生素 D(μg/100 g)	19	
胆固醇(mg/100 g)	<1	AOAC 994.10,2005

2　食用微藻蛋白的特性

蛋白质是人体所需的营养素之一。它们是通过肽键连接在一起的氨基酸链。氨基酸有两种类型,即必需氨基酸(EAAs)和非必需氨基酸(NEAAs)。根据WHO/FAO/UNU 关于人类对 EAAs 需求的建议(WHO/FAO/UNU,2002),由于EAAs 不能在人体内合成,因此人类必须在饮食中加入 EAAs。

历史上,微藻并没有作为食物储备的来源被培养。因此,微藻对人类发展的长期健康影响鲜为人知。尽管各种微藻生物质中存在大量蛋白质和氨基酸,但它们对人类健康的贡献值得进一步研究,特别是某些品种的干生物质含有超过其重量50%的蛋白质(Bleakley 和 Hayes,2017)。

在本节中,将微藻与其他常规食物比较,分析其作为膳食蛋白质的来源的可行性。讨论微藻中的蛋白质含量,并根据氨基酸谱和生物利用度评估微藻蛋白质的质量。最后,讨论微藻蛋白在营养源以外的应用。

2.1 微藻蛋白含量

在各种食物来源中,微藻的蛋白质含量明显更高。如表 2.2 所示,牛肉等肉类含有约17%的蛋白质,大豆粉等植物干生物量含有约36%的蛋白质。与之相比,小球藻和螺旋藻蛋白质含量达到70%(Koyande et al,2019)。小球藻和螺旋藻都富含高质量的蛋白质,且氨基酸比例平衡,可跟鸡蛋和大豆相媲美。

表 2.2 不同食物来源的蛋白质含量比较(Koyande et al,2019)

食物来源	蛋白含量/% 干重
牛肉	17.4
鱼	19.2~20.6
鸡肉	19~24
花生	26
小麦胚芽	27
帕尔马干酪	36
脱脂奶粉	36
大豆粉	36
啤酒酵母	45
全蛋	47
小球藻	50~60
螺旋藻	60~70

与其他目前使用的蛋白质来源相比,微藻蛋白质的一些优势包括:①与动物蛋白相比,对土地面积的需求较低(每公斤蛋白质<2.5 m^2,而猪肉为 47~64 m^2,鸡肉为42~52 m^2,牛肉为 144~258 m^2);②用于食品和饲料的其他植物蛋白相比,对土地面积的要求较低,如豆粕、豌豆蛋白粉等;③可使用非耕地培养;④消耗淡水较少;⑤可作为不可持续的大豆蛋白来源的潜在替代品。微藻蛋白产量较高,可达到0.4~1.5 $t/m^2/$年。这高于小麦、豆类和大豆的蛋白质产量,后者分别为 0.11 $t/m^2/$年、

0.1~0.2 t/m²/年和 0.06~0.12 t/m²/年(van Krimpen et al,2013)。

除上述小球藻和螺旋藻外,由于微藻蛋白质含量和营养价值很高,还有其他物种广泛用于食品生产,包括杜氏藻(*Dunaliella terticola*)、杜氏盐藻(*Dunaliellasalina*)和水华小球藻(*Aphanizomenon flos-aquae*)(Soletto et al,2005)。目前全球微藻食品市场由小球藻和螺旋藻主导,不仅因为它们的蛋白质含量和营养价值很高,更重要的是,它们易于生长(Chronakis 和 Madsen,2011)。表2.3列出了主要微藻物种的组成,其中螺旋藻的蛋白质含量高于其他微藻物种。

表2.3 各种微藻的组成比较(Koyande et al,2019)

微藻种类	组成/%干重		
	蛋白	脂类	碳水化合物
鱼腥藻	43~56	4~7	25~30
水华拟小球藻	62	3	23
钙华毛藻	36	15	27
莱茵衣藻	48	21	17
小球藻	51~58	14~22	12~17
蛋白核小球藻	57	2	26
河口细枝藻	57	6	32
盐藻	57	6	32
杜氏藻	49	8	4
纤细眼球藻	39~61	22~38	14~18
雨生红球藻	48	15	27
球等鞭金藻	50~56	12~14	10~17
紫球藻	28~39	9~14	40~57
小定鞭金藻	28~45	22~38	25~33
斜栅藻	50~56	12~14	10~17
栅藻	8~18	16~40	21~52
四尾栅藻	47	1.9	21~52
水绵属藻	6~20	11~21	33~64
极大螺旋藻	60~71	6~7	13~16
钝顶螺旋藻	46~63	4~9	8~14
聚球藻	63	11	15
星斑扁藻	52	3	15

2.2 微藻蛋白品质

某一种食品的蛋白质质量可通过其 EAAs 含量和生物利用度来分级。对于人类来说，有九种 EAAs，包括苯丙氨酸、缬氨酸、苏氨酸、色氨酸、蛋氨酸、亮氨酸、异亮氨酸、赖氨酸和组氨酸。如表 2.4 所示，与鸡蛋和大豆等典型的饮食蛋白来源相比，微藻的 EAAs 含量与之相当（Becker，2007）。

表 2.4　微藻与传统食物来源的蛋白质中氨基酸组成比较（%蛋白质）（Becker，2007）

来源	Ile	Leu	Val	Lys	Phe	Tyr	Met	Cys	Try	Thr	Ala	Arg	Asp	Glu	Gly	His	Pro	Ser
WHO/FAO	4	7	5	5.5	6				1									
鸡蛋	6.6	8.8	7.2	5.3	5.8	4.2	3.2	2.3	1.7	5	—	6.2	11	12.6	4.2	2.4	4.2	6.9
大豆	5.3	7.7	5.3	6.4	5	3.7	1.3	1.9	1.4	4	5	7.4	1.3	19	4.5	2.6	5.3	5.8
小球藻	3.8	8.8	5.5	8.4	5	3.4	2.2	1.4	2.1	4.8	7.9	6.4	9	11.6	5.8	2	4.8	4.1
杜氏藻	4.2	11	5.8	7	5.8	3.7	2.3	1.2	0.7	5.4	7.3	7.3	10.4	12.7	5.5	1.8	3.3	4.6
斜栅藻	3.6	7.3	6	5.6	4.8	3.2	1.5	0.6	0.3	5.1	9	7.1	8.4	10.7	7.1	2.1	3.9	3.8
极大节旋藻	6	8	6.5	4.6	4.9	3.9	1.4	0.4	1.4	4.6	6.8	6.5	8.6	12.6	4.8	1.8	3.9	4.2
螺旋藻	6.7	9.8	7.1	4.8	5.3	5.3	2.5	0.9	0.3	6.2	9.5	7.3	11.8	10.3	5.7	2.2	4.2	5.1
丝囊藻	2.9	5.2	3.2	3.5	2.5	—	0.7	0.2	0.7	3.3	4.7	3.8	4.7	7.8	2.9	0.9	2.9	2.9

注　Ile:异亮氨酸;Leu:亮氨酸;Val:缬氨酸;Lys:赖氨酸;Phe:苯丙氨酸;Tyr:酪氨酸;Met:甲硫氨酸;Cys:半胱氨酸;Try:色氨酸;Thr:苏氨酸;Ala:丙氨酸;Arg:精氨酸;Asp:天冬氨酸;Glu:谷氨酸;Gly:甘氨酸;His:组氨酸;Pro:脯氨酸;Ser:丝氨酸。

除了氨基酸组成外，生物利用度也是微藻蛋白质的质量评价指标。对于人体利用的营养成分，它需要通过食物基质进入人体。当食物蛋白质被释放到胃肠道时，胃部的酸性环境会使蛋白质变性;蛋白质水解酶，包括来自胃的胃酶、胰酶和来自胰腺的胰凝乳酶，将食物蛋白质裂解成多肽;然后，多肽被多肽酶分解成小肽和氨基酸;氨基酸通过基底膜运输到肠道的肠上皮细胞，最终进入循环并被代谢（van der Wielen et al，2017）。生物利用度可以评估胃肠道的消化、食物的吸收、新陈代谢、通过循环在人体内的分布以及营养物质在宿主中的生物活性（Carbonell-Capella et al，2014）。

许多方法可用来衡量食品蛋白质的生物利用度，包括蛋白质功效比（PER）和生物价值（BV）（Becker，2007;Hoffman 和 Falvo，2004）。PER 是以酪蛋白作为对照通过测量喂食后大鼠的体重增加来计算的。这是为了测量蛋白质刺激动物生长的有效性（Hoffman 和 Falvo，2004）。

BV 用于测量在受试者体内食物蛋白氮转化为氮的量。这种测量是通过检测动物尿液、粪便排泄的氮的损失量来完成的,以预测氮在受试者体内的保留量(Fixsen 和 Jackson,1932)。

如表 2.5(Becker,2007)所示,微藻的生物利用度低于传统来源蛋白质。一些微藻具有含纤维质的细胞壁,这是人类无法消化的。因此,未经处理的样品(如小球藻)的蛋白质的生物利用度低于传统来源的蛋白。

表 2.5　不同加工产品的生物价值(BV)、消化率(DC)、蛋白质
净利用率(NPU)和蛋白质功效比(PER)的比较数据(Becker,2007)

微藻	处理	BV	DC	NPU	PER
酪蛋白		87.8	95.1	83.4	2.50
鸡蛋		94.7	94.2	89.1	—
斜栅藻	DD	75.0	88.0	67.3	1.99
斜栅藻	DS	72.1	72.5	52.0	1.14
斜栅藻	蒸煮-SD	71.9	77.1	55.5	1.20
小球藻	AD	52.9	59.4	31.4	0.84
小球藻	DD	76.0	88.0	68.0	2.00
螺旋藻	SD	77.6	83.9	65.0	1.78
螺旋藻	DD	68.0	75.5	52.7	2.10

注　AD:风干;DD:滚筒烘干;SD:晒干。

微藻蛋白的生物利用度可以通过破坏细胞壁来提高。据报道,包含粉碎、研磨和加热在内的物理方法可以提高藻类蛋白质的消化率(Becker,2007;Marrion et al,2003)。细胞壁的机械破坏也有商业应用,以生产具有更高生物利用度的微藻食品补充剂(Nakayama,1991)。

另外,螺旋藻等微藻细胞壁中不含纤维素,因此具有相对较高的消化率(Gutiérrez-Salmeán et al,2015)。

2.3　微藻蛋白在营养源以外的应用

藻蓝蛋白(Phycobiliproteins,PBPs)是由螺旋藻等蓝藻产生的,由于其鲜艳的颜色,常用作天然的食品染料(Babu et al,2006)。从螺旋藻中分离出来的藻蓝蛋白广泛用于食品,包括口香糖和果冻(Santiago-Santos,2004)。除了食用色素,微藻蛋白还具有其他健康益处,包括抗癌作用。普通小球藻产生的糖蛋白在基于细胞的测试中显示出抗癌能力(Hasegawa et al,2002)。鉴于在某些条件下才可

以观察到完整的蛋白质吸收（Gardner，1988），因此，需要更多研究来证实微藻蛋白抗癌的潜力是存在的。除了完整的微藻蛋白，通过酶解微藻蛋白产生的多肽也被报道具有抗癌活性（Abd El-Hack et al，2019）。Dolastins 是从鞘丝藻和束藻中分离得到的多肽，在卵巢癌和结肠癌的细胞测试中显示出抗癌活性（Aherne et al，1996）。从微藻中提取的其他多肽也被报道具有不同的生物活性，如抗高血压和抗氧化活性，如表 2.6 所示（Samarakoon et al，2012）。将蛋白质或多肽运送到目标位置（Liu et al，2019），开发用于制药的微藻衍生多肽的可能性，在这个问题上有必要进行更多的研究。

表 2.6　筛选的藻类多肽经改性后可能具有的生物活性（Samarakoon 和 Jeon，2012）

微藻	可能生物活性	蛋白水解酶、发酵微生物或其他	生物活性氨基酸或肽序列	IC$_{50}$值[a]
螺旋藻	抗氧化		Acidic amino acids；Glu-，Asp-，Lys-，Arg-	196 μg/mL
	DPPH	胃蛋白酶		
	羟基	α-胰凝乳蛋白酶		102 μg/mL
	过氧化物	中性蛋白酶		196 μg/mL
螺旋藻	抗肝纤维化作用	木瓜蛋白酶	Pro-Gly-Trp-Asn-Gln-Trp-Phe-Leu Val-Glu-Val-Leu-ProPro-Ala-Glu-Leu	
小球藻	抗氧化剂：超氧自由基	胃蛋白酶	Val-Glu-Cys-Iyr-GlyPro-Asn-Arg-Pro-GluPhe	7.5 μM
小球藻	血管紧张素转化酶（ACE）抑制	胃蛋白酶	Val-Glu-Cys-Iyr-GlyPro-Asn-Arg-Pro-GluPhe	29.6 μM
小球藻	抗增殖	胃蛋白酶	Val-Glu-Cys-Iyr-GlyPro-Asn-Arg-Pro-GluPhe	70.7 μM
小球藻	血管紧张素转化酶（ACE）抑制	胃蛋白酶	Ile-Val-Val-Glu	315.3 μM
			Ala-Phe-Leu	63.8 μM
			Phe-Ala-Leu	26.3 μM
			Ala-Glu-Leu	57.1 μM
			Val-Val-Pro-Pro-Ala	79.5 μM
螺旋藻	血管紧张素转化酶抑制剂（ACE-I）抑制	胃蛋白酶	Ile-Ala-Glu	34.7 μM
			Phe-Ala-Leu	26.2 μM
			Ala-Glu-Leu	57.1 μM
			Ile-Ala-Pro-Gly	11.4 μM
			Val-Ala-Phe	35.8 μM

注　a. IC$_{50}$值：抑制 50% 活性所需的肽浓度。

3 微藻脂类——作为人类饮食的一部分

脂类是非极性有机分子,是包括人类在内的所有已知生物所必需的常量营养素。均衡的脂类摄入对人体发育、能量来源和体内平衡的维持都很重要。在众多的脂类中,脂肪酸作为决定脂类功能性质的主要成分,是可以通过肠道吸收并转化为人体生物活性物质的基本分子。一些必需脂肪酸,特别是长链多不饱和脂肪酸,如 $\omega-3$ 和 $\omega-6$,在人体代谢中不会合成,需要外源摄入。微藻作为水环境中的主要生产者,是各种较高营养水平鱼类,包括生产鱼油的鱼类的 $\omega-3$ 和 $\omega-6$ 的主要来源。多不饱和脂肪酸在心脏病预防、大脑发育和减缓衰老等不同方面对维持人类健康至关重要。与作为多不饱和脂肪酸等食用油来源的鱼油和植物油相比,来自微藻的油具有更高价值和竞争潜力。为了充分开发微藻作为多不饱和脂肪酸替代来源的潜力,满足市场需求,需要进一步开发微藻加工技术和相关设备。

3.1 脂类化学结构

脂类,包括自然界中的脂肪和油脂,是两个有机分子之间酯化形成—COOC—(酯)官能团的产物(Li-Beisson et al,2016)。一个典型的例子,如甘油三酯,由一个甘油分子和三个脂肪酸组成,该分子在甘油的每个羟基和羧酸基团之间通过缩合形成三个酯键,并脱去三个水分子(图2.4)。游离脂肪酸通式为 $H_2OCH_3(CH_2)nCOOHCH_3(CH_2)nCOOH$,其中"$n$"可以是2到28,并且总是偶数。碳链既可以是饱和的,也可以是不饱和的;后者至少有一个 $C=C$ 双键(Cohen et al,2011)。

3.2 脂类在人体内的作用

脂类是人类饮食中的主要成分之一,有助于提供能量和必需的营养物质,如必需脂肪酸(FAs)、胆固醇和脂溶性维生素。因此,它们对维持人类整体健康至关重要。根据个人饮食的不同,每人每天的脂肪摄入量从50 g到150 g不等(Meynier et al,2017)。作为一种能量来源,脂肪每消耗1 g就提供9 kcal能量,比蛋白质或碳水化合物的能量(4 kcal/g)高两倍。多余的脂肪储存在脂肪组织中,当需要碳水化合物以外的替代能源时,脂肪酸被释放出来进行呼吸作用。

与作为能量来源同样重要的是,脂类成员的磷脂、甘油三酯和胆固醇也是作

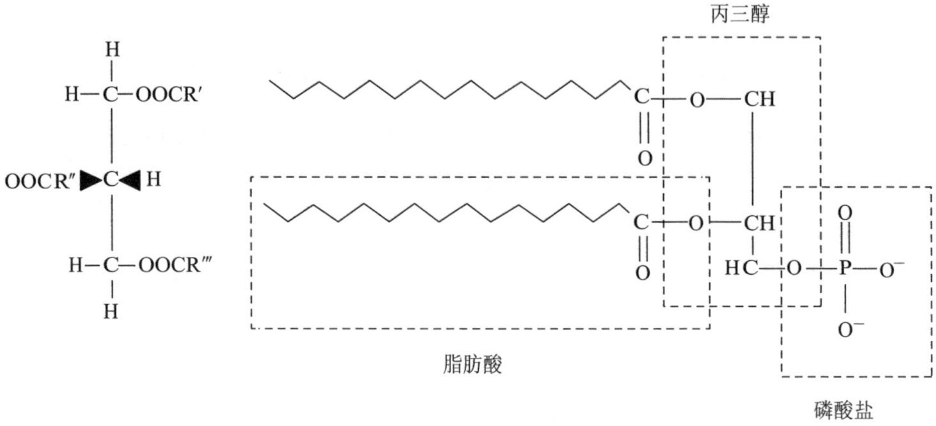

图 2.4　脂质分子。左为三酰甘油（NL）。右为磷脂（极性脂质）。
注　三酰甘油分子中的 R′、R″和 R‴代表脂肪酸链。磷脂分子带负电荷（Chen et al,2018）。

为身体基本单位细胞膜的结构单元。除了定量的脂类摄入,根据脂肪酸的性质区分的脂类的质量方面对健康状态也是至关重要的。例如,作为磷脂和甘油三酯主要成分的脂肪酸的碳链长度和饱和状态决定了细胞膜的排列及其流动性。更短的链和更高的不饱和脂肪酸则增强了膜的弹性,从而影响了基本的生物功能,如粒子穿过细胞膜屏障的难易程度。此外,许多重要的微量营养素,如维生素 A、D、E 和 K 不溶于水,依赖脂肪作为载体在肠道吸收、在血液传递,并参与体内的新陈代谢,包括生长和发育,具体如图 2.5 所示。

3.3　人体必需脂肪酸:多不饱和脂肪酸(PUFAs)

根据碳链的饱和度,脂肪酸可分为饱和、单不饱和和多不饱和脂肪酸。两组多不饱和脂肪酸被称为 ω-3 和 ω-6,它们的第一个 C ══C 双键分别在第 3 个碳原子和第 6 个碳原子处,是有益于人类健康和促进生长的极其重要的生物活性物质,我们的身体无法合成 PUFAs 来满足需求。

ω-3 脂肪酸的类型包括 α-亚麻酸(18∶3,$n-3$;ALA)、二十碳五烯酸(20∶5,$n-3$;EPA)和二十二碳六烯酸(22∶6,$n-3$;DHA),它们主要来自海洋脂类(Doughman et al,2007)。ω-6 脂肪酸的种类包括亚油酸(18∶2,$n-6$;LA)、亚麻酸(18∶3,$n-6$;GLA)和花生四烯酸(20∶4,$n-6$;ARA),这些脂肪酸与人体生理有关。有证据表明,多不饱和脂肪酸在心血管疾病预防(增加了"好"的高密度脂蛋白胆固醇)、治疗癌症和 2 型糖尿病、凝血、高血压、黄斑变性、类风湿性关节炎、骨质疏松症、抗炎、激素动态平衡(前列腺素)、促进大脑(包含 60%脂肪且富

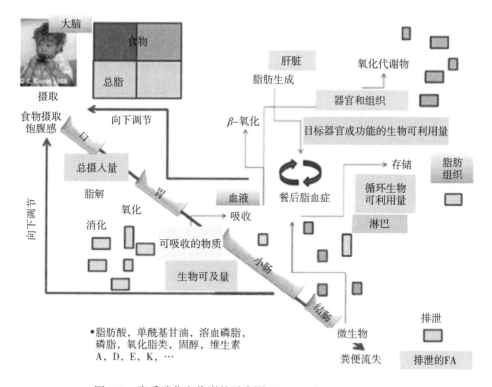

图 2.5　脂质消化和代谢的示意图(Meynier 和 Genot,2017)

含 DHA/EPA)的发育,以及视力保护(视网膜富含 DHA)中发挥着重要的作用
(Miller et al,2011)。

　　如今,建议人们每天摄入 250 mg~2 g 的 EPA 和 DHA,以预防与冠心病或多
不饱和脂肪酸缺乏相关的衰老疾病。在供应方面,包括鲱鱼和金枪鱼在内的油
性鱼类等海产品常用于 DHA 和 EPA 的商业生产。然而,鱼类本身不产生多不饱
和脂肪酸;它们主要通过从食物链中生物积累获得多不饱和脂肪酸,积累的方法
是捕食以浮游动物为食物的小型鱼类,而不是直接以主要产生多不饱和脂肪酸
的浮游植物(微藻)为食(Arbex et al,2015)。

3.4　藻类来源脂类的优势

　　微藻是淡水或海洋中的可以进行光合作用微生物,对全球光合作用的贡献
率超过32%,对大气氧气的再生贡献接近一半。下列优势有利于微藻生产油脂:
具有更高的光合作用效率;生产 1kg 生物质大约需要 1.8 kg 二氧化碳(Adamczyk
et al,2016),需要的土地相对较少;大气中的二氧化碳、氮和磷在任何有阳光和适

当温度的地方都可以很容易地被微藻重复利用,因而不像植物那样依赖土壤条件;培养微藻不会加剧温室效应和水污染(培养过程中不需要杀虫剂);根据物种的不同,可以使用盐水或微咸水;微藻油的品质与植物油相当;几天(Roy 和 Pal, 2015)就可积累达到总生物量的 20%~50% 的脂肪含量(Ma et al,2016);理论上,通过筛选富含油脂的微藻物种,每年的油脂产量可以达到每英亩 19000~57000 升,几乎是表现最好的植物来源油脂产量的 60 倍;同时还可以收获其他营养丰富的副产品(Farag 和 Price,2013)。

作为初级油脂生产的良好来源,微藻是生产多不饱和脂肪酸的可靠原料,包括作为所有鱼类中 ω-3 和 ω-6 的来源,其化学结构如图 2.6 所示。然而,鱼油作为多不饱和脂肪酸的来源,由于渔业过度捕捞问题,鱼油的市场供应将受到限制。此外,污染水体生态环境的化学试剂或塑料污染也会影响鱼油的质量,例如,鱼油的气味令人无法接受。许多证据支持植物源 ω-3 和鱼油中的 ω-3 具有一样的营养和治疗作用。来自特定微藻的 EPA 或 DHA 的临床试验表明,在促进人类健康方面具有与鱼油类似的效果,例如通过降低血浆甘油三酯和氧化应激水平来降低心血管风险。此外,研究表明,与鱼油相比,微藻油含有更高浓度的 ω-3,如 DHA(Skulas-Ray et al,2011)。微藻油的重要矿物质,如碘,也可以作为满足人类需求的良好来源。考虑到素食主义者对非动物食品的偏爱,微藻也为必需脂类的来源提供了额外的选择。

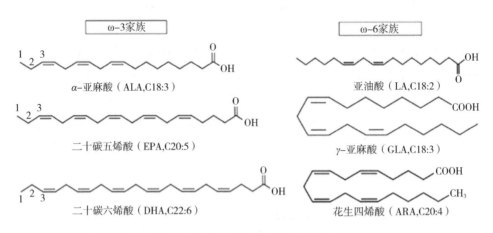

图 2.6 微藻中常见的多不饱和脂肪酸的化学结构(Matos,2017)

表 2.7 列出了各种微藻的脂肪含量以及蛋白质和碳水化合物含量。作为一种重要的光合作用来源,更环保和可持续的微藻可以成为一种比鱼油和植物油更好的替代油甚至更好的多不饱和脂肪酸来源,以满足日益增长的多不饱和脂

肪酸市场需求。

表 2.7　部分微藻蛋白质、碳水化合物和脂质含量(Roy 和 Pal, 2015)

微藻	蛋白质/%	碳水化合物/%	脂类/%
螺旋藻	50~65	8~14	4~9
小球藻	51~58	12~17	14~22
栅藻	50~56	10~52	12~14
杜氏藻	49~57	4~32	6~8
聚球藻	63	15	11
裸藻	39~61	14~18	14~20
小定鞭藻	28~45	25~33	22~38
鱼腥藻	48	25~30	4~7
衣藻	43~56	2.9~17	14~22
三角褐指藻	28~39	50~57	—
极大螺旋藻	60~71	13~16	6~7
绿藻	6~20	33~64	11~21
周氏扁藻	52	15	16~45
巴夫藻	24~29	6~9	9~14
肠浒苔	6.15	30.58	7.13
根枝藻	21.09	15.34	3.37
毛细管藻	40.87	22.32	4.05
石莼	8.44	35.27	4.36
核素微藻	8.42	28.96	5.29
软管多管藻	16.59	25.81	5.79

3.5　微藻中脂质含量、多不饱和脂肪酸质量及其商业价值

就像在大多数细胞中的功能一样,脂质是微藻细胞的主要成分,因为它们具有基本的生物学功能,如能量储存、信号传递和细胞膜的构建。然而,由于微藻的多样性很高,微藻中的脂质含量变化幅度很大。在特定条件下,某些微藻物种

的含油量可能高达其干生物量的 80%（Roy 和 Pal,2015）（表 2.7）。例如,研究最充分的脂质生产者——布朗丛粒藻可以产生 75%（W/W）的总细胞质量的脂类。它们的饱和、单不饱和、多不饱和甚至支链脂肪酸的碳链长度（C_{12}–C_{22}）不同,脂肪产品质量不同（Sun et al,2018）。除了用于工业应用的饱和脂肪酸（SFAs）,如肉豆蔻酸（C14：0））和棕榈酸（C16：0）或像油酸（C18：1）的单不饱和脂肪酸（MUFAs）外,海藻油还含有极有价值的多不饱和脂肪酸,可用于营养食品、制药和医疗行业。值得一提的是,微藻生物量中总脂质的中性脂肪含量在不同物种之间也不同（表 2.8）,这可以参于不同的代谢过程。

表 2.8　微藻菌株脂质含量（Ma et al,2016）

种类	总脂含量/%干重	中性脂质含量/%总脂量
微拟球藻	37～60	23～58
等鞭金藻	25～33	80
盐藻	23	30
雨生红球菌	16～35	50～59
油橄榄新绿藻	2～47	23～73
三角褐指藻	20～30	—
隐甲藻	20	—
螺旋藻	7.6～8.2	—
斑点四斑叶藻	8	—
斜栅藻	12～14	—

据报道,微藻可产生被称为单细胞油（SCO）的食用油,主要含有不同亚型的长链多不饱和脂肪酸（Matos,2017）。ω−3 来源于普通小球藻（产生 ALA）;球等鞭金藻、微拟球藻和三角褐指藻（产生 EPA）;以及寇氏隐甲藻和裂殖壶菌（产生 DHA）。ω−6 来源于钝顶节旋藻（产生 GLA）和紫球藻（产生 ARA）。然而,特定多不饱和脂肪酸的比例因微藻种类而异。例如,寇氏隐甲藻只生产DHA,微拟球藻和三角褐指藻主要含有 EPA,而紫球藻主要含有 ARA（Doughman et al,2007）。

联合国粮食及农业组织建议每天摄入 0.25～0.5 g,ω−3 多不饱和脂肪酸来补充人体营养。表 2.9 显示了可用于食品应用的微藻长链脂肪酸 ω−3 和ω−6 人类的每日建议剂量。2014 年,全球 ω−3 多不饱和脂肪酸的市场消费量约为 13 万吨,价值 25 亿美元(Matos,2017)。据估计,2020 年的需求将翻一番,市场价值约为 50 亿美元。在不饱和脂肪酸市场,EPA 不仅用于鲑鱼养殖等渔业以及为青少年发育所需,而且富含 EPA 的油还可以与 DHA 结合用于婴儿配方食品或营养补充剂,这对人脑和眼睛的结构维护至关重要。在婴儿配方奶粉中加入 DHA 正变得越来越受到推崇,并得到各个营养组织的推荐。DHA 在身体发育中的作用与 EPA 相似,其抗炎作用也是人类胎儿发育和产生健康母乳所必需的。例如,该领域的主要领先公司之一,马泰克生物科学公司已经开发出一项专利,可以从寇氏隐甲藻和裂壶藻中生产富含 DHA 的油,并用于食品和医药。

表 2.9　食品应用的微藻长链脂肪酸(Matos,2017)

脂肪酸组分	微藻来源	脂肪酸的应用	人类每日摄入量建议/mg
ω-3			
α-亚麻酸(ALA)	小球藻	营养补充剂(单细胞油)	1000~2000
二十碳五烯酸(EPA)	眼球微绿球藻、三角褐指藻、地下单胞藻、球等鞭金藻	营养补充、心理治疗药物、儿童大脑发育、心血管健康	250~500
二十二碳六烯酸(DHA)	裂殖壶菌菌株,隐甲藻,氏巴夫藻	食品补充剂,对胎儿和儿童的大脑和眼睛发育很重要,对心血管健康很重要,成人饮食补充剂	250~500
ω-6			
γ-亚麻酸(GLA)	钝顶节旋藻	营养补充剂、抗炎、自身免疫性疾病	500~750
花生四烯酸(ARA)	紫球藻,高山被孢霉,雪藻	营养补充剂、抗炎、肌肉合成代谢制剂(健美)	50~250

对于 ω-6 市场,爱西美公司生产的一种化妆品添加了从螺旋藻中提取的 GLA 脂类来抑制皮肤衰老。已知 GLA 是参与合成前列腺素的二十烷类化合物的前体,在人体内的功能也与健康作用有关,包括抗炎、增强免疫系统和控制糖尿病。ARA 是另一种 ω-6 脂质,是细胞膜的重要组成部分,尤其在大脑、肌肉和肝脏的发育过程中有很大作用,此外,它还参与血管扩张和抗炎过程。建议成年人每天服用 ARA 50~250 mg 作为补充,以保持健康状态。ARA 不仅可以作为食物,还可以用于商业化妆品(爱西美公司),据信有益于皮肤,如抵抗极端条件(Matos,2017)。由于渔业因各种环境问题而变得资源紧张,将从微藻中提取的

长链多不饱和脂肪酸与从鱼油中提取的多不饱和脂肪酸进行了比较(表 2.10)。表明从微藻中提取的多不饱和脂肪酸可以作为鱼油中多不饱和脂肪酸的潜在替代品(Doughman et al,2007)。

表 2.10　几种无毒藻类含有的长链多不饱和脂肪酸与
鱼油补充剂的比较(Doughman et al,2007)

界	门	物种名称(常见)	DHA/%	EPA/%	AA/%
真菌	绿藻纲	(绿藻)	0	2.5	0.1
真菌	红藻植物门	(红藻)	0	20	4
色藻界	毛藻类	(黄藻)	0.5	27	6
色藻界	毛藻类	裂殖壶菌	37.4	2.8	1.0

3.6　微藻油脂的提取及其局限性

因为微藻是高度多样化的群体,有超过数十万个物种,为了满足对微藻产品的需求,微藻的培养和规模化生产需要一系列科学/工程知识。必须选择合适的微藻来进行经济上可行的油脂生产。种类甚至菌株的高多样性意味着培养技术需要随时调整,以适应特定微藻的生产。对于作为人类饮食一部分的微藻油脂来说,藻污染是需要解决的主要问题。例如,螺旋藻可能会被在同一环境中生长的微囊藻产生的微囊藻毒素污染。包括亚历山大藻和卡雷尼亚藻在内的微藻是神经毒素腐霉毒素和短链毒素的生产者(Matos,2017)。此外,一旦生物质被收获,提取微藻油脂则是另一个需要克服的挑战。为了提取微藻油脂,人们提出了不同的策略来适应不同类型的微藻,通过粉碎法、酶破碎法、化学法、超声波、微波等方法来机械破坏微藻细胞壁(Chen et al,2018)。随后,可以使用非极性溶剂,如己烷或氯仿,结合乙酯、水和甲醇进行提取(Farag et al,2013)。近年来,用于微藻油脂提取的超临界萃取法(二氧化碳)等非溶剂萃取方法已得到开发,但成本较高。同时,还需要额外的保存步骤,以防止分离的多不饱和脂肪酸在反应中被氧化,这可能会引起不受欢迎的、贬值的、高度气味的油的产生。提取的油脂需要进一步处理,以确保没有溶剂残留或任何重金属污染。一般而言,提油脂过程所涉及的步骤非常耗时,并且有较高的运行成本,如较高的能量消耗(图 2.7)。

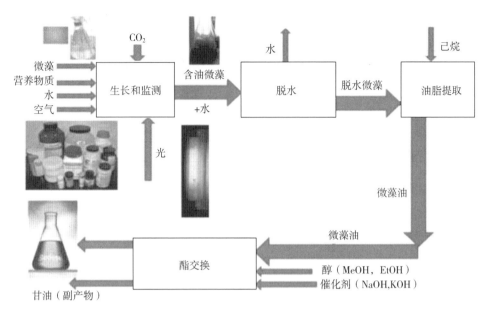

图 2.7　藻类生产生物柴油工艺流程图(Farag 和 Price,2013)

4　维生素

维生素是驱动人体生物合成的辅酶因子的前体。人类基本上需要 13 种不同的维生素来保持健康。然而,人体只能内源性地合成其中的两种(维生素 D 和烟酸)。这表明,人类必须从饮食中获得其余 11 种维生素。这 11 种维生素包括维生素 A、维生素 B(硫胺素、核黄素、泛酸、吡哆醇、生物素、叶酸和钴胺素)、维生素 C、维生素 E 和维生素 K。由于微藻含有所有这 11 种维生素,因此被认为是维生素的来源,可以满足我们的日常需要,并能够在维生素缺乏的地区或饮食中克服维生素缺乏的问题。表 2.11 显示了来自微藻的 11 种必需维生素中的 8 种。需要注意的是,从微藻中提取的脂溶维生素需要与富含脂肪的食物一起摄入,以促进其在体内的吸收。

表 2.11　四种海洋微藻的维生素含量(Fabregas 和 Herrero,1990)

	扁藻	球等鞭金藻	杜氏藻	柱头小球藻
维生素 A	493,750	127,500	137,500	82.30
生育酚(E)	421.8	58.2	116.3	669.0
硫胺素(B_1)	32.3	14.0	29.0	14.6

	扁藻	球等鞭金藻	杜氏藻	柱头小球藻
核黄素（B_2）	19.1	30	31.2	19.6
吡哆醇（B_6）	2.8	1.8	2.2	1.9
钴胺素（B_{12}）	0.5	0.6	0.7	0.6
叶酸	3.0	3.0	4.8	3.1
泛酸	37.7	9.1	13.2	21.4

这一部分旨在解决以下问题：①哪些种类的微藻富含特定类型的维生素？②微藻是如何合成或获得维生素的？③这种维生素对人类来说是生物可利用的吗？④培养条件和收获阶段如何影响微藻中维生素的水平？

4.1 维生素 A

微藻不能合成维生素 A，但它们能合成维生素 A 前体——胡萝卜素，每克螺旋藻含有 0.9mg 全反式 β-胡萝卜素。研究表明，螺旋藻 β-胡萝卜素是生物可利用的，在成年人身体中转化为维生素 A 的系数为 4.5：1（Tang 和 Suter，2011）。也有研究证明，经常摄取螺旋藻可以增加血清视黄醇（维生素 A_1）水平（Tang 和 Suter，2011）。视黄醇是预防夜盲症所必需的，可能还能抑制肿瘤的生长。杜氏藻中所含 β-胡萝卜素重量占其干重的 13.8%，远高于螺旋藻（Tang 和 Suter，2011）。然而，目前使用的杜氏藻主要集中在生产食用色素上。研究表明，培养条件和收获阶段会影响藻类中胡萝卜素的含量。对微拟球藻在 12：12L：D（光/暗周期）下生长的藻类所含的 β-胡萝卜素是在 24：0 h L：D 下生长的藻类的两倍，并且在对数阶段收获的藻类所含的 β-胡萝卜素只是稳定期收获的藻类的一半（表 2.12）（Brown et al,1999）。另一方面，如果想要提高藻类中的 β-胡萝卜素含量，尿素是培养基中的氮源的最好选择（Abalde et al,1991）。

表 2.12　对数期收获三种微藻维生素含量（12：12 L：D 光照），以及微拟球藻在不同的光照条件下生长，并在不同的阶段收获的维生素含量（Brown et al,1999）

维生素	单位	四鞭藻 CS-362	绿色巴夫藻	裂丝藻 CS-92	微拟球藻 CS-246			最小显著性
					12：12，对数期	12：12，静止期	24：0，对数期	
β-胡萝卜素	mg/g	1.05±0.03	0.6±0.03	0.37±0.03	0.50±0.01	1.1±0.20	0.29±0.04	0.07
α-生育酚（E）	mg/g	0.07±0.005	0.14	0.16±0.01	0.29	0.18	0.35±0.02	0.02

续表

维生素	单位	四鞭藻 CS-362	绿色巴夫藻	裂丝藻 CS-92	微拟球藻 CS-246			最小显著性
					12∶12, 对数期	12∶12, 静止期	24∶0, 对数期	
硫胺素（B$_1$）	μg/g	109±18	36±5	29±2	70±8	51±6	70±10	14
核黄素（B$_2$）	μg/g	26±4	50±10	25	25±3	48±3	62±2	7
叶酸	μg/g	20±2	23	24±3	17	26	18±8	n. s.
吡哆醇（B$_6$）	μg/g	5.8±0.4	8.4	17	3.6	6.0	9.5±0.5	0.5
钴胺素（B$_{12}$）	μg/g	1.95±0.05	1.7	1.95±0.05	1.7	1.0	0.85±0.35	n. s.
生物素	μg/g	1.3±0.7	1.9	1.3	1.1	1.0	0.95±0.35	n. s.

4.2　维生素 B

4.2.1　维生素 B$_1$（硫胺素）

扁藻富含维生素 B$_1$（表 2.12），且含量远高于传统食品如胡萝卜和牛肝等（表 2.13），这使微藻成为硫胺素补充剂的来源。维生素 B$_1$ 参与葡萄糖代谢和维持机体正常的神经功能。

并不是所有的微藻都能内源合成硫胺素，只有像莱茵衣藻这样包含所有硫胺素代谢途径基因的微藻才能内源性合成硫胺素（Croft et al，2006）。在藻类中合成硫胺素首先需要合成噻唑环和嘧啶环，然后通过亚甲基桥将两部分连接起来（图 2.8）。对于硫胺素营养缺陷型，由于上述生物合成途径中的一些基因丢失，不能合成硫胺素。在这种情况下，硫胺素需要从外部获得，如共生或捕食（Tandon et al，2017）。在共生的情况下，藻类与细菌（如大肠杆菌）共存，细菌为藻类提供硫胺素，藻类为细菌提供光合产物（Tandon et al，2017）。换言之，在培养微藻时，人们需要确定被培养的物种是否是硫胺素营养缺陷型。如果该物种是硫胺素营养缺陷型，则需要在培养基中添加额外的成分。有趣的是，由于不同藻类对硫胺素需求的特异性不同，这种"额外成分"可能不一定是硫胺素（Tandon et al，2017）。例如，一些物种可以利用硫胺素的噻唑环或嘧啶环来满足其硫胺素需求，而另一些物种，如赫氏圆石藻，可以利用硫胺类似物 4-氨基-5-羟甲基-2-甲基嘧啶（HMP）来满足其硫胺素的需求（Tandon et al，2017）。

表 2.13　传统食物中维生素含量(Fabregas 和 Herrero,1990)

	橙子	胡萝卜	大豆粉	牛肝
维生素 A[a]	14,728	175,438~1,052,631	1538	659,793
生育酚[b]	17.82	39.47		34.36
硫胺素[b]	6.20	11.40	8.46	9.27
核黄素[b]	2.32	5.26	3.07	96.21
吡哆醇[b]	9.30	16.66	6.12	34.36
钴胺素[b]	0	0	0	1.03
叶酸[b]	2.66	1.48		1.71
泛酸[b]	15.50	70.17	19.35	171.82
生物素[b]	0.07	0.06		6.87

注　a. I. U. /kg 干重;b. mg/kg 干重。

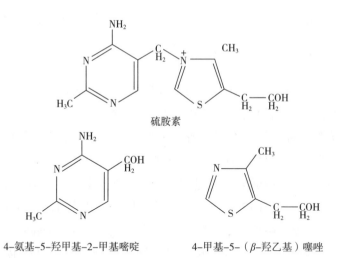

硫胺素

4-氨基-5-羟甲基-2-甲基嘧啶　　　4-甲基-5-(β-羟乙基)噻唑

图 2.8　硫胺素结构(Feenstra n. d.)

　　研究表明,对于大多数微藻来说,在稳定期收获的硫胺素含量远远高于在对数阶段收获的硫胺素含量(图 2.9)。然而,培养过程中的光照条件(12:12L:D vs 24:0h L:D)并不影响微藻的硫胺素含量(Brown et al,1999)(表 2.14)。

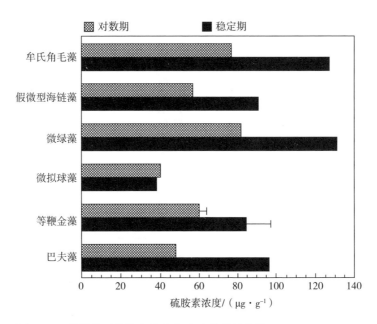

图2.9 6种微藻对数期和稳定期中硫胺素的含量(Brown et al, 1999)

表2.14 FDA 建议维生素每日摄入量(SDVV)(食品药品监督管理局, 2019)

维生素	作用	来源	日均量[a]
生物素	-储能 -蛋白质、碳水化合物和脂肪代谢	-鳄梨 -花椰菜 -鸡蛋 -水果(例如, 覆盆子) -肝脏 -猪肉 -鲑鱼 -全谷物	300 μg
叶酸(对孕妇和备孕女性很重要)	-预防出生缺陷 -蛋白质代谢 -红细胞形成	-芦笋 -牛油果 -豆类和豌豆 -强化谷物产品(例如, 面包、谷类食品、意大利面、大米) -绿叶蔬菜(如菠菜) -橙汁	400 μg

维生素	作用	来源	日均量[a]
泛酸	-将食物转化为能源 -脂肪代谢 -激素的产生 -神经系统功能 -红细胞形成	-鳄梨 -豆类和豌豆 -西兰花 -鸡蛋 -牛奶 -蘑菇 -家禽 -海鲜 -甜土豆 -全谷物 -酸奶	10 mg
核黄素	-将食物转化为能源 -成长与发育 -红细胞形成	-鸡蛋 -强化谷物产品(例如,面包、谷类食品、意大利面、大米) -肉 -牛奶 -蘑菇 -家禽 -海鲜(如牡蛎) -菠菜	1.7 mg
硫胺素	-将食物转化为能源 -神经系统功能	-富含豆类和豌豆的谷物产品(如面包、谷类食品、意大利面、大米) -坚果 -猪肉 -葵花籽 -全谷物	1.5 mg
维生素 A	-成长与发育 -免疫功能 -再生 -形成红细胞 -皮肤和骨骼的形成 -视力	-哈密瓜 -胡萝卜 -乳制品 -鸡蛋 -强化谷类食品 -绿叶蔬菜(例如菠菜和西兰花) -南瓜 -红辣椒 -甜土豆	5000 IU
维生素 B_6	-免疫功能 -神经系统功能 -蛋白质、碳水化合物和脂肪代谢 -形成红细胞	-鹰嘴豆 -水果(柑橘除外) -土豆 -鲑鱼 -金枪鱼	2 mg

续表

维生素	作用	来源	日均量ᵃ
维生素 B₁₂	-将食物转化为能源 -神经系统功能 -红细胞形成	-奶制品 -鸡蛋 -强化谷类食品 -肉 -家禽 -海鲜(例如,文蛤、鲑鱼、三文鱼、黑线鳕、金枪鱼)	6 μg
维生素 D	-调节血压 -骨骼生长 -钙平衡 -激素产生 -免疫功能 -神经系统功能	-鸡蛋 -鱼 -鱼肝油 -强化谷类食品 -强化乳制品 -强化人造黄油 -强化橙汁 -强化豆奶饮料(豆奶)	400 IU
维生素 E	-抗氧化剂 -血管形成 -免疫功能	-强化谷物和果汁 -绿色蔬菜(例如菠菜和西兰花) -坚果和种子 -花生和花生酱 -植物油	30 IU
维生素 K	-血液凝结 -强健骨骼	-绿色蔬菜(例如,花椰菜、羽衣甘蓝、菠菜、青萝卜、瑞士甜菜、芥菜)	80 μg

注 a. 日均值是为 4 岁或 4 岁以上的美国人每天推荐的营养素的量。

4.2.2 维生素 B₂(核黄素)

核黄素参与碳水化合物、蛋白质和脂肪的分解代谢,为我们的身体提供能量。与其他微藻相比,膨胀巴夫藻含有丰富的核黄素,每克含有 50 μg 维生素 B₂(表 2.12)。研究表明,不同的培养条件会影响微藻中核黄素的含量。至少对微拟球藻而言,在 24∶0h L∶D 条件下培养的微藻核黄素含量是 12∶12 L∶D 培养的 2.5 倍。稳定期也影响微藻的核黄素含量,在对数阶段收获的藻类只含有稳定期收获的核黄素含量的一半(Brown et al,1999)。

4.2.3 维生素 B₅(泛酸)

与其他微藻相比,扁藻含有丰富的泛酸,每千克干重含有 37.7 mg 维生素 B₅(表 2.11),这比一些食物如燕麦、奶酪、三文鱼和大豆中的含量要高得多。维生素 B₅ 参与血细胞的生成,与其他 B 族维生素一起,为身体提供能量(表 2.15)。

研究表明,在整个培养过程中,微藻的泛酸含量在不断下降。因此,如果需要泛酸含量更高的微藻,应在较早阶段收获藻类(Pratt 和 Johnson,1966)。

表 2.15　小球藻泛酸含量的研究(Pratt 和 Johnson,1966)

项目	泛酸含量
普通小球藻,干重培养 5d	2779
普通小球藻,干重培养 7d	1318
普通小球藻,干重培养 21d	309
蛋白核小球藻,干重培养 5d	1609
蛋白核小球藻,干重培养 7d	920
蛋白核小球藻,干重培养 21d	316

4.2.4　维生素 B_6(吡哆醇)

与其他微藻相比,裂丝藻富含吡哆醇。它每克含有 17 μg 维生素 B_6(表2.12)。维生素 B_6 是合成神经递质和髓鞘所必需的,因此对神经系统很重要。研究表明,微拟球藻(*Nannoloropsis sp.*)在 24∶0 L∶D 培养条件下生长的吡哆醇含量比在 12∶12 L∶D 条件下高一倍以上(Brown et al,1999)。

4.2.5　维生素 B_7(生物素)

生物素是产生能量所必需的,对头发、指甲和皮肤的健康生长很重要。在藻类群体中,只有小部分微藻是生物素营养缺陷型(如盘基网柄菌和溶组织内阿米巴)。它们都有一个复杂的质粒,并且对钴胺素或硫胺素或两者都是营养缺陷型。生物素营养缺乏症是由生物素生物合成途径中单个基因的缺失引起的。然而,不同的营养缺陷型所缺失的基因是不同的。对于生物素营养缺陷体,生物素需要从外部获得,主要是通过吞噬细菌完成的(Croft et al,2006)。研究表明,不同光照条件(24∶0 L∶D 和 12∶12h L∶D)对微拟球藻生物素含量没有影响(Brown et al,1999)。

4.2.6　维生素 B_9(叶酸)

橙子通常被认为是一种富含维生素 B_9 的水果,但就每千克干重而言,微藻通常比橙子含有更多的叶酸(表2.11、表2.12 和表2.13)。叶酸是产生新细胞和保持 DNA 稳定性所必需的。研究表明,与植物不同,不同种类的藻类利用相同的基因亚型来调节叶酸生物合成的同一步骤。此外,在藻类中,参与叶酸生物合成的酶的细胞定位在不同物种之间是不同的,因此比在植物中更难预测

（Gorelova et al,2019）。实验表明不同光照条件（24∶0 L∶D 和 12∶12h L∶D）对微拟球藻的叶酸含量没有影响（Brown et al,1999）。

4.2.7　维生素 B_{12}（钴胺素）

众所周知，维生素 B_{12} 是 DNA 修复所必需的，并可以降低患乳腺癌的概率。微藻是一种 B_{12} 补充剂，因为植物不会合成 B_{12}。某些藻类（如螺旋藻、小球藻和卡氏颗石藻）富含钴胺素。然而，目前存在的钴胺素并不一定是由藻类本身产生的。内源性合成钴胺素的能力主要取决于藻类的蛋氨酸合成酶（Croft et al,2005）。有些藻类（例如莱茵衣藻）同时具有钴胺素依赖和钴胺素非依赖性蛋氨酸合成酶（Croft et al,2005）。在这种情况下，如果有外源维生素 B_{12}，它将使用钴胺素依赖的蛋氨酸合成酶，在没有外源维生素 B_{12} 的情况下，它将使用钴胺素非依赖的蛋氨酸合成酶。当然，其他依赖钴胺素的酶（例如，依赖维生素 B_{12} 的核糖核苷酸还原酶）的存在进一步决定了藻类是否是钴胺素营养缺陷型藻类（Croft et al,2005）。在自然界中，钴胺素营养缺陷型藻类的外部钴胺素来源是细菌。研究表明，藻类和细菌以互惠互利的关系共存；细菌向藻类提供钴胺素，而藻类向细菌提供有机碳源（通过光合作用产生）以支持它们的生长（Croft et al,2005）。然而，细菌中的钴胺素是一种被称为伪钴胺素的形式，藻类不能利用。B_{12} 和伪钴胺素的不同之处在于，B_{12} 的下轴配体为 5,6-二甲基苯并咪唑（DMB），而伪钴胺素以腺嘌呤基团为配体；在伪钴胺素和 DMB 存在的情况下，营养缺陷型藻类可以通过微藻重塑的过程将伪钴胺素转化为 B_{12}，伪钴胺素后可供自己生物利用（图 2.10）。换言之，当无菌培养生产藻类时，人们需要考虑藻类是否是钴胺素营养缺陷型，如果藻类是钴胺素营养缺陷型，则必须在培养基中添加维生素 B_{12} 以维持藻类的生长。

研究表明，人类对藻类维生素 B_{12} 生物利用度各不相同（Watanabe et al,2002）。螺旋藻的钴胺素是不可生物利用的，因为它以伪钴胺素的形式存在。人体内的内在因子（负责在回肠利用钴胺素的酶）能严格识别钴胺素的结构（Watanabe et al,2002），它对伪钴胺素的亲和力比钴胺素低 79%~87%。因此，大多数摄入的伪钴胺素最终将从尿液中排出（Watanabe et al,2002）。目前，关于吸收的伪钴胺素是否为钴胺素的拮抗剂并阻断其代谢仍存在争议。然而，为了安全起见，在培养螺旋藻作为食品配料时，一般建议在不含钴的情况下进行培养。这是因为钴胺素是一种含钴的吡咯，研究表明，培养基中不含钴可以显著降低螺旋藻中伪钴胺素的含量。（Watanabe et al,2002）。小球藻和卡氏颗石藻产生的钴胺素是可生物利用的，是以真正的维生素 B_{12} 的形式存在的（Watanabe et al,2002）。

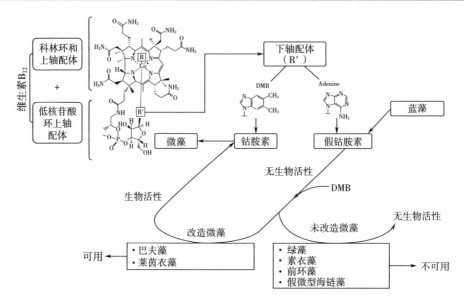

图 2.10　微藻重塑(Tandon et al,2017)

4.3　维生素 E(生育酚)

维生素 E 是一种抗氧化剂,与维持细胞膜的完整性有关。细小裸藻(*Euglena Gracilis Z*)是一种富含维生素 E 的微藻,其中的 97% 以 α-生育酚的形式存在,这是维生素 E 生理活性最高的形式。目前,科学研究主要集中在如何最大限度地提高细小裸藻的维生素 E 含量。结果表明,在 pH 为 5 的 α-生育酚生产培养基中(含有 2% 葡萄糖、1.2% 蛋白胨、无机盐、硫胺素和氰基钴胺)中添加L-酪氨酸、尿黑酸、乙醇和蛋白胨,可以最大限度地提高细小裸藻的维生素 E 含量(表 2.16)。L-酪氨酸能提高生育酚的含量是因为它与生育酚具有相同的生物合成途径。因此,将其直接添加到培养基中,将抑制其自身的 L-酪氨酸的生物合成,并促进维生素 E 的生物合成。至于尿黑酸,它能提高生育酚的含量是因为它是生育酚的前体(Tani,1989)。增加光照强度可以进一步提高生育酚的含量,可以诱导维生素 E 的产生以降低类囊体膜的氧化损伤(Carbalo-Cárdenas et al,2003)。缺氧和低温也是提高细小裸藻维生素 E 含量的一个因素(Abalde et al,1991)。

表 2.16　细小裸藻在不同培养条件下维生素 E 的产量(Tani,1989)

培养基	细胞产量/(g·L^{-1})	α-生育酚产量	
		mg/L	mg/g 干重细胞
KH 培养基	7.0	2.0	0.3

续表

培养基	细胞产量/(g·L⁻¹)	α-生育酚产量	
		mg/L	mg/g 干重细胞
α-生育酚培养基	9.0	9.9	1.1
添加 L-酪氨酸	10.7	14.8	1.3
添加尿黑酸	11.9	17.0	1.4
添加 L-酪氨酸、尿黑酸和乙醇	11.4	49.8	4.3
流加 L-酪氨酸、尿黑酸、乙醇和蛋白胨	28.4	143.6	5.1

杜氏藻和扁藻的维生素 E 含量与细小裸藻相当,因此也开展了提高这两种藻类维生素 E 含量的研究。研究发现,对于杜氏藻,每个细胞光能利用率的下降提高了生育酚含量(图 2.11)。这是因为随着培养时间的延长,光的可获得性会减少,因此需要更高的维生素 E 产量来促进氧化过程,如培养过程中发生的细胞衰老等(CarballoCárdenas et al,2003)。此外,如果想要更高的藻类生育酚含量,硝酸盐是最好的氮源(Abalde et al,1991)。至于扁藻,在养分供应充足的情况下,每个细胞光的可获得性的变化对其维生素 E 含量没有影响(图 2.12)。添加硝酸盐和磷酸盐可以提高维生素 E 的含量(Carbalo-Cárdenas et al,2003)。

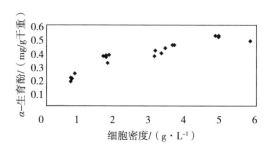

图 2.11　增加细胞密度(降低细胞光利用率)对杜氏藻
α-生育酚含量的影响(Carballo-Cárdenas et al,2003)

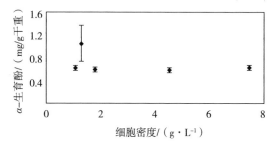

图 2.12　营养供应充足时增加细胞密度(降低细胞光利用率)对扁藻
α-生育酚含量的影响(Carballo-Cárdenas et al,2003)

4.4 维生素 K$_1$(叶绿醌)

柱孢鱼腥藻含有丰富的维生素 K$_1$,每克干重含有 200 μg 维生素 K$_1$,是 SDVV 的三倍(表 2.14)。这也远高于菠菜和欧芹等被认为富含维生素 K$_1$ 的传统食物。维生素 K$_1$ 有助于预防骨质疏松症和心血管疾病。用微藻代替化学方法生产维生素 K$_1$ 有两个优点:第一,微藻只产生可生物利用的维生素 K$_1$ 的 E-异构体,而化学方法生产的是 E-异构体和非生物可利用的 Z-异构体的混合物;第二,利用微藻生产维生素 K$_1$ 不需要极端的温度和压力,而且生产过程可持续。使用微藻而不是植物来生产维生素 K$_1$ 还具有更快的生长速度、更简单的基因组成和更容易筛选等优点(Tarento et al,2018)。研究表明,通过增加光照强度和培养基硝酸盐浓度,柱孢鱼腥藻的维生素 K$_1$ 产量可以提高四倍(图 2.13)。添加硝酸盐的原因是能提高 PSI(光系统复合体)的浓度,而 PSI 可利用维生素 K$_1$ 进行电子转移(Tarento et al,2018)。

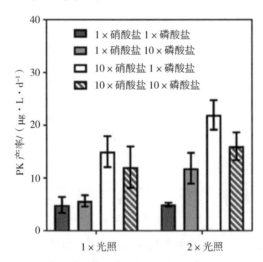

图 2.13　不同条件下柱孢鱼腥藻的叶绿醌产量(Tarento et al,2018)

5　微藻及其提取物——作为食用色素

通常,色素被添加到食物和饮料中,使其看起来更有吸引力。色素可以是天然的,也可以是合成的。合成色素主要是煤蒸馏过程中得到的煤焦油的衍生物。出于对安全的考虑,在许多国家许多合成色素都被禁止使用。其中一些合成色素含有对神经系统有毒的醋酸铅,而另一些是过敏原和刺激物,还有一些是已知的致癌物质。因此,人们对食品中使用的天然色素的需求越来越大。图 2.14 列举了含有微藻及其提取物着色的中国年糕和鸡尾酒。虽然能够作为天然食品色素的植物提取物有广泛的选择,但来自微藻的色素如类胡萝卜素和藻胆蛋白是天然色素的良好选择,还能提供独特的营养特性如抗氧化性和蛋白质。此外,利用微藻生产色素具有生产过程可控、提取更容易、产量更高、不缺乏原料、不存在季节变化等优点。

　　　　(a)带有藻类色素的中国年糕　　　(b)以微藻为着色剂的鸡尾酒饮料

图 2.14　含微藻及其提取物的食品(图片由 Ceco International 提供)

5.1　类胡萝卜素

2010 年,类胡萝卜素的市场价值为 12 亿美元,其中很大一部分产量是化学合成的,只有 β-胡萝卜素和虾青素是自然产生的。20 世纪 80 年代,商业工厂开始从露天池塘中培养微藻用来生产 β-胡萝卜素。巴氏杜氏藻因高 β-胡萝卜素含量而被筛选出来,而且其生长过程能避免环境污染。

类胡萝卜素的功能是作为辅助的捕光色素,同时保护光合机构免受光损伤(Ben-Amotz et al,1987)。类胡萝卜素是绿藻中含量最多的一类色素。类胡萝卜素是一类组成丰富的分子,由植物合成的 600 多种天然有机色素组成。大多数天然类胡萝卜素含有更多的顺式-β-胡萝卜素(合成类胡萝卜素以反式-β-胡萝卜素为主)。叶黄素和虾青素在营养食品及饲料工业中有许多应用。小球藻、衣藻、杜氏藻和红球藻是类胡萝卜素的丰富来源,雨生红球藻是类胡萝卜素的最丰富的来源(BGG,2016)。

杜氏藻是生产 β-胡萝卜素的另一个重要来源。利用杜氏藻获得 β-胡萝卜素有如下优点:促进人体吸收、生产效率高和有多种同分异构体组成,并且可以快速产生高达生物质干重的 14% 的 β-胡萝卜素(Metting,1996)。提高类胡萝卜素产量的因素包括高盐度、适宜的光合作用光子通量密度(PPFD,>500moL/s)

（Brown et al,1997）、低生长温度、远红外光和营养限制。除了高 PPFD 外，所有其他因素都会导致类胡萝卜素的增加，但会降低生长速度。可以说，β-胡萝卜素含量与特定生长率之间存在着相反的关系。硝酸盐和硫酸盐的缺乏引起了野生型杜氏藻中 β-胡萝卜素的积累（Becker,2004）；在氮缺乏条件下，杜氏藻在双水相体系中的胡萝卜素/总叶绿素比增加了 33 倍。

除杜氏藻、小球藻和 *Muriellopsis* 也是生产类胡萝卜素的适宜品种。目前，利用绿色微藻生产类胡萝卜素只涉及雨生红球藻和杜氏盐藻产生的虾青素和 β-胡萝卜素。此外，集胞藻 PCC6803 和集胞藻 PCC702 也被认为是适合进行基因改造的生物，可促进 β-胡萝卜素的积累（Vernass,2004）。尽管有诸多优点，但使用微藻作为天然色素的来源仍然有几个缺点，包括工艺控制不充分、效率低、二氧化碳消耗高、污染问题，以及最佳生产条件需要大量盐、水和太阳辐射。

为了克服以上不足，需要针对操作系统或培养参数的替代策略。这些策略包括使用大面积开放池塘、天然池塘、跑道池塘、光生物反应器和不同的培养基来增加 β-胡萝卜素的产量，创新的培养方法也可以提高微藻的生产力。在 Raja 等人的一项研究中，Walne 培养基（一种海水藻类培养基）被用于培养杜氏藻；通过添加从海藻中筛选的围氏马尾藻和石莼，实现了生长速率和 β-胡萝卜素产量的显著提高（Raja et al,2004）。

5.2　藻胆蛋白 PBPs

2010 年初，据预估藻胆蛋白产品的总市场价值已超过 6000 万美元。由于产品商业化和产能扩张，目前的市场价值将远远超过这一数字。螺旋藻属（节旋藻）是藻胆蛋白的优良来源，长期以来占据全球产量的主要份额。据估计藻胆蛋白全球年产量超过 5000 吨。而亚洲生产商的产能正迅速扩大以满足市场需求。

PBPs 是一种有色的水溶性蛋白质，存在于蓝细菌和某些藻类中。PBPs 作为色素-蛋白质复合物分离出来，由于它们无毒且不致癌，可以安全地用于食品着色和化妆品中。图 2.15 列举了添加了从螺旋藻中提取的"蓝色蛋白质"的饮料和小吃。PBPs 是由脱辅基蛋白和藻胆素（α 和 β）通过多肽与捕光色蛋白共价连接而成。

根据不同基团的存在，色素蛋白可分为四类：①藻红蛋白（PE）λ_{max} 480~570 nm；②藻蓝蛋白（PC）λ_{max} 590~630 nm；③藻红蓝蛋白（PEC）λ_{max} 630~665 nm；④别

图 2.15 涂有藻蓝蛋白的饮料和面包(图片由 Ceco International 提供)

藻蓝蛋白(APC)λ_{max} 620~665 nm。图 2.16 显示了藻胆体的物理结构,包括 PE、PC 和 APC。

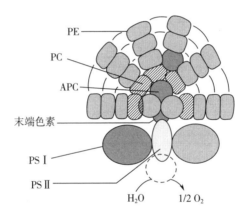

图 2.16 藻胆体的结构(Gurpreet et al,2009)

螺旋藻产生的藻蓝蛋白可作为食品中的天然色素,如口香糖、乳制品和果冻(Santiago-Santos et al,2004)。而已开发出的蓝色、紫色和粉红色色素可应用在不需要加热的食品中,如甜点、冰激凌、糖果、蛋糕、食品装饰品、奶昔等。铜绿紫球藻产生的蓝色色素能抵抗 pH 值的变化,对光稳定,但对热敏感。这些性质对于它们在食品中的应用是重要的,因为许多食品是酸性的,特别是饮料和糖果。这种色素在不加热的情况下被添加到百事可乐等饮料中,可在室温下保持一个月不变色(Sekar et al,2008),并且在干制剂中性质非常稳定。PE 能发出黄色荧光,可用于一系列发荧光的食品,如由糖溶液制成的透明棒棒糖、用于蛋糕装饰的干糖块、软饮料和酒精饮料。

5.3　微藻作为食品着色剂在黄油饼干中的应用

有研究(Gouveia et al,2007)使用小球藻作为黄油饼干上的着色成分。将普通小球藻添加到饼干表面,观察其效果 3 个月。结果表明,饼干的颜色在整个储存期间保持稳定。这些富含普通小球藻的饼干似乎具有更吸引人的绿色调,随着微藻浓度的增加而更加明显(图 2.17)。

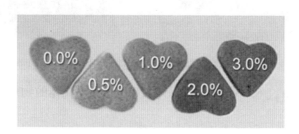

图 2.17　含有普通小球藻的饼干(0.0~3.0% W/W)(Gouveia et al,2007)

此外,硬度的增加与微藻生物量的增加之间相关性很明显,因此普通小球藻的添加对质地的改善更有利(图 2.18)。增加的硬度将对饼干结构有更好的保护。并且,未检测到微藻生物质掺入与饼干的味道负相关,15 名未经训练的人进行的感官评估也证实了这一点。

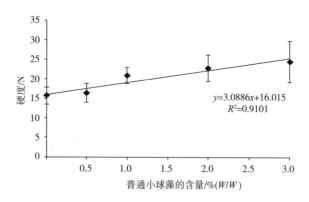

图 2.18　含有不同浓度普通小球藻的彩色曲奇的硬度值(Gouveia et al,2007)

这项研究调查了如何将微藻混合到不容易腐烂的食品中,并以自然颜色呈现出来。绿色的小球藻属(*Chlorella*sp.)已被用作其中的一部分。研究发现,产品中不易腐烂的颜色受到消费者的欢迎,因此得出结论,以微藻为成分的更多产品是有可能被接受的(Gouveia et al,2007)。总而言之,由于世界对生活的几乎所有方面都需要更安全和可持续的替代品,因此利用微藻作为食品色素的需求不断增加也就不足为奇了。微藻含有最低限度的有害物质(过敏原、刺激物和致癌物),而这些物质通常存在于许多合成色素中。此外,微藻更容易提取,产量更高,不缺乏原材料,没有季节性变化,这使其更可持续发展。类胡萝卜素和PBPs是微藻中的主要色素,可用作食品色素。小球藻、衣藻、杜氏藻、红球藻等种类富含类胡萝卜素,高盐度、PPFD、低生长温度、远红外光和营养限制等因素可以提高类胡萝卜素的产量。藻胆蛋白可产生多种颜色的色素,如蓝色、紫色和粉红色,可用作乳制品、果冻、饮料、甜点和酒精饮料的着色剂。使用微藻作为食物色素,除了增加食物颜色上的吸引力外,还具有抗氧化的营养价值,并能够在不改变食物味道的情况下改善食物的质地。

6　素食者和特殊人群的需求

6.1　素食者

如今,素食和纯素食饮食的趋势越来越明显,特别是在西方国家,因为越来越多的流行病学证据表明,通过这种饮食可以改善身体状况、保持健康。根据定义,素食主义者的饮食中不包括动物产品,如红肉、家禽、鱼,甚至鸡蛋和乳制品(Allès et al,2017)。越来越多的素食主义运动并不一定意味着更多的人正在转向严格的素食饮食,相反,越来越多的人选择更多的非动植物性产品,或者在饮食中不断切换动物和非动物产品。他们被称为"弹性素食主义者"(Grebow,2019)。素食主义者或纯素食主义者既包括严格的素食主义者,也包括选择增加素食饮食比例的小众群体。对于纯素食主义者,虽然素食对他们的健康有好处,但他们也面临着营养问题,包括维生素 B_{12} 缺乏,$\omega-3$ 和 $\omega-6$ 脂肪酸不足以及蛋白质缺乏。对于这个独特的群体来说,一个可能用于解决这个困境的植物就是微藻。微藻富含素食饮食所需的许多营养物质,同时也是一种更环保和可持续的食物来源选择,特别是在蛋白质需求方面,可以满足日益增长的有环境保护和营养意识的公众的需求。

素食和纯素饮食的人群缺乏富含EAAs的食物,因为大多数植物来源的蛋白质没有全部的EAA,这是植物性饮食的主要缺点,这往往也会导致蛋白质缺乏的问题。根据美国饮食协会和加拿大营养师协会的数据,进行中等到剧烈运动的个人每天每千克体重需要 1.3 ~ 1.7 g 蛋白质来修复和增加身体的肌肉组织

（Koyande et al,2019）。因此,微藻是素食者理想的食物来源,因为它是 EAAs 的极好来源。一些微藻品种的蛋白质含量非常高,甚至高于大多数动物蛋白,例如普通小球藻和螺旋藻。据报道,小球藻和螺旋藻中蛋白含量占其生物量的 70%,含有人类代谢所需的所有 EAAs（Koyande et al,2019）。一些微藻的氨基酸含量可与世界各地广泛消费的高蛋白来源食品相媲美。异亮氨酸、缬氨酸、赖氨酸、色氨酸、蛋氨酸、苏氨酸和组氨酸是微藻中存在的一些氨基酸,其数量与传统富含蛋白质的食物相当。

除了大量营养素外,微量元素也是生存所必需的。维生素是一类重要的微量元素,植物性食物往往富含维生素。然而,素食者饮食中常缺乏的营养素包括维生素 B_{12}、维生素 D、ω-3 脂肪酸、钙、铁和锌（Craig,2010）。表 2.17 列举了不同油品中亚油酸平均含量的情况。蔬菜和水果缺乏必需的维生素 B_{12}（钴胺素）,因为植物不合成或不需要它。当日常营养主要依赖蔬菜时,有可能会造成维生素 B_{12} 缺乏。1990 年,根据 Fabregas 和 Herrero 进行的一项研究,发现杜氏盐藻可以合成维生素 B_{12}（Fabregas 和 Herrero,1990）。据报道,9%~18% 的小球藻植株富含维生素 B_{12}（Islam 2017;Alsenanai et al,2015）。Watanabe 等报道,虽然螺旋藻能够合成维生素 B_{12},但小球藻合成的维生素 B_{12} 的生物利用度更高。同时,他们提出,微藻食品能提供必要的营养,以抵消素食可能导致的任何缺陷（Watanabe et al,2002）。

表 2.17　不同油品中亚油酸（LA 18：2n-6）和 α-亚麻酸（ALA 18：3n-3）
平均含量比较（g/100 g 脂肪）（Narinder et al,2014）

序号	油	LA 18：2(n-6)	ALA 18：3(n-3)	总不饱和脂肪酸
1	大豆油	50.8	6.8	80.7
2	棉籽油	50.3	0.4	69.6
3	玉米油	57.3	0.8	82.8
4	红花油	73.0	0.5	86.3
5	葵花籽油	66.4	0.3	88.5
6	芝麻油	40.0	0.5	80.5
7	橄榄油	8.2	0.7	81.4
8	花生油	31.0	1.2	77.8
9	菜籽油(零芥酸)	22.2	11.0	88.0
10	菜籽油(高芥酸)	12.8	8.6	88.4

序号	油	LA 18：2(n-6)	ALA 18：3(n-3)	总不饱和脂肪酸
11	可可脂油	2.8	0.2	36.0
12	椰子油	1.8	—	7.9
13	棕榈仁油	1.5	—	12.9
14	棕榈油	9.0	0.3	47.7
15	杏仁油	18.2	0.5	87.7
16	腰果油	17.0	0.4	73.8
17	板栗油	35.0	4.0	75.5
18	胡桃油	61.0	6.7	86.5
19	核桃油	2.3	1.4	32.6

　　表2.18进行了动物和蔬菜中脂肪酸含量的比较。与非素食者相比,素食者(尤其是纯素食者)血液中 ω-3 脂肪酸、EPA 和 DHA 的水平往往较低(Craig,2010)。素食者的 ω-3 指数比那些食用海产品的人低 60%(Craddock et al,2017)。杂食性人群通常从食用鱼类和动物产品中获得 DHA 和 EPA。微藻可能成为 ω-3 和 ω-6 等多不饱和脂肪酸的替代来源。有研究调查了通过藻类补充DHA(剂量范围从 172 mg/d 到 2.14 g/d)对 20~108 名参与者的影响。这些研究通过测量血清总磷脂 DHA(PL DHA)、血小板总 PL DHA、红细胞 DHA(RBC DHA)和 ω-3 指数来监测 DHA 水平。结果表明,血清、血浆、血小板和红细胞DHA 组分与 ω-3 指数和藻类 DHA 补充量呈正相关。在添加藻类 DHA 的实验组中,ω-3 指数增加了 55%~82%,而 DHA 血清总磷脂和血小板磷脂分别增加了238%~246% 和 209%~225%(Craddock et al,2017)。因此,在素食人群中食用藻类来源的 DHA 可极大地增加循环 DHA 的水平。综上所述,在素食人群中,通过藻类补充 DHA 是解决长链多不饱和脂肪酸缺乏的一个可行的选择。

表 2.18　动物和蔬菜的脂肪酸含量(Craig,2010)

脂肪酸		椰子油/%	棕榈油/%	大豆油/%	葵花籽油/%	橄榄油/%	黄油脂肪/%	牛油/%	猪脂肪/%	鸡脂肪/%	猪油/%	鱼油/%
C-4：0	丁酸						3.5					
C-6：0	己酸	0.5					2					

脂肪酸		椰子油/%	棕榈油/%	大豆油/%	葵花籽油/%	橄榄油/%	黄油脂肪/%	牛油/%	猪脂肪/%	鸡脂肪/%	猪油/%	鱼油/%
C-8:0	辛酸	7					1.5					
C-10:0	癸酸	6					3					
C-12:0	月桂酸	46					3.5					
C-14:0	肉豆蔻脑酸	18.5	1		1		11	3.5	1.5	1	1.5	6
C-14:1	肉豆蔻酸						1	0.5				0.5
C-15:0	十五烷酸						1	1				0.5
C-15:1	十五碳烯酸											0.5
C-16:0	棕榈酸	9.5	43	10.5	6	11.5	28	27	25.5	23	20.5	13.5
C-16:1	棕榈油酸				1	2.5	2.5	2.5	5	3.5	7.5
C-16:2	十六碳二烯											0.5
C-16:3	十六碳三烯											0.5
C-16:4	十六碳四烯											1
C-17:0	十七烷						1	2.5	0.5			0.5
C-17:1	十七碳烯						0.5	0.5			0.5	
C-18:0	硬脂酸	3	5	4	4	2.5	10	22	17.0	5.5	6	2.5
C-18:1	油酸	7.5	38.5	22	20.5	75	25	36.5	40	40	51.5	14
C-18:2	亚油酸	2	11	54.5	68	9	3	2.5	12	21	13.5	1.5
C-18:3	亚麻酸			7.5		1	0.5	0.5	1.0	2.5	1	1
C-18:4	十八酸											3
C-19:0	十九酸											0.5
C-20:0	花生酸		0.5	0.5		0.5	0.5					0.5
C-20:1	二十二碳五烯酸						0.5	0.5	1	0.5	1	11.5
C-20:2	二十碳二烯酸								0.5		0.5	
C-20:5	二十碳五烯酸											8.5
C-22:0	乙二烯			0.5								

脂肪酸		椰子油/%	棕榈油/%	大豆油/%	葵花籽油/%	橄榄油/%	黄油脂肪/%	牛油/%	猪脂肪/%	鸡脂肪/%	猪油/%	鱼油/%
C-22:1	芥酸											14
C-22:5	二十二碳五烯酸											1
C-22:6	二十二碳六烯酸											8.5
饱和脂肪酸		90.5	49.5	15.5	11	14.5	65	56	44.5	30.5	28	24
单不饱和脂肪酸		7.5	38.5	22	20.5	76	29.5	40.5	43.5	45.5	56.5	48
多不饱和脂肪酸		2	11	62	68	9.5	3.5	3	13.5	23.5	15	25.5

此外,微藻还有"一个优势,可以满足不断增长的素食人口在环境方面的需求。使用微藻作为蛋白质生产的来源是一个可行的选择,因为与以动物为基础的蛋白质相比,微藻对土地的需求要低得多,低于每千克鸡肉 $42\sim52m^2$ 和每千克牛肉 $144\sim258m^2$ 的土地需求(Caporgno 和 Mathys,2018)。微藻土地使用量也低于其他以植物为基础的蛋白质来源,如豆粕、豌豆蛋白粉和其他(Smetana et al,2017)。除了使用非耕地进行种植外,微藻消耗的淡水最少,在海水中生长的可能性也增加了以微藻为基础的蛋白质生产带来的环境效益。与其他目前使用的蛋白质来源相比,微藻为满足不断增长的素食人口及其饮食需求提供了一种更可持续的来源(Sathasiran et al,2019;Barba,2018)。

6.2 特殊兴趣群体:运动员、老年人

微藻被用来对抗慢性疾病、神经退行性疾病、心血管疾病、癌症、糖尿病和由于慢性炎症和氧化应激而导致的肥胖。藻类提取物可通过抑制促炎细胞因子和二十烷类化合物的产生而显示出抗炎活性。这些藻类代谢产物以不同的方式发挥作用,如酶活性的调节、细胞活性的调节以及两条主要信号通路的干扰。海藻提取物还有一个优势,就是具有抗氧化特性。老年人容易消化和藻类产品的生物可获得性也是支持使用藻类作为补充剂抗击与衰老有关的疾病的关键原因。

饮食在维持身体健康中扮演着重要的角色,因为它不仅起到提供满足代谢需要的营养物质的作用,而且起到调节身体各种功能的作用。从这个意义上说,

它对抑制一些疾病具有非常重大的影响。科学论文已经报道了饮食对一些慢性疾病的影响,显示了饮食在改善和支持健康方面的可能性(Levin 和 Fleurence,2018)。这些类型的食品可以被认为是功能性食品,它们可以改善健康情况或降低疾病风险。但是由于衰老,老年人在从饮食中获得必要的营养方面可能会有更多困难。随着年龄的增长,老年人也更容易患上慢性病,这使食用功能食品来预防这些慢性病的饮食方式变得更加重要。如上所述,微藻显然是一种可能的功能食品,可以满足老年人的各种需求,因为它们易于消化,生物可利用性高,以及富含丰富的微量和大量营养素,同时还可以减少能量摄入量。

微藻含有许多有利于老年人身体健康的成分,包括天然色素和几种具有抗肿瘤、抗炎、抗肥胖和神经保护特性的生物活性化合物。表 2.19 显示了一些已被纳入食品中的微藻,其中大部分适合素食者和老年人口。

表 2.19 各种微藻食品

产品	添加微藻	添加量	益处
水包油乳液	普通小球藻绿色和普通小球藻橙色(胡萝卜素生成后)	2% W/W	技术功能特性
水包油乳液	普通小球藻绿色,普通小球藻橙色(胡萝卜素生成后)和雨生红球藻(红色,胡萝卜素生成后)	普通小球藻:0.25%~2.00% W/W 雨生红球藻:0.05~2.00% W/W	色素和营养特性(抗氧化活性)
素食凝胶	普通小球藻、雨生红球藻极大节旋藻和长春隐杆藻	0.75% W/W	技术功能和营养特性(抗氧化活性,ω-3 多不饱和脂肪酸)
素食凝胶	极大节螺藻和长春隐杆藻	0.1% W/W	技术功能和营养特性(ω-3 多不饱和脂肪酸)
素食凝胶	雨生红球藻和极大节旋藻	0.75% W/W	技术功能特性
冷冻酸奶	节旋藻	2%~8% W/W	营养特性
乳制品(发酵奶)	钝顶节旋藻	3 g/L	营养特性
天然益生菌酸奶	钝顶节旋藻	0.1%~0.8% W/W	技术功能特性和营养特性
酸奶	小球藻	0.25% W/W 提取物固体和2.5%~10.0%提取物液体	技术功能特性和营养特性
干酪	小球藻	0.5%和1.0% W/W	技术功能特性和营养特性
饼干	普通小球藻	0.5,1.0,2.0 和3.0% W/W	着色剂

续表

产品	添加微藻	添加量	益处
松饼	球等鞭金藻	1,3% W/W	技术功能特性和营养特性($\omega-3$ 多不饱和脂肪酸)
松饼	钝顶节旋藻	钝顶节旋藻：0.3、0.6 和 0.9% 藻蓝蛋白提取物：0.3% W/W 小麦粉	营养特性
松饼	钝顶节旋藻	1.63,3,5,7,8.36% W/W	技术功能和营养特性(蛋白质、纤维含量和抗氧化活性)
松饼	钝顶节旋藻,普通小球藻亚心形扁藻,三角褐指藻	2,6% W/W	技术功能特性和营养特性(抗氧化活性)
曲奇	雨生红球藻	虾青素粉剂 5,10,15% W/W	技术功能特性和营养特性(抗氧化活性)

7　微藻营销：供不应求

7.1　藻类产品形式

微藻作为一种食物成分,是一种能够跨越文化、年龄和社会界限的多用途物质。它清楚地展示了满足人们对食物营养价值及可持续性的需求的潜力。但这并不是建议读者放弃或完全取代目前的饮食习惯,而是提供了更多的健康生活方式的选择。

微藻的食品工业的发展是基于利用微藻生产创新的功能性食品。除了高蛋白质含量、平衡的氨基酸分布和更多的维生素之外,由于生物活性物质的存在,将微藻加入食品中还增加了对人类健康的潜在益处。

寻求天然健康和食品补充剂的消费者完全了解微藻为他们的整体健康带来的好处,越来越多的关于微藻可以提供的益处的新研究结果层出不穷。然而,藻类市场并没有像人们希望的那样起飞。对于营销人员和公司来说,似乎有一个坚硬的天花板需要突破,其中之一就是这些产品的营销形式。

阿兹特克人把"tecuitlatl"叫作泥巴蛋糕,这种描述既不吸引人,也不能让人开胃。市场吸引力的根源来自这样一种愿望："不必忍受现有食品补充剂的难吃味道",但在一种令人满意的食品描述方式中,我们可以每天消费和享受。

其中一个可行的价值主张是将高质量的营养整合到现有熟悉的食品中。与食品和饮料(F&B)密切合作,用天然调味品来补充和巧妙地掩盖不受欢迎的鱼腥味。

图2.19是中国中秋节准备的季节性月饼。这是全家人聚在一起用餐时,人们会品尝到传统的中式甜点。可以使用素食来源的色素和植物性天然甜味剂来满足注重健康的消费者的需求。目前,我们测试市场的反应非常出色。后续计划是生产含有微藻和天然素食成分的面条、面包、馅饼和香肠,服务于纯素食市场和健康饮食市场。

图2.19　含有藻类或藻类提取物色素的(中国月饼 CECO 国际公司)

7.2　产品挑战

在目前的市场发展状态下,利用微藻及其衍生品作为食物替代品的总成本尚未达到理想水平。从生产角度来看,种植和加工过程缺乏规模经济是一个主要障碍。随着先进技术、自动化和人工智能的发展,这些障碍可以大大减少。随着人口的增长,微藻对人类健康和环境的益处以及粮食供应的可持续性将超过所面临的挑战和障碍。

微藻生产面临诸多挑战。对于食品应用,安全性和成本是首要考虑的问题。图2.20列举了一些当前的藻类生产经验,包括①污染控制,需要无菌培养用于食品应用;②光生物反应器,更好地设计和监测可重复性和可靠性;③通过智能能源管理保持低成本运行;④具有成本效益的收获和脱水技术;⑤各种功能性高价值成分的提取技术(未显示)。

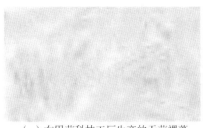

（a）在甲菌科技工厂生产的无菌裸藻
培养物显微照片(×200 Mag)

（b）在室内培养小球藻(Varcon Aqua)

（c）雨生红球藻包被

（d）裸藻干粉

图2.20　藻类生产(全部由位于中国香港的甲菌科技工厂生产)

8　结论

从为少数人口特设的食物储备到作为潜在的主流食物供应,微藻产业已经走过了漫长的系统研究和商业化道路。在这一章中,重点介绍微藻作为食品配料的最突出的特征和应用,详细描述了藻类培养生物技术。目前,微藻营养对人类健康的价值已经得到明确的研究和证明。像任何新技术的应用一样,从早期采食者到早期主流消费者,有一条鸿沟需要跨越,以藻类为主的食物作为主流食材也不例外。感兴趣的客户的需求高度依赖于在正确的时间以正确的价格用正确的产品向正确的消费者进行有价值凝聚的集体营销。随着人口增长和环境保护的需要,藻类作为主流食物商业化的曙光可能会更早到来。

延伸阅读

第3章 微藻色素:天然食用色素来源

Emeka G. Nwoba,Christiana N. Ogbonna,

Tasneema Ishika 和 Ashiwin Vadiveloo

摘要 由于健康和环境问题,消费者的安全意识提高,天然来源的色素目前比合成品的需求更大。微藻是一种微小的单细胞生物,是主要的光合作用生物,能够有效地将太阳能转化为化学能。与陆生植物相比,微藻具有生长速度快、能在非耕地上生长以及产生各种天然生物活性化合物(如脂类、蛋白质、碳水化合物和色素)等独特优势,已逐步成为生产天然食品级色素的可持续来源。微藻产生的各种色素(例如,叶绿素、类胡萝卜素、叶黄素和藻胆蛋白)的功能性还有待探索,这些色素可以作为天然色素的商业来源进行开发。各种生长因素,如温度、pH、盐度和光的种类和数量都被证明对微藻色素的产生有显著影响。在这一章中,我们全面综述了微藻色素的特性和影响微藻色素产生的因素,同时评估了将其作为天然食品色素的来源的总体可行性。

关键词 食品色素;微藻;色素;可持续性

1 前言

色素主要用来改善食物的外观,可以是天然来源,也可以是人工合成的。近年来,由于与人工色素相关的各种健康问题,如导致注意力缺陷、多动障碍和其他多动病例,消费者对天然来源色素的需求显著增加(Schab et al,2004;Jacobson et al,2010)。Farré 等(2010)报道了市场上对天然来源色素的需求比对化学生产的色素的需求发生了重大转变。

由于合成色素的固有缺点以及天然色素对健康的好处,人们对从不同来源的商业规模生产的天然色素产生了极大的兴趣。最初,传统上只从植物和动物中提取色素(Timberlake et al,1986)。然而,随着需求的增加,需要使用快速生长的微生物,这些微生物不仅强大,而且是生产天然色素的可靠来源(Ogbonna,2016b)。许多种类的微生物,如细菌(Heer et al,2017)、真菌(Ogbonna,2016a,b;

Ogbonna et al,2017)、蓝藻和微藻(Soares et al,2016)已经被用来生产天然色素。

其中微藻和蓝藻作为生产天然色素的来源引起了研究人员极大的兴趣,因为它们易于培养,生长速度快,而且它们在自然产生各种色素方面具有多样性。它们能够产生各种不同色调的色素和生物活性物质。这些物质包括叶绿素、类胡萝卜素、叶黄素和藻胆蛋白。尽管含有多种色素,但在自然条件下微藻细胞只在合理浓度(1%~2%g · g^{-1}干重)下产生叶绿素(Wang et al,2008;Li et al,2008)。在正常生长条件下,藻细胞中发现的大多数色素通常浓度较低(例如,低于0.5%g g^{-1}干重),这使它们在经济上与化学合成的色素相比缺乏足够的竞争力(Wang et al,2008;Mulders et al,2014)。

然而,其中一些微藻色素具有很高的商业价值(β-胡萝卜素、虾青素和C-藻蓝蛋白),目前正在探索从各种微藻来源大规模生产色素的可行性(图3.1)。

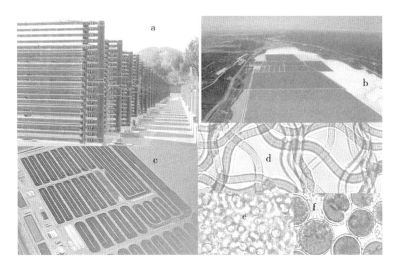

图3.1　工业化生产的虾青素(a)、β-胡萝卜素(b)和C-藻蓝蛋白(c)
利用雨生红球藻(f)、杜氏盐藻(e)和钝顶节旋藻(d)

2　微藻和色素

微藻代表了各种各样的微小的、能进行光合作用的生物体。他们的色素系统是从原始"质体"进化而来的(Jeffrey et al,2011)。一系列的进化形成了目前的光合作用微藻衍生物,它由各种光合色素组成(Jeffrey et al,2011)。在不同的水环境中,根据天气或气候的变化,光的可获得性有很大的不同。微藻固有的色素组成的多样性使其能够生存并成功地适应不断变化的光照条件。一般来说，微藻中的光合色素通常分为三类，即叶绿素、类胡萝卜素和藻胆蛋白（Gantt et al，2001）。

不同种类的微藻之间，色素的浓度有很大差异。色素占微藻干重的 1%~14%，具有物种特异性。大多数种类的微藻的叶绿素含量为 0.5%~1%，类胡萝卜素含量为 0.1%~0.2%（Spolaore et al，2006）。叶绿素 a 是所有微藻中发现的主要色素，对光合作用至关重要。大多数绿色微藻（绿藻）含有叶绿素 a、b 和类胡萝卜素，而外观呈棕色的微藻（硅藻）一般含有叶绿素 a、c 和类胡萝卜素。藻胆蛋白只存在于蓝藻、红藻和隐藻中，而甲藻通常由叶绿素 a、c 和类胡萝卜素作为主要的光合色素。大多数色素通常以蛋白质色素复合体的形式分布在微藻叶绿体的类囊体膜内（Gantt et al，2001）。色素组成是区分不同藻类的最重要的标准之一。表 3.1 列举了各种微藻中的色素分布。需要注意的是，叶绿素和类胡萝卜素通常是脂溶性分子，而藻胆蛋白是水溶性色素（Gantt et al，2001）。

表 3.1　微藻的色素组成（Thrane et al，2015；Gantt et al，2001；

Humphrey，1980；Nwoba et al，2019a）

色素	微藻												吸收光谱/nm
	蓝藻	原绿藻	绿藻	红藻	有色物							甲藻	
					B	C	R	X	H	E	Cr		
叶绿素													
叶绿素 a	✓	✓	✓	✓	✓	✓	✓	✓	✓	✓	✓	✓	438,670
叶绿素 b	/	✓	✓	/	/	/	/	/	/	/	/	/	457,645
叶绿素 c	/	/	/	✓	✓	✓	✓	✓	✓	✓	/	✓	446,628
叶绿素 d	✓	/	/	/	/	/	/	/	/	/	/	/	445,693
类胡萝卜素													
胡萝卜素													
α-胡萝卜素	✓	✓	/	/	/	/	/	/	/	/	/		
β-胡萝卜素	✓	/	/	/	/	/	/	/	/	/	/		453
叶黄素													
异黄素	/	/	/	/	/	/	/	/	/	✓	/	/	464
花药黄质	/	/	✓	/	✓	/	/	/	/	/	/		446

续表

色素	微藻											甲藻	吸收光谱/nm
	蓝藻	原绿藻	绿藻	红藻	有色物								
					B	C	R	X	H	E	Cr		
叶黄素													
硅甲藻黄素	/	/	√	/	√	/	√	√	/	√	/	√	448
硅藻黄质	/	/	√	/	/	/	/	/	/	/	/	√	453
墨角藻黄素	/	/	/	/	√	/	√	/	/	√	/	/	443
叶黄素	/	/	√	/	/	/	/	/	/	/	/	/	447
新黄质	/	/	√	/	/	/	/	/	/	/	/	/	437
油菜黄质	/	/	/	/	/	/	/	√	/√	/	/	/	
紫黄素	/	/	√	/	/	/	/	/	/	/	/	/	437
玉米黄质	√	√	√	/	/	/	/	/	/	/	/	/	450~453
多甲藻素	/	/	/	/	/	/	/	/	/	/	/	√	475
藻胆蛋白													
别藻蓝蛋白	√	/	/	√	/	/	/	/	/	/	/	/	650~655
藻蓝蛋白	√	/	/	/	/	/	/	/	/	/	√	/	620~630
藻红蛋白	√	/	/	/	/	/	/	/	/	/	√	/	575~580

注　B硅藻纲、C金藻纲、R针胞藻纲、X黄藻纲、H定鞭藻纲、E真服点藻纲、Cr隐藻纲;"/",不存在。

3　微藻色素的应用

如前所述,消费者对用于食品行业的天然衍生产品的需求发生了转变,因此需要进行创新和研究(Nwoba et al,2019b)。食用色素一直是影响消费者对食物的选择和接受性的关键感官特性之一。食用色素提供感官吸引力和视觉感知,能够影响消费者的食物选择决策和偏好(Martins et al,2016;Shim et al,2011)。尽管所有食品都有自己的天然颜色,但研究证明加工技术以及储存条件(包括光线、温度、空气和水分等因素)会显著影响最终产品的颜色(Martins et al,2016)。因此,食品色素仍然是掩盖令人不快的食品属性的生产过程中不可或缺的组成部分。

食品色素通常可归类为染料、颜料或特定物质,它们可以直接或间接地为食品、药物或化妆品赋予颜色(FDA,2019)。根据这一定义,食品色素可大致分为合成(人工)或天然色素。合成食品色素(由石油、有机酸和无机化学品制成)已长期广泛使用;然而,由于在短期、中期和长期使用上存在毒性、严重副作用以及过敏和神经认知反应,目前其使用受到限制(Dias et al,2015;Laokuldilok et al,2016)。因此,由于消费者的需求,天然的食品色素正在逐步取代食品制造业中的合成色素(Carocho et al,2015;Rodriguez-Amaya,2019)。除了为食品提供颜色和感官特性的功效外,天然来源的食品色素被认为比化学合成的食品色素更安全(Carocho et al,2014)。此外,天然来源的食品色素兼具抗氧化和防腐作用,这是目前作为功能食品所追求的方向(Carocho et al,2014;Rodriguez-Amaya,2019;Bagchi,2006)。目前,已有研究证明天然食品色素的生物活性特性,包括抗癌、抗胆固醇、抗糖尿病和抗炎作用(Wang et al,2015;Nwoba et al,2019a)。天然食品色素的来源包括蔬菜、花卉、昆虫(胭脂虫、蚜虫)、水果、树叶和微生物(Martins et al,2016)。

由于许多合成色素有一定的毒性,天然色素在食品(以及其他应用,如药物、化妆品、纺织品、印刷)中的需求正在上升,但它们的应用可能会受到一些缺点的限制。除了着色力和持久性差、稳定性低,最重要的是它们的生产成本较高,并且天然染料的生产在可持续性方面也受到限制。可以通过开发新的或非常规的色素来源(如微藻)来作为其中一些主要挑战的潜在解决方案。微藻拥有多种天然色素,可被视为生产食品色素的可持续选择。考虑到微藻培养既环保又可持续,它们不仅具有作为天然食用染料来源的巨大潜力,而且也是一种成本有利的选择。

最近,来自微藻的次级代谢物正在获得巨大的经济价值,并且研究人员对比具有很高的生物技术兴趣。与初级代谢物形成鲜明对比的是,这些化合物不直接介导这些光合生物的生长和繁殖。最受欢迎的产品包括藻蓝蛋白,藻红蛋白,别藻蓝蛋白,虾青素,α-、β-和β-胡萝卜素、叶黄素、番茄红素、紫黄质,叶绿素 a,角黄素和许多其他通过藻类细胞产生的物质。这些色素决定了不同藻类的视觉外观(颜色)(表 3.1)(Nwoba et al,2019a)。微藻中色素(颜色)的多样性可支持其在食品、化妆品和药品中的应用。有趣的是,微藻中的许多色素的产生浓度高于在维管植物的浓度(图 3.2),而有些色素则只能在微藻中发现,例如,藻胆蛋白、岩藻黄质。

与陆地植物相比,微藻具有更高的生产力,因为它们的生长速度更快,成本效益更高(不需要耕地),同时它们还可以利用海水或废水(有限淡水)进行可持续生长,最后产生的生物质适合于生物精炼(同时可产生其他高价值产品)(Nwoba et al,2019a)。值得注意的是,微藻的色素组成可以根据特定物种的各个

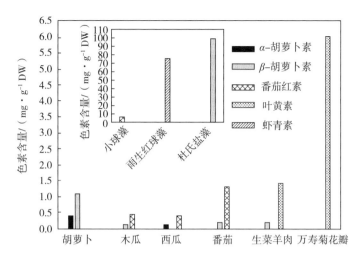

图 3.2　植物和微藻中主要色素含量的比较(Del Campo et al,2007b;
Piccaglia et al,1998;Mulders,2014)

亚种而显著不同,其中每个亚种都有自己独特的外观(颜色)(图 3.3)。尽管微藻有各种吸引人的特性,但目前只有两种不同的类胡萝卜素(来自杜氏盐藻的 β-胡萝卜素和雨生红球藻的虾青素)和一种藻胆蛋白(来自螺旋藻的藻蓝蛋白)被商业化生产(Borowitzka,2013)。这些商业开发的色素具有高产量和高市场价值,保证了从微藻中生产的产品经济上可行。图 3.4 列举了目前利用藻类色素生产的商业产品。

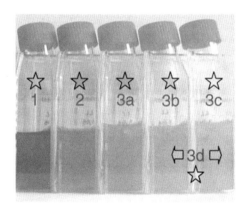

图 3.3　海洋聚球藻主要色素类型(1~3)和亚型(3a~c)的多样性。
色素亚型 3d 代表微藻在不同光谱下从 3b 亚型到 3c 亚型的
颜色适应能力(Six et al,2007)

图 3.4　藻类色素作为天然食品着色剂的商业产品

3.1　类胡萝卜素

类胡萝卜素是由五碳异戊二烯单元,通过酶促聚合形成高度共轭的 40 碳结构,具有多达 15 个共轭双键(Ambati et al,2018)。由于类胡萝卜素具有明显的颜色特征和生物活性,以及抗氧化和防腐特性,因此,使用类胡萝卜素作为天然的食品色素具有显著的影响和市场需求(Rodriguez-Amaya 2019)。由于这些原因,类胡萝卜素仍然是研究最多的藻类色素,也是食品生产商首选的色素,尤其是制备脂肪酸含量较高的食品(如人造黄油、黄油、软饮料、蛋糕、奶制品)。类胡萝卜素在自然界中是脂溶性的,可以从进行光合作用的维管植物和藻类以及非光合细菌、真菌和动物中获得(Del Campo et al,2007b)。2017 年全球类胡萝卜素市场为 15 亿美元,预计 2022 年将达到 20 亿美元。类胡萝卜素可分为两大类:

由氢和碳原子(真正的碳氢化合物)组成的胡萝卜素(α-、β-和γ-胡萝卜素)和含有氧代、羟基或环氧基团的叶黄素。β-胡萝卜素是目前最受欢迎的类胡萝卜素类色素,因为它广泛用作食品色素、食品和饲料中维生素 A 合成的前体、多种维生素和化妆品制剂的添加剂以及功能性食品的成分。一般来说,类胡萝卜素的颜色特征从黄色、橙色到红色不等,它们已被证明可以为甲壳类动物的外壳、鱼皮(鲑鱼)、花朵、水果、叶子等提供颜色。

微藻是公认类胡萝卜素的最佳生产者之一(Martins et al,2016)。微藻类胡萝卜素以油滴混合物或结晶形式与蛋白质一起储存在叶绿体中。例如,研究最广泛的β-胡萝卜素(E160a)生产者杜氏藻(绿藻纲)中β-胡萝卜素含量在每克干重生物质的 3.0%~5.0%。杜氏盐藻是一种耐盐绿色双鞭毛藻,商业规模养殖用于生产类胡萝卜素(图 3.2),每平方米种植面积的β-胡萝卜素产量显著超过400 mg(Finney,1984)。来自杜氏藻的β-胡萝卜素还包括其他辅助类胡萝卜素(浓度较低),这些类胡萝卜素可以表现出合成色素中无法找到的营养益处。β-胡萝卜素是全球使用的主要食品色素之一,2009 年的市场价值为 2.53 亿美元(http://www.bccresearch.com),它适用于许多食品和饮料,可增强其对客户的吸引力。使用β-胡萝卜素的食品包括人造黄油、奶酪、果汁、烘焙食品、罐头食品、糖果、保健调味品和乳制品(表 3.2)。除了这些在人类食品中的应用外,β-胡萝卜素还用于宠物食品,如狗、鱼、鸟和猫,使其更具吸引力。此外,它还用作动物饲料,以帮助改善鸟类、鱼类(如鲑鱼的肉色)和甲壳类动物的外观(颜色)。除了用作色素外,β-胡萝卜素还因其抗氧化特性以及可作为维生素 A 的前体而被广泛开发。当用作食品中的色素时,它们还可以提供额外的益处,例如抗高血压、抗癌、抗糖尿病和抗炎活性(Rodriguez-Amaya,2019)。此外,源自微藻的类胡萝卜素由顺式和反式对映异构体组成,极大地提高了其在合成色素中所没有的生物利用度和生物功效。由于存在叶黄素(氧化类胡萝卜素),它还具有高生物活性和抗癌特性。来自杜氏藻的β-胡萝卜素常以β-胡萝卜素提取物、杜氏藻粉末和动物营养干藻的形式销售。提取和纯化的β-胡萝卜素以 1%~20%的浓度分布在植物油中,用于食品着色,以及用于个人使用的软胶囊(5 mg/胶囊)。这种纯化的β-胡萝卜素产品与其他类胡萝卜素天然相关,例如叶黄素、玉米黄质、新黄质、紫黄质、α-胡萝卜素和源自杜氏藻细胞的隐黄质。

表 3.2　微藻色素及其在食品着色剂中的潜在应用

色素	E 代码	色素颜色	应用	主要微藻生产者
胡萝卜素（α-、β-和反式-β-胡萝卜素）	160a	红橙色	黄油、人造黄油、蛋糕、乳制品、软饮料	杜氏盐藻
叶黄素	161b	黄橙色	乳制品、软饮料、糖果、沙拉	绿藻
虾青素	161j	红橙色	食品、营养食品和药品	雨生红球藻
叶绿素	140	绿色	饮料、果汁、意大利面、乳制品、甜味剂制剂	小球藻
C-藻蓝蛋白	n.a.	蓝色	食品、保健品、药品、口香糖、节旋藻果冻	节旋藻
藻红蛋白	n.a.	红色	食品、营养食品、药品、口香糖、果冻	紫球藻
多酚	n.a.	黄色、橙色、红色、深紫色	饮料、乳制品、糖果	节旋藻

注　n.a. 不适用。

　　另外作为天然食品色素且具有重要商业价值的类胡萝卜素是虾青素（E161j），它是一种来自叶黄素家族的酮类胡萝卜素。与 β-胡萝卜素一样，虾青素在动物和人类营养、药物、药妆品和营养品中都有应用，可用于治疗退行性疾病，包括预防癌症。虾青素的市场价值为每公斤 2500 美元，2009 年总市场价值为 2.57 亿美元。尽管当前市场以合成的虾青素为主，但消费者对天然产品的追求为天然来源的虾青素创造了一个充满希望的机会。在微藻群体中，雨生红球藻是一种淡水藻类，是虾青素最丰富的来源，其以 0.2%～2.0% 的干重生物质积累这种色素，目前正在大规模生产（Borowitzka，1999）。

3.2　藻胆蛋白

　　藻胆蛋白是辅助光合色素，在藻类细胞中聚集形成藻胆体，附着在叶绿体的类囊体膜上。藻胆蛋白（PBP）由被称为胆素的多肽构成。这些胆素是由开链四吡咯分子通过硫醚键共价结合到载脂蛋白上形成的。蓝色和红色 PBP 两大类占主导地位，分别称为藻蓝蛋白（C-藻蓝蛋白、深蓝色和别藻蓝蛋白、浅蓝色）和藻红蛋白（红色）。藻胆素家族中的其他成分是藻紫红素和藻胆素，它们的颜色分别为紫色和黄色（Six et al,2007）。除了在制药和化妆品中应用外，这些水溶性 PBP 作为色素在食品工业中也广受欢迎。

　　红色或粉红色的藻红蛋白主要由紫球藻产生（如紫球藻和淡色紫球藻），产量为 200 mg·L^{-1},可达细胞干重的 15%(在最佳条件下最高可达 30%)(Dufoss et al,2005)。这种色素在食物中的添加量为 50~100 mg·kg^{-1},可为糖果、乳制品和明胶甜点提供颜色(表 3.2)(Mishra et al,2008)。据报道,当藻红蛋白用作制备干燥食品的成分时,在 30℃下保持 30 min 其颜色高度稳定,当在 pH 6~7 的低湿度条件下储存时,保质期更长(Dufoss et al,2005)。目前,将微藻中的红色藻红蛋白作为食品色素的应用已获得多项专利(Dufoss et al,2005)。除了食用色素外,由于其固有的荧光特性,红色藻红蛋白还可能用于生产自然和紫外线照射下发出荧光的食品、蛋糕装饰、软饮料和酒精饮料(Dufoss et al,2005)。然而,来自紫球藻的红色藻红蛋白尚待监管机构批准,才能用于食品和化妆品。

微藻的天然蓝色来源是螺旋藻属。这种蓝细菌会在较高浓度下自然合成称为 C-藻蓝蛋白的蓝色 PBP 色素(Martelli et al,2014)。据报道缺乏红色藻红蛋白的铜绿紫球藻会大量积累 C-藻蓝蛋白(Dufoss et al,2005)。在螺旋藻中,藻胆体含有围绕别藻蓝蛋白核心外围的 C-藻蓝蛋白(高达干重 20%)。来自螺旋藻的 C-藻蓝蛋白已经被证明是安全的并被批准用作食品色素,而来自铜绿紫球藻的 C-藻蓝蛋白尚未被监管机构允许用于食品和饲料产品。目前 C-藻蓝蛋白的市场价值在每年 1000 万~5000 万美元,食品级(OD$_{620}$/OD$_{280}$≤1.0)衍生物的价格估计约为每千克 500 美元(Nwoba et al,2019b)。食用色素所需的这种蓝色色素的添加量在 140~180 mg·kg^{-1}(Dufoss et al,2005)。蓝色色素常用于明胶、冰淇淋、饮料和糖果等食品中(表 3.2)。来自微藻的蓝色色素已被证明在环境光在 60℃下保持 40 min 以及在 pH 4~5 的下都是稳定的(Dufoss et al,2005)。然而,C-藻蓝蛋白对热处理或热处理过程高度敏感(Chentir et al,2018)。

3.3 叶黄素

叶黄素是食品和人体血清中发现的主要类胡萝卜素之一。它们与玉米黄质均为眼睛视网膜和晶状体中黄斑色素的重要成分(Del Campo et al,2007b;Whitehead et al,2006)。叶黄素目前已在鱼类和家禽养殖场用作食品色素和饲料添加剂。已有研究确定了叶黄素在延缓慢性病发病方面具有一定的保护作用(Whitehead et al,2006)。2009 年全球叶黄素市场价值为 1.87 亿美元,比 2004 年增长 6.9%。

叶黄素通常来自深色绿叶蔬菜(如菠菜和甘蓝)和黄色食品(如玉米和蛋黄)。目前市场上叶黄素的主要有机来源是万寿菊和法国万寿菊的花冠花瓣

（Del Campo et al，2007b；Piccaglia et al，1998）。至少95%的植物叶黄素是酯化的，其中几乎一半是由脂肪酸组成的，因此，植物叶黄素的加工需要化学皂化。与植物来源的叶黄素形成鲜明对比的是，微藻以游离的非酯化形式积累叶黄素（Del Campo et al，2007a）。因此，微藻来源的叶黄素被认为是一种比植物更具吸引力和更有价值的替代品。拟穆氏藻和栅藻属已被证明在其生物质中积累了大量的叶黄素（图3.2）。此外，其他能够积累高浓度叶黄素的微藻物种包括小球藻和佐夫色绿藻（Shih et al，2006；Del Campo et al，2004）。与其他类胡萝卜素如 β-胡萝卜素相比，从微藻中生产叶黄素还有待商业化。从拟穆氏藻和栅藻属提取叶黄素的中试规模的生产试验已经建立（Blanco et al，2007；Del Campo et al，2007b）。拟穆氏藻在55 L密闭管式光生物反应器（表面积2.2m^2）中培养，在室外连续培养系统下，叶黄素含量达到4.3 mg·g^{-1}（Del Campo et al，2007b），收获的生物量和叶黄素量分别为40 g·m^{-2}·d^{-1}和180 mg·m^{-2}·d^{-1}。据报道，在温室4000 L蛇形管式光生物反应器中培养的栅藻叶黄素含量为4.5 mg·g^{-1}，产量为290 mg·m^{-2}·d^{-1}（Del Campo et al，2007b）。一般来说，从万寿菊花瓣中获得的游离叶黄素含量在0.4%~0.6%干重（DW），从微藻中获得的叶黄素含量远远高于从万寿菊花瓣中获得的酯化叶黄素含量。

3.4 酚类化合物

酚类化合物作为一类很有前途的天然食品色素正受到人们的关注。除了它们的着色属性外，酚类化合物还因其抗氧化、抗炎、促进健康等功能特性而被广泛认可。更重要的是，这些化合物通常是天然食品颜色广泛变化的原因（Shahid et al，2013）。然而，植物酚类化合物的商业生产仍然受到一些限制，例如对栽培植物采用良好的生产规范的挑战，因使用杀虫剂或除草剂沉积而产生的不确定的危害，甚至其他环境污染物也会产生一定的危害（Kepekçi et al，2012）。这些限制和挑战引发了人们对利用微藻而不是植物作为天然酚类化合物来源的兴趣（Kepekçi et al，2012）。微藻是一种很有前途的酚类化合物来源，因为它们可以在封闭的大型光生物反应器中培养，从而在不使用杀虫剂、除草剂和不接触有毒环境污染物的情况下降低污染风险并提高所需最终产品的质量。与植物相比，微藻收获和提纯目标化合物也容易得多。然而，并不是所有种类的微藻都适合生产天然的酚类化合物，因为其中一些可能会受到以下因素的制约：①可能产生毒素；②低生长速度和低产量；③一些微藻物种培养困难；④目标化合物含量的差异较大（Kepekçi et al，2012；Li et al，2007）。酚类化合物通常以简单的酚类、单宁、木质素、酚酸、类黄酮、苯丙烷及其衍生物的形式出现。一般来说,这些天然来源的酚类化合物的安全性、稳定性和作用特异性仍不清楚(Carocho et al,2013),因此它们仍然没有批准的 E 代码(表 3.2)。目前被研究作为酚类化合物潜在来源的一些微藻有钝顶节旋藻、三角褐指藻、小球藻和浮游生物(Batista et al,2017)。在这些物种中,钝顶节旋藻的总酚含量最高,每克干生物量的没食子酸含量在 19~50 mg(Batista et al,2017;Kepekçi et al,2012)。

3.5　叶绿素

叶绿素被认为是最丰富和最常见的天然色素,目前作为食品和药物色素和功能性食品补充剂受到追捧。除了它们的色素功能外,叶绿素还被认为是防止退行性疾病发生的化学预防药物(Fernandes et al,2007)。从化学上讲,叶绿素是一种含由四个吡咯环组成的大环的卟啉化合物(da Silva Ferreira et al,2017)。吡咯环通过亚甲基桥相互连接,双键形成一个闭合的共轭环(Fernandes et al,2007)。由 20 碳的类异戊二烯醇类分子(植醇)衍生形成侧链,这赋予了整个叶绿素分子疏水特性。另外,共轭双键的闭合环的形成赋予分子具有光吸收能力的生色基团。

所有植物和藻类都以叶绿素为主要色素,因为它们在光合作用中起着至关重要的作用。最近,作为天然色素的叶绿素在食品(表 3.2)、饲料、制药和化妆品工业中的商业生产得到了极大的关注(Christaki et al,2015)。微藻是进行光合作用的生物体,在其生物质中积累了大量的叶绿素。在微藻中发现的叶绿素可分为不同的亚类,如叶绿素 a、b、c、d 和 f,其中 a 和 b 是大多数植物中唯一的绿色色素。叶绿素 a 大量存在于所有光合作用的生物体中,是光合作用发生所需的主要捕光色素。叶绿素 b(第二丰富的色素)分布于所有绿色体及其后代中,也存在于绿色植物中,而叶绿素 c 仅存在于甲藻、异形藻和隐藻中(表 3.1)。在一些红藻中发现了叶绿素 d(Schwartz et al,1990),而在某些蓝藻中发现了叶绿素 f(da Silva Ferreira et al,2017)。不同类型的叶绿素在其化学结构、吸收光谱和色调的基础上略有不同(Christaki et al,2015)。叶绿素 a 和 b 分别是蓝绿色和亮绿色,而叶绿素 c、d 和 f 分别是黄绿色、亮绿和翡翠绿(Christaki et al,2015)。从微藻中生产叶绿素的主要优势是提取相对容易并且在经济上可行(da Silva Ferreira et al,2017)。由于这种固有的能力,小球藻等生长速度很快的微藻物种在最佳培养条件下可以积累超过 45 mg·g⁻¹DW 的总叶绿素含量,在商业生产上很有吸引力(Christaki et al,2015)。由于全球淡水资源有限,海洋微藻物种对于商业生产叶绿素来说是一个更可持续和更具吸引力的选择。需要指出的是,在胁迫(不利)条件下,微藻生物量中的叶绿素含量会显著降低,而类胡萝卜素等其他生物活性化合物是在不利的生长条件下积累产生的(Markou et al,2013)。

4 微藻色素培养、商业化生产及下游加工

随着科学研究的进步和对微藻来源色素健康益处的认识的提高,刺激了在提高微藻产量方面进行研究和创新的需求。为了满足预计未来对天然来源色素的需求,迫切需要既高效又具有成本效益的大规模生产系统。然而,根据每种目标色素的固有特性及其在食品工业中的最终应用(纯度),培养系统的选择可能会因微藻类型和目标最终产品不同而不同。

4.1 目前生产微藻色素的培养体系

目前,不同培养系统的各种配置被用于大规模生产微藻多种产品。选择特定的培养系统通常需要充分考虑微藻的类型、培养地点、色素的类型和用途,以及色素的商业价值。目前用于微藻生产有用代谢物的培养系统大致可分为开放式或封闭式系统(Nwoba et al,2019a)。表3.3汇总了这些不同系统的详细说明,包括它们的优缺点以及潜在应用。

4.2 微藻色素生产的培养模式

微藻能够在三种不同的代谢模式下生长和产生色素,即异养、自养和混合营养,其中生长模式的选择可能会因某些微藻当时的环境条件而有所不同。代谢能力和多样性使微藻比其他微生物和高等植物具有显著的优势,成为天然色素的可行来源。通过优化培养条件,可以利用不同的代谢模式生产色素和其他代谢物,如表3.4所示。

表3.3 各种微藻培养系统的类型

培养系统	详细说明	主要特点
天然水体/湖泊/池塘	暴露在阳光直射下的天然湖泊、湖和其他水体。富含营养,接种了所需种类的藻类	非常便宜,但由于难以控制培养条件,生产率通常很低。除了极端微生物的增长外,还可能出现污染问题。混合通常是由风对流引起的

培养系统	详细说明	主要特点
人工池塘	池塘包括各种类型的池塘,如圆形池塘、跑道池塘和矩形池塘。可以用混凝土建造,也可以简单地用聚乙烯衬里,以防止泄漏。混合通常是通过不同设计的桨进行的。大型池塘通常是裸露的,但中小型池塘可以在透明的屋顶下培养。深度取决于品种和该地区的太阳光强度,但通常不超过30厘米	生产率通常高于自然水体的生产率,但远低于封闭式光生物反应器。可能会出现污染问题。然而,是最广泛使用的大规模培养微藻的系统,特别是用于生产细胞生物质和其他大容量、低价格的产品
管式光生物反应器	由各种直径和配置的透明管或玻璃构成的,垂直、倾斜、水平和螺旋不同。混合是通过气泡进行的,但气升系统也很常见。照明可以通过太阳能照射,但在室内,由LED、荧光灯、卤素灯等照明的管状光生物反应器正在使用。LED灯因其低能耗、低发热量、寿命长和易于控制光波长而广受欢迎	照明体积比通常高,因此生产力比池塘高得多。设计也可以变化,以最大限度地拦截太阳光,污染的风险更低。然而,建造和维护成本更高。清洗管道可能在技术上具有挑战性,而一次性管道的使用增加了生产成本。适用于较高附加值产品的中小型生产
平板光生物反应器	六角形的容器,光路非常小。宽度(光路)、长度和高度各不相同。可以是垂直的,也可以以不同的角度倾斜。通常是以单元为单位安装的,间隔和方向取决于所需的光强度,又取决于品种、产品和当前的太阳光强度。光强度越高生产率就越高,但修复和避免坠落的难度就越大。混合通常是通过空气鼓泡进行的,盖子可以合上或打开	比管式光生物反应器更容易构建,并且可以实现相当的生产力。由于通常以单元为单位,因此运行成本通常高于管式光生物反应器。也适用于中小型微藻培养
立柱光生物反应器	圆柱形垂直透明或不透明容器,通过鼓泡和偶尔桨式混合(取决于直径)混合。小直径单元仅通过鼓泡混合,而较大直径单元通过鼓泡和间歇桨式混合进行混合。对于大规模生产,许多单元是独立安装和运行的。在这种情况下,间距以最小化阴影和最大化太阳光拦截被优化。培养深度取决于品种、太阳光强度和产品	比平板更容易构建,但大多数产品的运营成本和生产力是相当的。其中一些常用于现场养殖饲料生产
内部照明光生物反应器	传统的异养生物反应器,由光纤、LED灯或荧光灯进行内部照明	生产力远高于其他光生物反应器,因为培养条件(光照、pH、温度、混合等)可以像传统的异养生物反应器一样精确控制。然而,非常昂贵,并且在技术上仍然难以构建和操作非常大规模的内部照明光生物反应器。因此仅适用于高价值产品的小规模生产

表 3.4 微藻生产色素的培养模式

培养模式	描述	特征	参考文献
异养	利用有机碳作为碳源和能源在黑暗中培养微藻	使用常规生物反应器可以实现高生物质浓度的生产。很容易控制培养条件和保持单一培养。然而，仅适用于具有异养代谢的菌株。对于大多数菌株，异养条件下叶绿素的形成和色素的产生受到抑制	Hu 等(2018)，Ogbonna 和 Tanaka (1998)，Ogbonna 和 McHenry(2015)
光合自养	微藻光照培养，以无机碳作为碳源，以光为能源	叶绿素和色素的产量通常非常高，但由于光照限制，最终的生物质浓度通常非常低。需要具有良好光照(强度和分布)的光生物反应器。除了存在污染问题的开放池塘外，构建高效的大型封闭光生物反应器在技术上也具有挑战性	Nwoba 等(2019b)
混合营养	在光、无机碳和有机碳存在下培养微藻，使异养和光合自养代谢活动同时发生	可以产生非常高的细胞浓度和相对高的叶绿素和色素含量。在某些植株中，异养和光合自养代谢活动同时且独立地发生，因此混合营养培养物中的生长速率和最终细胞浓度是异养和光合自养培养物中获得的值的总和。然而，在某些植株中，光合自养或异养代谢活动在混合营养培养物中受到抑制或降低。根据所使用的生物反应器的类型，污染也可能是一个问题	Rezić等(2013)
顺序异养/光合自养培养	这是一种两阶段培养方法，首先将细胞异养培养到高细胞浓度，当有机碳源耗尽时，将培养条件切换到光合自养模式，或者通过收集细胞并悬浮在光合自养介质中并给予光照来切换培养条件	每个阶段都可以独立优化，从而可以实现高细胞浓度和高色素浓度的产生。只能采用具有异养代谢的细胞，对于大规模工艺，需要两个反应器——传统生物反应器和高效光生物反应器	Ogbonna 等(1997)，Hata 等(2001)
顺序异养/混养培养	类似于顺序异养/光合自养培养，除了在第二阶段，有机碳仍然存在于培养体系中	与顺序异养/光合自养培养的特征相似。然而，由于有机碳存在于第二阶段中，因此可能会出现污染问题。在第二阶段可以保持相对较高的细胞浓度，但细胞色素浓度通常低于顺序异养/光合自养培养的浓度	Bassi 等(2014)
循环异养/光合自养培养	细胞在白天进行光合自养培养，但在晚上，添加一定量的有机碳源，使细胞异养生长	避免了通常在室外光合自养培养中经历的夜间生物量损失，并且细胞在白天和晚上连续生长。可以获得相对较高的生物质和色素浓度	Ogbonna 和 Tanaka (1998)，Ogbonna 等(2001)，Mohsenpour 和 Willoughby(2013)

续表

培养模式	描述	特征	参考文献
循环混合营养/异养培养	微藻的室外混合营养培养,使细胞在白天混合营养生长,在夜间异养生长	白天和晚上的连续细胞生长使生物质浓度相对较高,但色素产量通常较低,可能会引起污染问题,具体取决于所使用的光生物反应器的类型	Bouarab 等(2004)

4.3　微藻色素商业化生产现状

目前,有多家公司正在从事微藻色素的商业生产。尽管已经对生产色素的室内微藻培养系统进行了大量研究和中试规模评估,但目前几乎所有的商业生产都是利用自然太阳光生产的室外系统(表3.5)。此外,他们中的大多数也倾向于使用开放式池塘作为培养系统的选择,而极少数使用管式光生物反应器来生产某些色素,如虾青素。

表 3.5　微藻色素的商业化生产

公司名称	微藻	产品	区域	时间	生产能力/$(t \cdot y^{-1})$
Nutrex Hawaii	螺旋藻、雨生红球藻	夏威夷螺旋藻、百奥斯汀(BioAstin)夏威夷虾青素	夏威夷凯卢阿科纳	1990	n. a.
Jingzhou Natural Astaxanthin Inc.	雨生红球藻	虾青素粉(1.5%~3.0%)、天然虾青素油树脂、天然虾青素软胶囊(5%~10%)	中国	2003	18
Algatech	雨生红球藻、三角褐指藻、紫球藻、微绿球藻	AstaPure 虾青素、虾青素软胶囊、虾青素珠粒	以色列、美国	1998	n. a.
Yaeyama Shokusan Co.,Ltd.	小球藻	绿野幸小球藻片	日本冲绳	1975	420
Fuji Chemicals Industry Co.,Ltd.	雨生红球藻	AstaReal,AstaTrol	日本、瑞典	1946	1.6
Hydrolina Biotech Pvt. Ltd.	螺旋藻	Vitalinaa 螺旋藻胶囊、片剂	印度钦奈	2003	n. a.
Mera Pharmaceuticals	雨生红球藻	虾青素	美国夏威夷	1983	6.6
Nikken Sohonsha Corporation	小球藻、杜氏藻	β-胡萝卜素胶囊和片剂	日本	1975	n. a.
Sun Chlorella	小球藻	小球藻片剂和饮料	日本大阪	1969	

公司名称	微藻	产品	区域	时间	生产能力/ $(t \cdot y^{-1})$
Far East Microalgae Ind. Co. ,Ltd.	小球藻和螺旋藻	有机螺旋藻和小球藻片、膳食补充剂和水产饲料	中国台湾	1967	小球藻-1000,螺旋藻-200
Beijing Gingko Group	雨生红球藻	纯虾青素	中国	1995	0.9
Stone Forest Astaxanthin Biotech Co. ,Ltd.	雨生红球藻	纯虾青素	中国	n. a.	1.2
Yunnan Alphy Biotech Co. ,Ltd.	雨生红球藻	纯虾青素	中国	n. a.	0.6
Yunnan SGYJ Biotech Co. ,Ltd.	雨生红球藻	纯虾青素	中国	n. a.	0.4

注　n.a. 无信息。

4.4　食用色素的提取及下游加工、提纯

食用微藻色素,其应用要求以其完整的形式高纯度分离,以获得最大的价值。从微藻中提取色素的第一步是收获并脱水。目前有各种方法用于收集微藻,包括离心法、絮凝剂[包括明矾等化学物质(Gerchman et al,2017)、生物絮凝剂,如辣木籽(Ogbonna et al,2018)和壳聚糖(Chen et al,2015)]沉淀法、浮选和过滤法,或者这些方法的组合。这些收集方法的选择取决于微藻的类型以及生产规模。其中,连续离心法被广泛用于大规模的室外培养,而沉淀和过滤技术则更适用于相对较小的系统。收获后,藻类生物量需要干燥以减少水分含量,有利于保存和后续的粉碎。目前用于色素生产的干燥方法有多种,如热风干燥和冷冻干燥。

目标色素位于藻类细胞内的各种不同细胞器中,因此需要有效地破坏细胞壁以便能够最大限度地提取色素。微藻的细胞壁成分因其类别不同而不同,因此破壁方法也会因微藻类型而异。各种机械和化学方法,包括研磨、均质和超声波等(Hosikian et al,2010),可用来打破微藻细胞壁,以便于溶剂进入细胞提取色素。在选择从微藻中提取色素的方法时,必须考虑三个基本要素:微藻的细胞壁组成、目标色素的位置以及色素的结构(稳定性)。细胞壁的组成决定了破壁技术的选择,而色素的位置决定了破坏外壁和细胞器所需的步骤。提取所用的溶剂则取决于要提取的色素的性质。例如,通常使用甲醇、二氯乙烷、N,N-己烷和乙醇等有机溶剂的混合物来提取虾青素等不溶于水的色素。从微藻中提取色素

的溶剂的选择取决于该溶剂在不干扰色素结构和成分的情况下溶解和提取色素的能力(Soares et al,2016)。任何用于色素提取和纯化的溶剂都必须能够高效率和产生最少杂质的情况下分离出目标色素。因此,为每种色素的提取选择正确的溶剂是非常重要的(Soares et al,2016)。用于色素提取的溶剂,其要求是无毒、低成本、提取目标色素的效率高以及提取后的溶剂易于回收。

目前用于色素提取的方法分为常规方法和非常规方法(表 3.6)。传统的方法包括使用单独的或混合的水和有机溶剂,如丙酮、乙醚、乙醇、甲醇、N,N-己烷、乙酸乙酯和氯仿来提取色素(Kumar et al,2010)。这些溶剂以不同的浓度与其他处理技术一起使用,如皂化、反复冻融和加热。除了传统的溶剂外,超临界流体萃取(SFE)也是提取各种色素的可行且有效的方法。超临界流体萃取不需要有机溶剂,因为它使用二氧化碳作为提取溶剂。超临界流体萃取法优于有机溶剂萃取法,因为萃取物通常是完整的,并且提取物纯度较高仅需要较少的额外处理步骤。使用该方法时,还可以降低萃取温度,以避免结构破坏。值得注意的是,上面讨论的传统提取方法都不能完全满足好的提取方法的所有要求,包括效率、快速、环境友好、成本效益和可回收率。因此在色素提取方法方面仍有很大的改进空间,可以通过使用一些非常规程序来实现。

表 3.6 从不同种类微藻中提取色素的方法

微藻	色素	提取方法	参考文献
雨生红球藻	虾青素	与十二烷混合 48h,用 0.02 mol/L 氢氧化钠皂化,溶于甲醇,在 4℃黑暗中沉淀 12h	Kang 和 Sim(2007)
雨生红球藻	虾青素	69.85℃、55 MPa 条件下的超临界流体萃取	Machmudah 等(2006)
雨生红球藻	虾青素	在 70℃下用 2 N HCl 消化,然后用丙酮萃取 1 h	Sarada 等(2006)
绿球藻	虾青素	使用比例为 3∶1 的 MeOH/二氯甲烷混合物,接着在 110 MPa 下在黑暗中皂化,然后使用 0.45 μm 过滤器对其进行过滤	Ma 和 Chen(2001)
杜氏盐藻	叶绿素、β-胡萝卜素、岩藻黄质	冷热浸泡并超声辅助提取,使用丙酮和乙醇冷冻干燥	Pasquet 等(2011)
柱藻	叶绿素 a 和岩藻黄质	由于硅藻壳阻碍溶剂渗透,因此在提取前,应在 56℃搅拌下以 25~100 W 辐照 3~15 min	Pasquet 等(2011)
雨生红球藻和杜氏盐藻	虾青素和 β-胡萝卜素	溶剂萃取、超声辅助萃取、微波辅助萃取、超临界流体萃取	Saini 和 Keum(2018)

微藻	色素	提取方法	参考文献
链带藻	叶黄素、β-胡萝卜素、玉米黄质、反式叶黄素、叶绿素	用己烷、丙酮、己烷/乙醇/丙酮10：6：7和己烷/乙醇以各种比例进行超声辅助提取。萃取五次并用旋转蒸发仪浓缩并溶解在1：1(V/V)的甲醇/二氯乙烷混合物中，过滤并进行 HPLC 分析	Soares 等（2016）
小球藻细毛横丝藻蓝藻微囊藻	叶绿素和类胡萝卜素	生物质用玻璃粉研磨，预热溶剂并用溶剂将其煮沸。用丙酮在 50℃下在摇动和离心并在冷或热条件下萃取	Ilavarasi 等（2012）
葡萄球藻 UTEX LB572	叶绿素和类胡萝卜素	研磨，用 99.95%的二氧化碳快速处理，在 21~49℃和 6~13 MPa 下减压1h，然后在40℃和 30 MPa 下超临界萃取 1h	Uquiche 等（2016）
小球藻	叶黄素	用 10M 氢氧化钾和 2.5%抗坏血酸皂化；60℃保持 10 min，冷却至室温，用二氯甲烷提取。用乙醇/水/二氯甲烷或乙醇/水/正己烷混合物净化；用30%乙醇水洗去水中的杂质	Li 等（2002）
雨生红球藻	虾青素	干燥的生物质用4M 盐酸在70℃处理2 min，在去离子水中洗两次，离心后用丙酮在冰下超声提取 20 min，或用甲醇和丙酮分级提取；冰下用 1 mL 甲醇超声提取，然后用 1 mL 丙酮无光提取或大豆油提取，将干生物质与大豆油混合，在室温下搅拌 2 h，通过 0.22μm 纤维素过滤器过滤	Dong 等（2014）
绿藻	虾青素	皂化有机溶剂萃取法提取虾青素粗品	Li 和 Chen（2001）
微绿球藻	叶绿素和类胡萝卜素	使用丙酮、乙醇和甲醇提取，用液态氮气冷冻和解冻，在60℃反应器中，使用 250 Hz 的超声波辅助提取	Henriques 等（2007）

非常规方法是一种创新技术，它将电力与溶剂提取相结合。其中包括使用脉冲电场（PEF）等电子技术辅助提取过程。这种提取方法不会产生热量。微藻被分批保存在两个电极之间，或者保存在连续的处理室中。然后，将基板置于范围从赫兹到兆赫的连续电频率，并在 0.1~80 kV cm^{-1}的强电场中持续不到 1 s。脉冲电场中应用的脉冲是具有指数频率的双极或单极脉冲。施加的脉冲会在藻类细胞膜上形成孔洞，并使溶剂渗入其中。控制所施加的电脉冲的某些参数（强度、时间）可以调节细胞膜上形成的孔的大小，这可能实现对特定色素的选择性提取（Töpfl，2006）。其他电辅助萃取技术包括使用中等电场萃取、高压放电萃

取、超临界和亚临界流体萃取、加压液体萃取、微波辅助萃取、超声波辅助萃取和高压均质萃取（Poojary et al,2016）。这些技术是快速的（提取可以在短时间内完成），并且可能会降低对昂贵溶剂的需求。此外，由于使用的溶剂很少或根本不用，所以对环境影响较小。这些电子技术中的大多数都是非常有效的，因此使用这些方法大多数目标色素可以从原料中提取出来。此外，这些方法还可以选择性地分离出杂质较少的目标色素。

提取后，粗色素提取物通常含有不同成分的混合物，这些成分可能包括色素、其他代谢物、细胞碎片和细胞成分，如蛋白质和DNA，具体取决于提取所用的方法以及提取过程中使用的溶剂。因此，在将所提取的色素配制成所需的最终产品之前，必须将其分离并进行进一步的纯化。提纯方法的选择在很大程度上取决于色素的预期用途。在提取后，可使用旋转蒸发器通常蒸发提取溶剂和浓缩提取的色素样品。进一步的分离和纯化可以通过使用不同孔径的膜过滤器过滤、扫描电子显微镜、反相高效液相色谱（HPLC）或光电二极管阵列检测器来实现（Hosikian et al,2010）。然后提纯的色素可制成粉末、片剂、胶囊甚至糖浆。提纯色素的方法多种多样，这些方法可以单独使用，也可以根据色素的性质、杂质的类型以及预期用途而组合使用。例如，提纯同时含有 β-胡萝卜素等脂溶色素和花青素等水溶性色素杂质的提取物的第一步是使用由水-乙醇-二氯甲烷按不同比例组成的两相系统进行分离。用30%乙醇水溶液洗涤可以去除水溶杂质，而用正己烷萃取可以洗去脂溶杂质。使用这种方法提纯，回收叶黄素的纯度为90%~98%（Li et al,2002）。层析分离法是目前应用最广泛的色素提纯方法。分离是基于色素和杂质的平衡分布以及流动相和固定相之间的差异。对于实验室纯化（小规模），一般使用纸层析和薄层层析（TLC）。例如，叶绿素和类胡萝卜素可以通过以下方法分离：首先用氮气蒸发提取物接着以90：10：0.0012的比例溶解在甲醇/水/氨溶剂中，然后使用硅胶高效薄层色谱分离（Tokarek et al,2016）。

微藻色素的大规模纯化通常采用不同的层析方法。吸附层析需要使用与目标色素有很大亲和力的柱填充材料，这些色素选择性地被吸附到柱上，同时使用流动相洗掉不需要的杂质；然后将色素从填充材料中洗脱出来。在离子交换层析的情况下，柱填料是带电的，而色素的相对吸附取决于带电的类型和强度。该方法适用于正负电荷较强的色素。在这种情况下，带负电的填料用于吸附带正电的色素，而带正电的填料用于吸附带负电的色素。虽然花青素是带正电荷的，但其它大多数微藻色素如胡萝卜素和叶绿素，通常不带电荷。因此离子交换层析技术在微藻色素纯化中的应用受到了限制。基于蛋白质的色素如 B-藻红蛋白和 R-藻红蛋白,可以通过离子交换层析相对容易地进行纯化(Román et al, 2002)。当色素的分子大小与杂质的分子大小不同时,通常使用尺寸排阻层析。小分子组分会进入填料的孔中,因此具有较长的停留时间,而大分子组分由于其物理尺寸而无法进入填料的孔中,会随流动相一起首先被洗脱出来。亲和层析是另一种广泛使用的方法,当色素或杂质对某些特定的配体具有很高的亲和力时,通过使用对色素具有高亲和力的配体,使色素保留在柱填充材料(配体)上,而所有剩余的杂质被洗脱;随后使用包含所选配体的各种缓冲溶液从柱上选择性地洗脱保留的色素。双相溶剂制备型高速逆流色谱(HSCCC)是一种新兴的方法,采用正己烷-乙醇-水的混合溶液(10∶9∶1 V/V)对角黄素粗提物进行纯化,纯度约为 98.7%(Li et al,2006)。用相同的 HSCCC 方法,以正己烷-乙酸乙酯-乙醇-水(8∶2∶7∶3 V/V)的两相溶剂体系用于纯化玉米黄质,纯度高达 96.2%(Chen et al,2005)。一些蛋白质色素,如藻红蛋白,即使在应用了层析方法后,还需要后续的纯化步骤才能获得高纯度的最终产品。例如,藻红蛋白粗提物的纯化通常包括三个不同的层析步骤。首先,通过硫酸铵沉淀法对藻红蛋白粗提物进行浓缩。然后将浓缩的色素溶液加载到羟基磷灰石柱上,并用 100 mmol/L 磷酸盐缓冲液洗脱。洗脱部分的纯度比约为 $A_{565}/A_{280}=6.75$;收集的馏分随后被装载到 Q-琼脂糖柱上,纯化到 $A_{565}/A_{280}=15.48$ 的纯度比;第三步也使用 Sephacryl S-200HR 树脂进行纯化,得到的藻红蛋白的纯度比为 $A_{565}/A_{280}=17.3$(Pumas et al,2012)。离子交换柱等其他层析技术也可用于藻红蛋白的纯化。B-藻红蛋白是另一种基于蛋白质的色素,需要几个阶段的纯化。例如,在通过渗透冲击获得粗提物后,采用超滤作为 B-藻红蛋白的初始纯化步骤;使用 SOURCE 15q 交换柱进行纯化,得到的 B-藻红蛋白纯度比为 A_{545}/A_{280} 为 5.1(Tang et al,2016)。常压柱层析法(OCC)是另一种有价值的层析形式,可以优化色素的分级以达到纯化和鉴定的目的。得到的组分通常经过高效液相色谱确认,然后使用核磁共振进行结构鉴定(高效液相-核磁共振)。例如,Sivathanu 和 Palaniswamy(2012)使用 OCC 分离了从腐殖绿球藻中提取的粗类胡萝卜素,然后对其进行高效液相色谱和核磁共振分析以确定结构。膨胀床吸附(EBA)层析是以二甲氨基乙基纤维素(DEAE-c)为树脂,可用于藻红蛋白的纯化。Bermejo 等(2003)利用 EBA 对从紫球藻中提取的粗藻红蛋白进行了纯化,未结合的杂质蛋白用 50 mmol/L 的冰醋酸洗涤;目标蛋白(藻红蛋白)结合在柱上,使用 250 mmol/L 的醋酸-醋酸钠缓冲液洗脱。总体而言,色谱技术是色素提纯不可缺少的工具。

5 影响微藻色素的因素

微藻的固有组成和物理化学性质取决于藻类的生长情况和环境条件
(Benavente-Valdés et al,2016)。目前,在提高微藻细胞色素产量方面有两种可
行的选择:①控制微藻培养物的生长或控制物理条件;②改变产生色素的代谢途
径(Lamers et al,2010;Mulders et al,2014;Beer et al,2009;Benavente-Valdés et al,
2016)。第一种选择通常被称为"胁迫条件",通常涉及对微藻培养物自然生长条
件的改变:①使用已证明会增加初级色素浓度的亚饱和光照条件;②在培养物中
应用不利的生长条件(胁迫),以增加次级代谢产物色素浓度,如温度、盐度、辐照
度、盐度和营养的可获得性(Rao et al,2007;ÖRdög et al,2012;Benavente-Valdés
et al,2016)。

5.1 培养条件

培养类型会对微藻的特性和组成产生重大影响。一般来说,大多数微藻是
自养生物,需要光作为能源来利用无机碳。然而,有些物种(异养生物)能够利用
有机碳源作为细胞生长和发育的能源和营养源(Benavente-Valdés et al,2016)。
有研究表明异养生长条件下有机碳浓度的增加有利于某些微藻中次生色素的生
物合成(Chen et al,2009;Mojaat et al,2008)。在不同培养条件的比较中,光合自
养诱导比异养诱导方法能使雨生红球藻生产更多虾青素(Kang et al,2005)。

5.2 营养限制与饥饿

氮是微藻细胞生存的重要元素,因为它是蛋白质和核酸的主要组成成分,同
时也是细胞分裂和生长所必需的(Benavente-Valdés et al,2016)。在没有氮的情
况下生长的藻类培养物通常处于氮饥饿状态,而低氮浓度条件下的培养过程被
称为氮限制(Bona et al,2014)。在微藻培养过程中,生长介质中氮浓度的变化可
以明显地影响细胞代谢活动。在氮限制条件下细胞生长受到限制,通常会将富
含氮的非脂类细胞成分转化为氮气并形成脂类(Benavente-Valdés et al,2016)。
在氮素限制条件下,微藻的光合作用由于叶绿素含量的减少而受到负面影响,而
非光合作用的色素,如类胡萝卜素则含量增加(Berges et al,1996;Benavente-
Valdés et al,2016)。叶绿素是富含氮的分子,通常会被降解,并作为氮源,在氮耗
尽的条件下促进细胞的进一步生长和生物质的形成(Li et al,2008)。尽管氮限

制对叶绿素有不利影响,但在该条件下生长的细胞中有观察到类胡萝卜素显著增加的情况(Fábregas et al,1998;Benavente-Valdés et al,2016)。例如,与光照变化带来的增加相比,氮缺乏在增加雨生红球藻培养物中虾青素含量方面被证明更有效(Fábregas et al,1998)。

磷是另一种重要的营养物质,可通过在呼吸作用、细胞分裂和光合作用等各种代谢过程中的关键反应显著影响微藻的生长(Qu et al,2008;John et al,2000;Chen et al,2006)。已有研究表明,磷缺乏显著限制了微藻的生长,但通常不影响藻类细胞中的色素的含量,如叶绿素(Kozłowska-Szerenos et al,2000;Kozłowska-Szerenos et al,2004)。此外,铁等其他营养素的强化补充也被证明可以改善微藻中虾青素和 β-胡萝卜素的合成(Cai et al,2009;Mojaat et al,2008)。

5.3　光照强度和光谱组成

光(数量和质量)是迄今为止影响藻类细胞中色素浓度的主要限制因素,因为它直接影响光合作用(Benavente-Valdés et al,2016;Vadiveloo et al,2016)。总体而言,光照强度与大多数细胞中叶绿素含量呈负相关(Begum et al,2016;Danesi et al,2004;Vadiveloo et al,2015)。在限制光照条件下生长的微藻细胞已被证明细胞中初级产物色素的浓度显著增加,如叶绿素 a(Begum et al,2016;Chauhan et al,2010;Danesi et al,2004;Dubinsky et al,2009)。这种反应(光适应)通常是由藻类细胞做出的,是一种在限制条件下提高光吸收效率的机制,可在大多数微藻中观察到(Nwoba et al,2019a)。辐射也被证明影响藻类细胞中次级产物色素的积累,然而这种反应通常只在某些绿色微藻(绿藻)中观察到(Hejazi et al,2004;SeyFabadi et al,2011)。在光保护方面,如 β-胡萝卜素和虾青素,有研究证明高光照水平能显著增加这些色素的浓度(Fábregas et al,1998;Hejazi et al,2004)。高辐射带来的氧化应激会导致次级产物色素(虾青素和 β-胡萝卜素)的产量增加,以保护细胞免受氧化损伤(Ip et al,2005)。相反,低辐照度被发现有利于蓝藻产生色素,如藻胆蛋白(Grossman et al,1995)。重要的是要注意到,藻细胞可利用的光量会明显地受到其他因素的影响,如培养密度、混合强度等,这些因素可能会导致藻细胞中色素含量的变化。

此外,光谱组成(颜色/波长)也可以通过作为光形态信号而引起藻细胞中叶绿素浓度的显著变化(Vadiveloo et al,2017;Kagawa et al,2007)。藻类培养受到叶绿素分子不能有效吸收波长的光(例如绿色和橙色)的影响,这些光已被证明可以增加细胞中初级产物色素的浓度(Vadiveloo et al,2015;Vadiveloo et al,

2016）。而红光或蓝光则可以提高蓝藻中藻胆蛋白的产量（Rodríguez et al，1991）。研究还发现，与在连续光照下培养的藻类细胞相比，光照的变化，如闪光的影响，可显著增加藻类细胞中次级产物色素的产量（至少4倍）（Fábregas et al，2001；Kim et al，2006）。藻类培养物在无光（黑暗）条件下的长期适应也会显著影响其色素组成（如岩藻黄质、硅藻黄质和硅甲黄质），特别是硅藻（Veuger et al，2011）。紫外线辐射（UV-A）和可见光（400~700 nm）的组合照射与仅受可见光照射的培养物相比，藻细胞中类胡萝卜素的积累明显增加（Mogedas et al，2009）。

总体而言，光照的数量和质量被认为可影响藻类细胞中色素的含量，然而这些研究大多仅在实验室规模进行，在大规模户外微藻养殖中可能是一个昂贵的选择，因为根据当地的气候条件还需要额外的人工照明。

5.4　盐度

盐度的变化或"盐胁迫"可通过其对渗透作用（过量浓度的 Na⁺和 Cl⁻离子）的影响，导致微藻中产生生物能量和生化变化（Benavente-Valdés et al，2016）。就色素产生而言，盐度高于微藻细胞的耐受阈值通常会增加类胡萝卜素等次生产物色素的浓度，同时降低叶绿素含量（Ben-Amotz et al，1992；Wegmann，1986）。

小球藻、红球藻、栅藻等淡水微藻在不同的盐分条件下生长时，它们的色素（如虾青素和角黄素）含量显著变化（Kobayashi et al，1997；Li et al，2009；Benavente-Valdés et al，2016）。重要的是，由于离子稳态的失衡、渗透压的变化以及最终导致细胞程序性死亡的活性氧的积累，盐度的持续上升会对这些微藻物种的生长产生负面影响（Affenzeller et al，2009）。盐度的变化也会改变海洋微藻的色素组成。据报道，耐盐绿色微藻杜氏盐藻在氯化钠的最佳盐度范围内生长最好（Borowitzka et al，1984）。然而，生产类胡萝卜素的最佳盐度为高于27%的氯化钠，可使其生物质积累高达14%的 β-胡萝卜素（Borowitzka et al，1984）。尽管如此，Ishika 等（2017）报告说，卤素适应影响硅藻中岩藻黄质的产生，在最佳盐度时，硅藻的岩藻黄质含量最高。

5.5　温度

温度是所有生物生存的关键因素，因为它直接影响各种新陈代谢途径和细胞的生化反应（Fon Sing et al，2011）。微藻的最适生长温度和耐受性或色素的产生温度通常因物种不同而不同（Richmond，1986）。据报道，25℃、35℃和36℃分别是钝顶节旋藻、鱼腥藻和含珠藻产生藻胆蛋白的最适温度（Moreno et al，

1995)。总体而言,培养温度的提高有利于叶黄素和 β-胡萝卜素等类胡萝卜素的积累(García-González et al,2005)。尽管如此,温度的任何进一步升高都可能是有害的,因为它会显著降低生物质并导致细胞死亡(Guedes et al,2011)。

5.6 pH

培养基的 pH 值也会影响微藻色素组成。不同种类的微藻通常在特定的最适 pH 下产生最大浓度的色素。嗜盐绿色微藻杜氏盐藻在 pH 7.5 时产生大量 β-胡萝卜素(García-González et al,2005),绿色微藻栅藻在 pH 8 时产生大量的类胡萝卜素,而在 pH 为 7 时,柠檬绿球藻和胶状新球菌产生的类胡萝卜素最高(Del Campo et al,2000)。

5.7 两段培养

在大多数情况下,微藻细胞色素(初级和次级产物)浓度的增加通常只能以牺牲细胞生长和生物量为代价。这一结果非常不利于藻类的商业化生产,因为需要高密度养殖以提高生产效率和经济性(Benavente-Valdés et al,2016)。因此,两段藻类培养系统包括在两种不同的生长条件(例如,营养物质、温度、盐度和光照)下培养微藻,是从微藻中生产有价值色素的首选培养方法。

两段培养系统通常包括高生长和生物量形成的第一阶段,随后是单独发生的色素诱导阶段。这样的系统已经被应用于提高微藻细胞中高价值化合物的产量。例如,从红球藻中生产虾青素的商业化生产过程通常分两个不同的阶段进行,包括在接近最佳的生长条件下快速生长的初始阶段,随后是在环境和营养胁迫条件下诱导虾青素积累的第二阶段(Lorenz et al,2000)。

目前在两段培养系统中用于促进高价值产品在微藻细胞中积累的其他策略还包括光合自养、异养或混合营养生长条件的组合和优化(Yen et al,2013;Ogbonna et al,1997)。

5.8 代谢工程

如前所述,可用于提高微藻色素含量的另一种重要方法是通过调节细胞代谢途径实现:①与色素生物合成相关的酶的调控;②代谢途径的形成调控(Mulders et al,2014)。调控催化色素生物合成酶可以通过操纵各自的色素代谢活动来增加所需的色素(Mulders et al,2014)。在理想情况下,这只涉及直接负责目标色素最终产生的酶的过度表达,而不会影响其他代谢物的浓度(Rosenberg et al,2008)。此外,这种方法还可以用于同时提高多种色素的生产,如叶绿素和类胡萝卜素(Estévez et al,2001;Mulders et al,2014)。然而,在大多数情况下,各种代谢物的最终产物通常不是由单一的酶控制的,而是由多个酶协同调控的(Kacser,1995)。因此,很可能需要多种酶的过度表达来促进一种或一组色素产量的提高(Mulders et al,2014)。通过添加酶抑制剂和基因敲除策略来调控酶活性也可以促进色素产量的增加(Mulders et al,2014)。与调控策略非常不同的是,这种策略主要是通过切断或减少流向不受欢迎的侧枝或其他产物的途径。例如,通过阻断不需要的代谢物或色素形成的旁路,酶活性可以重新定向到所需色素的形成过程(Mulders et al,2014)。与过度生产色素相关的主要挑战是这些色素在光合作用装置内的储存和运输,这在大多数微藻物种中是不存在的(Mulders et al,2014)。已有研究提出可使用特定的酶在光系统之外引入额外的存储空间和有效地运输色素分子(Mulders et al,2014)。

一般来说,生长条件的剧烈变化(例如光照强度和盐度)通常只会增加次级产物类胡萝卜素(例如 β-胡萝卜素和虾青素)的产生。对于在微藻中发现的其他色素的过量生产,使用代谢工程方法如酶修饰表达似乎是有希望的。尽管如此,对代谢机制的研究是有限的,这会导致最终结果不可预测。仍需要进一步的研究和额外的技术手段来改进目前在微藻中的代谢工程策略,特别是在色素生产方面。

5.9 新品种筛选

目前,被商业利用生产色素的微藻品种数量有限,因此有很大的改进空间,通过筛选和鉴定新的品种,可得到不仅具有高生长特性,而且能够产生高浓度的目标产物的品种(Richmond,2000)。这种筛选和技术过程必须是全面的,并利用藻类植株的生理特征或物理特性,可以最大限度地减少或规避目前存在的与从微藻中生产色素有关的一些核心问题(Barclay et al,2013)。

6 结论

消费者对天然色素的偏好和需求显著增加,这就需要开发和利用现有的自然资源。微藻是理想的生物工厂,因为它们能够在高浓度下积累大量色素及固有的快速生长能力,有满足生产食用色素需求的潜力。利用微藻生产商业规模的色素目前已经实现,尽管仅限于少数几种微藻。利用雨生红球藻生产虾青素、

利用杜氏盐藻生产 β–胡萝卜素、利用普通小球藻生产叶绿素和利用钝顶节旋藻生产藻蓝蛋白已是可行的大规模生产。微藻中色素分布的多样性和丰富性,为开发其他非常规色素提供了广阔的前景。然而,在实现其真正潜力之前,仍然存在一些瓶颈必须克服和解决,如经济限制和技术水平较低。因此,利用微藻生产天然色素是非常有利的,因为它可以增加利润,提供额外的健康益处,最重要的是可以克服可持续性挑战。

延伸阅读

第4章 微藻生物技术:ω-3脂肪酸生产的可持续途径

B. S. Dhanya,G 和 hi Sowmiya,J. Jeslin,
Munusamy Chamundeeswari 和 Madan L. Verma

摘要 藻类生物活性化合物的生产,特别是 ω-3 脂肪酸,受到了越来越多的关注,特别是在营养食品和水产养殖业。近年来微藻被认为是生产多不饱和脂肪酸(PUFAs)的良好来源。微藻细胞的大小、形状、细胞壁结构和特性各不相同,因此有必要探索各种提取方法来有效地回收这些活性物质。能否从细胞中有效地提取 ω-3 脂肪酸取决于提取的类型和采用的各种方法的组合(机械破碎法和化学法)。本章讨论了与微藻 ω-3 产品相关的专利申请。本章对用于提取 ω-3 脂肪酸的生物技术及其组合方法进行了评析。

关键词 多不饱和脂肪酸;ω-3 脂肪酸;纯化;生产;溶剂提取

1 前言

脂肪酸、维生素和类胡萝卜素,在商业和经济上都是具有重要意义的生物产品,可以用微藻来生产(Verma et al,2019a)。微藻产生的次生代谢物,具有抗肿瘤、抗真菌、抗病毒、抗疟疾、抗炎、抗氧化、抗菌的作用(Verma et al,2019;Kumar et al,2019;Verma et al,2019B)。微藻可将大气中的二氧化碳转化为有价值的生物分子,如脂类和碳水化合物,这是制药公司的宝贵资源(Thakur et al,2019),微藻的商业应用面临着一些限制,各种技术方法升级是具有挑战性的(Alam 和 Wang,2019)。

环境中的各种微藻为生产具有经济价值的化合物提供了一个可行的来源,即脂肪酸、抗氧化剂、聚合物、色素和酶。在从微藻中提取的其他代谢物中,ω-3 脂肪酸和类胡萝卜素是非常具有经济价值的(Markou et al,2013)。长链多不饱和脂肪酸的 20 碳主链上有许多不饱和双键,根据从甲基末端的双键位置可以分为 ω-3 或 ω-6 脂肪酸。ω-3 脂肪酸是一种多不饱和脂肪酸,包括 α-亚麻酸

（ALA）、二十碳五烯酸（EPA）、二十二碳五烯酸（DPA）和二十二碳六烯酸（DHA）（Gupta et al,2012）。ω-3脂肪酸，如二十二碳六烯酸和二十碳五烯酸，是儿童和新生儿有效维持免疫系统所需的关键成分（Voigt et al,2000；Calder,2003年）。饮食中ω-3脂肪酸可用于治疗心血管疾病、代谢紊乱、肥胖和湿疹（Navarro et al,2000；DAS,2002；Nugent,2004）。这些脂肪酸在各种疾病的治疗中也具有巨大的生物医学价值，如房颤、阿尔茨海默氏症以及某些癌症治疗。它可以起到抗血栓和抗炎的作用，并被发现可以减少甘油三酯在人体内的沉积。ω-3脂肪酸是一种必需脂肪酸，只能通过饮食获得（Wen et al,2003；Ren et al,2010；Xie et al,2015）。传统上，海洋生物是ω-3脂肪酸商业生产的主要来源。而资源的减少促使人们加强对微藻的开发以增加ω-3脂肪酸的产量。ω-3脂肪酸在饮料、营养强化食品、新生儿以及宠物食品方面应用的类型有所不同（Crentices Research,2016）。

　　ω-3脂肪酸的市场份额和2025年的市场预计需求如图4.1所示。未来需要大规模生产ω-3脂肪酸。然而，用传统的方法从鱼和植物中提取产量较低。更高的产量需要从微生物中提取，如图4.2所示。

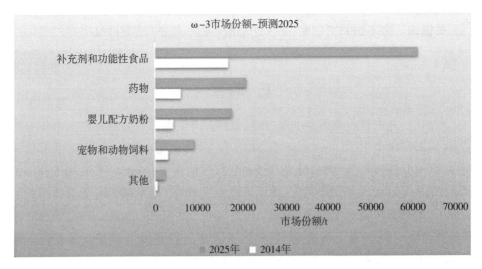

图4.1　ω-3脂肪酸在不同行业的市场占有量及未来展望（改编自Finco et al,2016）

　　本章讨论了ω-3脂肪酸的生产、提取和纯化，尤其是利用代谢工程技术的应用。

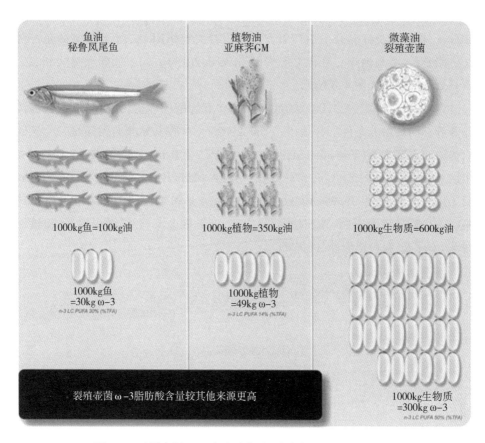

图 4.2　不同来源 ω-3 脂肪酸产量(改编自 Finco et al,2016)

2　微藻 ω-3 脂肪酸的提取

2.1　ω-3 脂肪酸

ω-3 脂肪酸是在第三和第四碳原子之间具有双键的多不饱和脂肪酸,在真核生物的生长过程中很重要(Ward et al,2005)。二十二碳六烯酸(DHA, 22∶6)和二十碳五烯酸(EPA,20∶5)是营养上重要的 ω-3 脂肪酸。这两种类型的 ω-3 脂肪酸都被证明具有许多与健康相关的益处,特别是在控制中风、心律失常和高血压等方面(Liang et al,2012)。除此之外,ω-3 脂肪酸还可以治疗其他与健康相关的疾病,例如类风湿性关节炎、抑郁症和哮喘(Schacky et al,2007)。

二十二碳六烯酸是一种脂质结构,常见于视网膜和大脑中,是一种公认的防御分子,在减少炎症和减少活性氧方面发挥着关键作用。二十碳五烯酸是一种长链脂肪酸,参与治疗心脏相关疾病(Winwood,2013)。二十二碳六烯酸和二十碳五烯酸的结构如图4.3所示。

微藻具有产生二十二碳六烯酸和二十碳五烯酸的能力,并且可以在自养或异养等不同的培养条件下存活(Li et al,2009)。本质上异养的微藻是二十二碳六烯酸的重要来源(Van tol et al,2009)。约26.7% DHA+EPA、28% EPA、45.1% DHA+EPA、21.4% EPA、27.7% DHA+EPA、28% DHA+EPA、23.4% EPA、22.03% DHA+EPA、39.9% EPA、36% DHA+EPA 和41.5% DHA+EPA 由拟球藻、微拟球藻、破囊壶菌、杜氏盐藻、巴夫藻、球等鞭金藻、海洋微绿球藻、粉核油球藻、小球藻、绿色巴夫藻、巴夫藻。

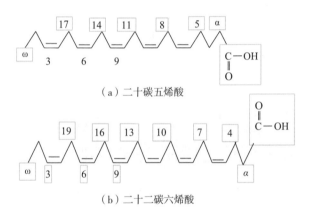

(a)二十碳五烯酸

(b)二十二碳六烯酸

图4.3　二十碳五烯酸和二十二碳六烯酸的结构

2.2　提取

在上游加工过程中,从琼脂平板上接种约30 mL培养物,并在18℃的摇床上以100 r/min的转速培养4 d。再接种至95 mL培养基中,连续培养4 d。培养过程中需要碳源和氮源(Burja et al,2006)。溶解氧、pH、温度、盐度和光照等因素会影响分批补料过程中ω-3脂肪酸的产生。研究表明,低温有利于脂肪酸的产生(Winwood,2013)。在下游加工过程中,使用离心(4500 r/min)过程回收细胞。除了离心,絮凝或过滤也可用于收集细胞(Ward et al,2005)。收获后进行提取步骤,在提取 ω-3 脂肪酸时,需要避免可能导致酸败的氧化过程。图4.4描述了ω-3脂肪酸的提取和纯化流程。ω-3脂肪酸的常见提取方

法如下:

· 机械加压辅助溶剂萃取法。

· 超临界流体萃取。

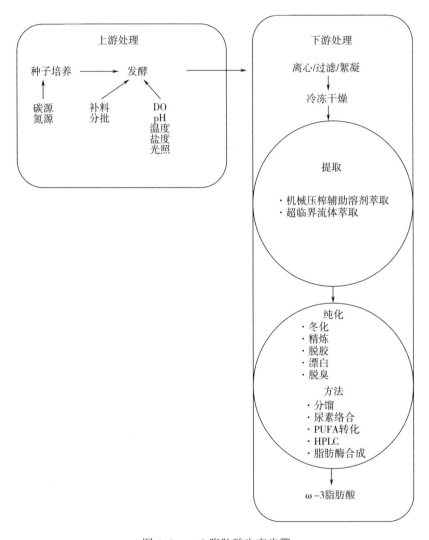

图 4.4　ω-3 脂肪酸生产步骤

　　ω-3 脂肪酸更多地存在极性的脂质——磷脂和糖脂中,因此,非极性溶剂在提取过程中无法发挥作用(Ryckebosch et al,2012)。在提取之前,需要进行机械压榨。在压榨过程中,原料和压榨机之间的摩擦产生的热量可能超过 48.89℃。在被压榨的地方存在一个笼状的桶形空腔。压榨机由藻类通过的入口和压制产品释放的出口组成。为了压缩藻类,施加恒定压力和摩擦力。藻类外观呈绿色,纤维长,这些纤维很难通过螺杆。因此水通过笼桶(润湿生物质)以便于通过。通过这些小开口,ω-3脂肪酸会渗出,所有压榨的藻类生物质在压榨后仍保留为饼状,因此必须将其从压榨机中取出。压制时会产生热量,温度范围为69~98.89℃。对于小规模生产,Bligh和Dyer方法可用于提取脂质(Bligh et al,1959)。在该方法中,甲醇/氯仿溶剂混合物用于破坏细胞和提取脂质。然而,对于大规模生产,己烷常作为溶剂。半连续溶剂萃取法可用于从食物中提取ω-3脂肪酸,这有助于实现最大程度的分离。索氏提取是最常用的半连续方法。

除了使用有机液体作为溶剂外,超临界二氧化碳也可用于萃取,它的使用在经济和环保上都是可行的,而且很少使用有机溶剂。超临界流体是气体和液体性质的复合形式,当对加压二氧化碳施加热量时,它存在于临界温度以上。气体的超临界流体特性使其能够进入样品中提取大量的ω-3脂肪酸。超临界二氧化碳流体可以在加压室中与待提取的样品混合,并施加大量热量,从而提取出ω-3脂肪酸。

对于微藻化合物和精油的提取以及脱咖啡因工艺,常采用超临界流体萃取法(Gil-Chavez et al,2013)。溶剂萃取通常在高温和高压下分离化合物,超临界流体萃取可代替溶剂萃取的使用(Mercer et al,2011)。超临界流体的密度与流体的密度相同,超临界流体的黏度与气体的相似。与传统的溶剂萃取方法相比,超临界流体的主要优势在于萃取所需的时间较短。对于超临界流体萃取,由于施加的压力增加,推动超临界流体进入藻类细胞,从而增强了传质效果,因此消耗的时间更少。超临界流体和气体的扩散速率相同。此外与传统的溶剂萃取方法相比,超临界流体萃取具有选择性和靶向性。超临界二氧化碳在萃取方面是有一定优势的,因为它具有化学惰性、安全、低成本且在适当的压力和温度下无毒(Daintree et al,2008)。在超临界流体萃取过程中一般不加入其他化学物质。除此之外,由于二氧化碳的性质,在从溶剂中分离萃取化合物的过程中,对助溶剂的需求很少。富含二氧化碳的烟道气可作为二氧化碳的低成本来源。在执行超临界流体萃取法时需要控制压力和温度。但是要使超临界流体萃取方法有效工作,还需要高昂的运营成本和基础设施。

2.3 纯化

为了提高PUFAs的保质期、质量和数量,必须额外进行除臭、添加抗氧化剂、过滤、抛光和漂白等工序。具体纯化步骤包括脱胶、精炼、漂白和除臭。用于纯化的技术包括分子蒸馏/分馏、分子筛技术、PUFAs 转化/酯交换、尿素络合/分馏、高压液相色谱和脂肪酶辅助方法（Winwood，2013）。

在成为终产品之前提取的 ω-3 脂肪酸必须改善其透明度、颜色和气味。通过对其进行化学精炼过程，可以去除磷脂、微量金属、单酰甘油、游离脂肪酸、色素、甾醇、二酰甘油和蜡等杂质。使用氢氧化钠通过皂化过程去除游离脂肪酸，在皂化过程中，游离脂肪酸形成皂脚被去除。产生的皂脚可通过水洗去除，因此完成了水的物理分离和干燥。干燥过程去除了存在的溶解氧（Winwood，2013）。

脱胶是一种需要用水去除甾醇和磷脂的过程，在中和过程之后进行。加入活性碳或吸附黏土可去除色素、痕量金属和其他氧化产物。添加的活性碳可通过正常的过滤过程去除。特别是不饱和脂肪酸可以通过冬化或分馏的方法从总脂肪中去除，饱和脂肪可以通过调节油温沉淀。随后进行脱蜡/冬化过程以去除蜡，特别是含有饱和脂肪酸的三酰甘油，脱蜡步骤会使油更加透明。微藻的类型、最终产品的用途及其物理性质，如细胞壁特性和厚度，决定了提取和收获技术的效率。冷却后形成的蜡，可通过进一步离心/过滤除去。除臭是通过除臭器或蒸汽清洁器来完成的。其他的杂质可以通过通入高压蒸汽，然后冷却来去除（Winwood，2013）。

3　微藻 ω-3 脂肪酸的生产

对环境条件的应激反应会使微藻中脂质和碳水化合物积累，从而使生物体能够抵御外界不利的条件。一般来说，微藻的含油量为 10%～50%，总脂含量占其干重的 30%～70%。微藻的能量储备，即积累的脂肪酸，有利于它适应不利条件或帮助细胞分裂过程的进行。ω-3 脂肪酸的积累是因为其能量含量高以及具有细胞功能所需的必要流动特性（Tiez et al，2010；Cohen et al，2000）。一些积累 ω-3 脂肪酸较高的微藻属是裂殖壶菌属，褐指藻属，破囊壶菌属和微拟球藻属（Burja et al，2006；Zhu et al，2007），它们能积累高百分比的 DHA 和 EPA。通过在含有优化的碳源和氮源的最佳培养基中以及在最优的外部 pH 和温度下培养微藻，可获得这种高积累的 DNA 和 EPA；其生产过程已成功地商业化（Griffiths et al，2009）。如裂壶藻（*Schizochytrium* sp.）在优化的环境条件下生长积累了更高的 DHA 和更高的细胞密度（Ward et al，2005）。

微藻的生长条件对其脂质的积累有很大的影响。微藻生长条件的瞬时变化可以提高微藻的脂质含量。微藻积累的淀粉和脂质是应激分子,在生长诱导过程中起到生长限制的作用。诱导生长的环境条件包括光合作用过程的光源、温度变化、紫外线照射和营养胁迫(Singh et al,2002;de Castro et al,2005)。这些环境条件使脂肪的积累增加了 2~3 倍。例如通过生长限制因子的变化,可诱导三角褐指藻总脂含量增加到 81.2mg/g,细胞干重增加约 168.5 mg/g。这种脂质积累也可以通过添加微量元素或其他营养补充剂以及通过硫消耗来增强(Timmins et al,2009)。

不同的环境条件如盐度变化、紫外线照射以及较低的温度都可以诱导 ω-3 脂肪酸的产生。例如,通过将生长温度改变到 15℃,发现鲁兹帕夫藻的 EPA 产量从 20.3 mg/L 提高到 30.3 mg/L(Adarme-Vega et al,2012)。在较低温度下脂肪酸的流动特性有助于增强对这些多不饱和脂肪酸的诱导。微藻生长过程中盐度的变化也会影响多不饱和脂肪酸的诱导。例如,在寇氏隐甲藻 ATCC 30556 的生长介质中加入 9 g/L NaCl,可使 DHA 含量增加约 56.9%。同样,在三角褐指藻中,在紫外线照射下 EPA 的积累增加到 19.84%(Liang et al,2006)。

4 通过代谢工程提高 ω-3 产量

除了环境压力外,代谢工程是提高 ω-3 产量的有效方法(Schuhmann et al,2012)。目前,对微藻中脂肪酸的生物合成研究较少,一般是从植物代谢的角度分析参与脂肪酸合成的关键酶。影响脂肪酸诱导的重要酶是从模式生物假微型海链藻,三角褐指藻和绿藻中发现的(Tonon et al,2005;Xu et al,2009;Wagner et al,2010)。

在乙酰辅酶 A 羧化和缩合生成丙二酰辅酶 A 之后,脂肪酸在叶绿体中从头合成。长链脂肪酸在延伸过程中以丙二酰-ACP 为底物。在内质网中,这些长链脂肪酸在代谢中间体磷脂酸的作用下,受甘油-3-磷酸的影响转化为三酰甘油(TAG)(Hu et al,2008)。脂肪酸的生物合成如图 4.5 所示。

为了在植物和真菌中诱导产生更高的 ω-3 脂肪酸,人们着力于调控 $\Delta5$、$\Delta6$ 和 $\Delta12$ 脂肪酸去饱和酶。通过对微藻中重要酶的代谢调控诱导产生更高的 ω-3 脂肪酸的研究工作已经开始。主要酶、伸长酶和去饱和酶的高表达有助于 DHA 和 EPA 的高积累。用胁迫反应启动子代替任何结构性启动子可以

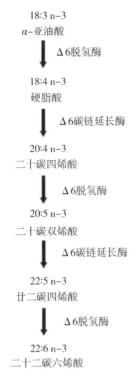

18:3 n–3
α-亚油酸

Δ6脱氢酶

18:4 n–3
硬脂酸

Δ6碳链延长酶

20:4 n–3
二十碳四烯酸

Δ6脱氢酶

20:5 n–3
二十碳双烯酸

Δ6碳链延长酶

22:5 n–3
廿二碳四烯酸

Δ6脱氢酶

22:6 n–3
二十二碳六烯酸

图 4.5　DHA 和 EPA 生物合成的 Δ6 途径
（改编自 Adarme-Vega et al, 2012）

防止常规的细胞生长和功能干扰。此外,克服多不饱和脂肪酸的降解还可以促进 ω–3 脂肪酸的积累。去饱和酶可以在脂肪酸降解之前在其内部形成双键。因此,这些酶的任何变化也会影响高水平脂肪酸积累(Adarme-Vega et al, 2012)。

5　提高微藻 ω–3 脂肪酸产量的技术发展

微藻具有提高高附加值产品产量的潜力,可以对其进行进一步修饰,以增加产品产量满足商业需要。其中一个策略是提供诱导微藻生长和发育的胁迫环境(如低氮和高盐条件),从而改变或提高产品的水平,如 ω–3 脂肪酸的生产。组学技术通过基因工程技术调节基因和胁迫环境,为实现高产高效发展增产奠定良好基础。由于生产 ω–3 脂肪酸的海洋鱼类资源的枯竭,商业上已经利用裂殖壶藻和寇氏隐甲藻等微藻的培养有效地生产 DHA,利用三角褐指藻、微拟球藻和菱形藻生产DHA(Harwood et al,2009)。这些微藻脂肪酸的大规模工业化生产在技术上具有很高的挑战性,而且成本很高。

ω-3脂肪酸工业生产水平的技术问题是通过加强生产过程中依赖酰基辅酶A的去饱和酶的参与来解决的(Venegas-Caleron et al,2010)。有几项研究在高等植物中使用依赖酰基辅酶A的多Δ6去饱和酶并对其进行代谢工程以提高长链多不饱和脂肪酸的产量(Sayanova et al,2012)。Δ6的去饱和过程是脂肪酸产生的限速步骤。

为了能够可持续生产ω-3脂肪酸,促进脂肪酸生产的替代方法逐步转向微藻基因工程。对于商业生产的ω-3脂肪酸,三角褐指藻被认为是EPA产量的主要来源。目前编码Δ5和Δ6去饱和酶的基因已经被成功地克隆出来,可利用其提高EPA的产量。研究发现,这些微粒体酶在脂肪酸合成途径中对ω-6以及ω-3脂肪酸的产生有很大贡献。DHA的合成先通过Δ5延长酶延长EPA形成二十二碳五烯酸,再被Δ6去饱和酶转化(Arao et al,1994;Domergue et al,2002)。表4.1描述了不同微藻的多不饱和脂肪酸产量差异,可通过对高效生产脂肪酸的基因进行遗传改造来进一步提高产量。

表4.1 利用不同商品化微藻和转基因微藻生产的多不饱和脂肪酸

PUFAs	微藻	PUFAs/L/%	参考文献
重均质亚麻酸(DGLA)	缺刻叶绿藻	21	Abu-Ghosh 等(2015)
AA(花生四烯酸)	伪编织鳞孔藻	34.3	Lang 等(2011),Tababa 等(2012)
	掌网藻	73.8	
	缺刻缘绿藻	44	
	弯杆胞藻	41.3	
EPA(二十碳五烯酸)	微绿球藻	19	Olofsson 等(2014),Ryckebosch 等(2014)
	微拟球藻	23.6	Bellou 和 Aggelis(2012),Ryckebosch 等(2014),Selvakumar 和 Umadevi(2014),Guiheneuf 和 Stengel(2015)
	紫球藻	3.6	
	淡色紫球藻	15.8	
	扁藻	14	

续表

PUFAs	微藻	PUFAs/L/%	参考文献
DHA（二十二碳六烯酸）	裂殖壶菌	48.5	Li 等（2015），Gong 等（2015），Ling 等（2015）
	破囊壶菌	35	Makri 等（2011），Liu 等（2014），Patil 和 Gogate（2015），Ling 等（2015）
	寇氏隐甲藻	25	
	三角褐指藻	12	
	具齿原甲藻	20.4	
	裂殖壶菌	19.1	
	裂壶藻	39.6	
	破囊壶菌属	36.9	

一般来说,微藻是由一种特殊的结构组成,当基因改造时,这种结构将会使多不饱和脂肪酸产量的提高。酰基辅酶 A 和 D6 去饱和酶在三角褐指藻中的过度表达会引起 DHA 和 EPA 的产量略有增加。这证实了该酶在 ω-3 脂肪酸的生产中没有任何实质性的影响,而在转基因三角褐指藻中,这种酶与 C20 D5 延长酶的过度表达导致 DHA 积累增加到野生型的 8 倍,而降低了 EPA 的积累(Hamilton et al,2014)。在先前所述的生物体中,D5 去饱和酶基因(PtD5b)的表达提高了 EPA 的积累(Peng et al,2014)。

6　微藻 ω-3 产品相关专利申请

与微藻有关的专利可分为三类:

(1)基于衣藻,葡萄藻和螺旋藻等微藻品种以及野生和转基因品种(工程微生物、核酸序列和生物合成途径)的专利。

(2)基于微藻培养(光生物反应器、水槽和异养)和提取的专利。

(3)基于微藻产品及其应用的专利,如生物柴油、药物成分食品饲料和营养品、化妆品以及脂肪酸。专利数据集的分类是基于上述分类模式进行的。表4.2 列出了与从微藻中生产 ω-3 脂肪酸相关的专利。专利申请量排名前十的国家如图4.6的饼状图所示。

表 4.2 微藻 ω-3 脂肪酸相关专利

序号	专利名称	国家	申请内容	年份	微藻	专利号
1	腐霉属发酵生产 ω-3 脂肪酸的研究	USA	二十碳五烯酸的生产	2014	腐霉属	13/788,372
2	一种提高 ω-3 长链多不饱和脂肪酸产量的转基因微藻	USA	利用转基因微藻提高 ω-3 脂肪酸产量	2018	转基因微藻	0312888A1
3	微藻光合自养生长生产 ω-3 脂肪酸	USA	微藻培养法(光合自养)生产 ω-3 脂肪酸	2013	绿藻门、海链藻属、角毛藻属、鞭毛藻门	8,603,488B2
4	粗甘油生产 ω-3 脂肪酸的研究	USA	以粗甘油为底物利用微藻生产 ω-3 脂肪酸	2014	裂殖壶菌属、褐指藻属、鞭毛藻属	015361
5	改良产泡囊藻培养基生产 ω-3 脂肪酸	EPO	发酵工艺的研究	2007	吾肯氏壶菌属、破囊壶菌、裂殖壶菌	2084290A1
6	一种二十碳五烯酸的生产方法	USA	二十碳五烯酸生产工艺	1996	硅藻类	5,567,732
7	提高微藻 ω-3 多不饱和脂肪酸产量的方法	EPO	改良微藻提高 EPA 产量的研究	2017	重组微藻	061347

专利申请

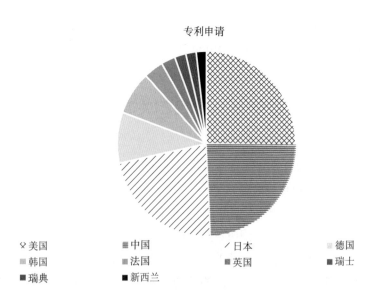

🔅美国　　　　▤中国　　　　╱日本　　　　▨德国
▥韩国　　　　▦法国　　　　▪英国　　　　▪瑞士
▪瑞典　　　　■新西兰

图 4.6 专利申请量排名前十的国家,2019

7　未来展望

在工业和商业上,微藻是与健康有关的化合物的重要来源。非常规萃取方法具有选择性高、效率高、萃取时间短、溶剂用量少等优点,是一种有效的萃取方法。微藻的细胞结构与其提取效率是相互关联的。微波辅助萃取法和超声辅助萃取法提取速度快,而加压液体萃取法使用的提取溶剂少。

对跑道池生产和管式光生物反应器生产进行分析,该分析与基于藻类的产品的环境评级有关。在这两种大规模养殖中,跑道池生产使用较少的能源并且不排放温室气体。因此,跑道池是环境可持续的。使用能量和温室气体平衡的跑道池方式,可进行微绿球藻和等鞭金藻的培养以提取 EPA 和 DHA。管式光生物反应器生产的环境评价相对较少,因为其资源利用量高且价格昂贵。利用该方式生物质生长需要人工照明,借助基因操作技术,其生产成本可降低 50%,而PUFAs 和类胡萝卜素的产量可增加 50%~200%。

未来技术发展的方向可以分为两种:封闭系统和开放系统。封闭式是首选,因为在藻类培养中污染的风险最小。而生产产量高的产品及其可持续性是未来需要考虑的挑战。

8　结论

目前,微藻的工业应用已得到了广泛的认可。利用微藻生产生物活性物质具有很高的实用价值。二氧化碳和水在阳光下转化为生物活性成分如脂肪酸和类胡萝卜素。而在大规模生产微藻方面还存在一定的障碍,因为光合作用效率和生产力较低,以及各种生产线的能力较差。可持续发展对一个生产系统来说很重要。合成生物学和系统生物学已被应用于寻找解决许多明显缺陷的方法。这些新方法有可能可以有效地发展光合作用细胞工厂。藻类基因组数据库的可用性和重组 DNA 技术的进步为设计和工程制造新的藻类物种提供了条件。这些经过改造的藻类物种是生产高附加值产品的有效工具。此外,组学技术还带动了新菌株的开发。综上所述,创新是高效生产微藻治疗性化合物的先决条件。

微藻作为各种生物分子的细胞工厂,被认为是实现可持续农业、可持续工业和生态经济的有效途径。对于大规模生产,必须最大限度地减少消耗时间,同时最大限度地生产生物活性化合物。大多数可用的藻类都获得了一般公认安全

（GRAS）认证。因此，微藻在工业和商业上都起着主导作用。对于 CRISPR/CAS9 等基因编辑技术，它们被置于转基因监管范围之外，在引入这类技术方面不存在任何障碍。如果使用基因改造过程改变了最终产品的成分，则 GRAS 认证无效。

微藻在生产生物燃料领域的商业地位很高，因为它们比源自植物的生物燃料需求量大，并且不需要肥沃的土地。在封闭的光生物反应器系统中，可以培育出经过基因改造的微藻，这是微藻的一个优势。使用微藻的优势在于可以产生高附加值的化合物，在营养和药物等各个领域都有应用，这也使微藻成为发展细胞工厂的最合适的参与者。

近几十年来，由于从微藻中提取生物活性化合物具有十分重大的意义，因此该方面的研究在工业界和学术界引起了广泛关注。活性化合物位于微藻细胞内部，其提取过程具有挑战性。此外，某些类型的微藻由厚细胞壁组成，其破坏需要强度处理，这种强度处理可能会影响待提取的化合物，也会导致提取出的生物分子中出现杂质。大规模培养和提取也非常具有挑战性。需要创新的微藻培养技术、高质量和高效的藻株选择来实现化合物的高提取率，从而为未来的藻类产业开发奠定基础。

延伸阅读

第二部分　微藻在保健品开发中的应用

第 5 章 微藻与人类健康和医药

Sajid Basheer, Shuhao Huo, Feifei Zhu, Jingya Qian,
Ling Xu, Fengjie Cui 和 Bin Zou

摘要 微藻含有多种有益成分,在人类健康和医药方面显示出巨大的潜力。微藻的医疗特性在心血管保健、抗癌、抗炎、抗凝血、抗病毒、抗菌、抗真菌等人类医药产品中有着广泛的应用。微藻成分可用于增强免疫系统抵抗能力和降低血液胆固醇,并且对高胆固醇血症有预防效果。微藻含有有效的成分,可以清除人体有害元素,并具有抗肿瘤、预防胃溃疡和促进伤口愈合的特性。微藻提取物可提高血液中的血红蛋白浓度,降低血糖水平。一些微藻种类被广泛用来制作止痛药、支气管炎药和降压药。从微藻中获得的大量生物活性成分可以减少炎性化合物的产生,有效地对抗肌肉萎缩。微藻生物活性成分在胶囊、片剂、粉剂和凝胶剂等抗疾病和促进健康的药物中具有一定的作用。本文还对摄取微藻的健康风险进行了综述。

关键词 微藻;药物;生物活性物质;人类健康

1 前言

在历史上,人类一直依赖微藻来获得营养。据研究在 2000 年前的中国,念珠藻属已开始被人类食用,在其他国家也是如此(Ciferri,1983)。微藻利用环境中的简单化合物来产生复杂的化合物,如碳水化合物、脂肪、蛋白质和其他具有药用价值的次生代谢物(Hochman et al,2014)。从微藻中提取的有益生物制品包括抗氧化剂、天然色素、多糖、生物活性和功能性色素、二十碳五烯酸(EPA)和二十二碳六烯酸(DHA)。商业水平的微藻生产从 50 年前就开始了。20 世纪 60 年代,日本首次通过生产小球藻实现了微藻的商业化生产(Varfolomeev et al,2011)。微藻含有一些对人类健康具有潜在的重要营养作用的分子,如微量营养素、多糖、脂类和蛋白质(Alam et al,2019)。由于微藻的独特成分,可制成营养补充剂来满足世界人口的营养需求。为了更好地保持健康和避免疾病,需要向世界范围内日益增长的人口提供充足和平衡的营养。微藻含有多种成分，对人类健康有好处，并可用于制药工业（Bishop et al，2012）。

由于缺乏草酸、磷和钙，微藻中的矿物质利用率更高，类似牛奶。一般情况下素食者通过谷类摄取铁，而微藻比谷类含有更多的铁。由于微藻中不存在草酸和植酸，其中的磷和钙的吸收率较高。对于素食主义者来说，螺旋藻是矿物质的更好来源。所有这些特性使微藻成为微量和大量营养素的重要来源，有助于消除营养不良、满足没有足够食物的人群或因异常食物行为而出现生理并发症的人群的需求（Nazih et al，2018）。世界人口主要的死亡原因之一是心血管疾病。动脉粥样硬化会导致心力衰竭、冠心病、外周动脉疾病和中风。糖尿病、高脂血症和高血压是产生动脉粥样硬化的主要原因。许多结果表明，微藻可以减少患这类疾病的风险，其特殊的脂肪酸组成也可能抑制这些健康问题（He et al，2004）。微藻含有可促进人类健康和预防人类慢性疾病的功能性成分（Smit，2004）。微藻含有 ω-3 和 ω-6 的长链多不饱和脂肪酸，有利于心脏和神经发育，支持人体对抗心脏病、癌症、高血压和胆固醇问题（Mata et al，2010）。

与海藻类似，微藻可提供大量元素（磷、钙、钠、镁、硫、氮）和其他微量元素（锌、锰、碘、铜、钴、硒和钴），并产生必需氨基酸。微藻作为各种营养成分的来源，需要大规模培养才能获得（Kumari et al，2010）。微藻是一种很有发展前景的微生物，可以提供对人类健康至关重要的有价值的成分和生物活性营养物质，可用于药品生产（Smit，2004）。目前，营养缺乏是一个世界性的问题。每天吃一勺食用微藻，就可以消除营养缺乏。口服摄入微藻可调节人体功能，包括呼吸、激素、免疫和神经系统（Chew et al，2004；Kau et al，2011）。由于抗炎活性，微藻在伤口愈合和烧伤恢复方面是有效的。微藻可为心血管系统疾病和认知衰退等许多严重疾病提供解决方案，对人类健康十分有益（Lordan et al，2011；Riediger et al，2009）。

微藻含有多种成分，在人类健康方面具有很大的利用潜力。这些生物活性成分已被用于医药和医药产品以及其他方面。微藻具有广泛的应用，如作为营养成分、高价值食品、保护心血管健康、抗氧化剂、抗癌、抗炎、抗菌、抗衰老和皮肤保护等药用特性。例如，螺旋藻被用来增强免疫系统和降低胆固醇。螺旋藻的硫酸多糖也具有抗病毒的特性。小球藻中含有一种名为 $\beta-1,3-$ 葡聚糖的化合物，它能降低血液中的血脂，刺激免疫系统。此外，它还能有效地清除人体内的有害元素，并具有抗肿瘤和治愈胃溃疡的特性。此前，有报道称小球藻提取物可提高血液中的血红蛋白浓度，降低血糖水平。杜氏盐藻的类胡萝卜素具有抗癌活性。目前,一些微藻种类被广泛用来制作止痛药、支气管炎药和降压药。从红球藻中提取的大量虾青素具有很强的抗氧化性,可以减少炎症因子的产生,有效地对抗肌肉萎缩,保护肌肉免受氧化应激的伤害。干杜氏盐藻制成的片剂主要由维生素 A 的前体 β-胡萝卜素组成,微藻的其他活性成分也在防病保健品中发挥着重要作用。本章综述了微藻对人类健康的重要性及其在医药工业中的应用。

2 微藻的商业化生产

微藻蛋白在人类健康方面越来越受到重视,尽管在传统的开放式池塘中培养微藻可获得更好的营养和特性,但大规模获取生物量仍然是一个挑战(Draaisma et al,2013)。在 20 世纪 60 年代,因为藻类被提出可作为解决世界粮食需求的方案,日本首先开始在工业规模上培育供人类食用的小球藻(Burlew,1953)。在 20 世纪 80 年代,亚洲、澳大利亚、以色列、印度和美国开始生产微藻(Enzing et al,2014)。最近技术的进步使从微藻中获取高价值营养物质成为可能,如通过培养系统的发展和微藻生物技术的改进以获取脂肪酸、聚羟基链烷酸酯、藻胆素、类胡萝卜素、多糖和甾醇等营养物质(Borowitzka,2013)。

虽然微藻蛋白质的生物学价值、利用率、蛋白质效率比和消化率低于鸡蛋、酪蛋白和黄金标准(Becker,2007)。但微藻在质量和数量上都是丰富的蛋白质来源,与鱼、蛋和大豆等传统蛋白质来源相比,微藻是更好的天然蛋白质来源(Batista et al,2013;Graziani et al,2013)。例如,螺旋藻含有 50% ~ 70% 的蛋白质(Plaza et al,2009)。

在一些国家,微藻被认为是纤维素、酶、蛋白质、脂肪、碳水化合物和矿物质(钙、镁、铁、钾、碘)重要的食物来源,被用作营养补充剂和人类健康产品(Apt et al,1999)。微藻的维生素含量也很高。陆地蔬菜缺乏维生素 B_{12},但微藻中富含维生素 B_{12}、维生素 C、维生素 B_1 和维生素 B_2(Martínez-Hernández et al,2018)。褐藻特别富含一种名为藻胶的成分,也被称为海藻酸。藻酸盐是藻胶的衍生物,在化妆品、制药和食品等行业中用作稳定剂和增稠剂。由于藻胶及其盐类具有较高的螯合和交换属性,可将有害成分和重金属从人体内清除。海藻酸钠是一种可溶的形式,可以与铅反应,其他金属将其转化为不溶的螯合物,并通过人体的粪便排出。这一属性使微藻成为重要的饮食成分,特别是对于那些生活在受污染的环境中的人(Zhao et al,2018)。普通的生长要求和较高的生长速度增加了微藻在许多生物技术研究中的关注度,这些特性共同使微藻成为获取天然产物的候选者。使用微藻可以获得疫苗和抗体等珍贵的药用蛋白质,因此这种生物技术的应用吸引了工业界和学术界的关注(Apt et al,1999;Mayfield et al,2007)。藻胆蛋白是由红藻、紫球藻和蓝藻获得的,可用作天然染料,研究已经证明了它们的生物学属性和在制药工业中应用的巨大潜力。藻蓝蛋白在食品中可用作冰棍、口香糖、软饮料、糖果、芥末和乳制品的着色剂。在化妆品中,从微藻中获得的其他类型的天然色素也被使用(Carfagna et al,2016)。由于微藻生物量中含有微量营养素和常量营养素,几个世纪以来一直适合作为营养补充剂和食物。微藻干生物量中蛋白质含量高(50%~60%),使其利用更具吸引性。螺旋藻与极大节旋藻、杜氏盐藻和小球藻一样,由于其高蛋白含量吸引了更多的人,这些物种含有更多的必需氨基酸,这些氨基酸组成了近一半的蛋白质(Belay et al,1996)。现代研究表明,小球藻、杜氏盐藻和栅藻等微藻物种具有产生重组蛋白的潜力,可用于形成免疫毒素和抗体,这些抗体可用于生长激素、抗癌、肠道治疗、制备疫苗和治疗性酶(Rasala et al,2015)。例如在一项研究中(Azabji-Kenfack et al,2011),向受 HIV 影响的患者提供含有螺旋藻和大豆的食品补充剂,以比较它们对营养不良的改善效果。12 周后,两组患者的体重都显著增加,观察螺旋藻组疗效更佳。螺旋藻作为免疫应答的较好指示剂,可提高免疫应答的 CD4 细胞数,显著降低病毒载量。当大鼠服用紫球藻、红色微藻时,发现它们的血浆胆固醇降低(Dvir et al,2000)。此外,由于抑制作用,胆固醇的吸收也有所减少。有研究发现螺旋藻在脂代谢中对铅有抑制作用(Ponce-Canchihuamán et al,2010)。从微藻中提取的商业产品在人类健康和医药方面的重要性如表5.1所示。

表5.1 微藻商业产品对人类健康和医药的意义

微藻	商用成分	对人类健康和医学的意义	参考文献
螺旋藻、念珠藻、紫球藻	藻蓝蛋白、非脂组分多糖	心血管健康	Chai 等(2015)
节旋藻和小球藻	硫酸多糖	抑菌活性	Buono 等(2014),Witvrouw 和 De(1997)
杜氏盐藻、小球藻、雨生红球藻	类胡萝卜素(叶黄素、虾青素、岩藻黄质)、加迪纳微绿球藻、多不饱和脂肪酸(EPA、DHA)	抗癌	Chai 等(2015),Liu 等(2014),Peng 等(2011)

续表

微藻	商用成分	对人类健康和医学的意义	参考文献
钝顶螺旋藻、螺旋藻、小球藻、极大节旋藻、杜氏盐藻	二十二碳六烯酸(DHA)和二十碳五烯酸(EPA)、蛋白质、必需氨基酸(半胱氨酸和蛋氨酸)、维生素(亲脂性和亲水性)	微量营养素和大量营养素	Santos-Sanchez 等(2016)
巨大鞘红藻、紫球藻、微绿球藻、杜氏盐藻、小球藻、节旋藻	免疫调节剂、类胡萝卜素(β-胡萝卜素和虾青素)、脂肪酸、环境保护剂、多糖、维生素 B_{12}、蛋白质、碳水化合物提取物	药品、健康食品、营养补充剂、抗氧化剂、增强免疫系统、预防动脉粥样硬化、降胆固醇	Cheong 等(2010)、de Jesús Paniagua-Michel 等(2015)、Pulz 和 Gross(2004)
小球藻、微绿球藻、雨生红球藻、杜氏盐藻	类胡萝卜素(叶黄素、玉米黄质、β-胡萝卜素)、保护性抗氧化剂	增强视力、预防肝脏健康和肥胖、降低血浆胆固醇、减轻肝脏炎症	Ayelet 等(2008)、Garcíagonzález 等(2005)、Jin 等(2010)、Kleinegris 等(2010)、Kyle(2001)、Lorenz 和 Cysewski(2000)
杜氏盐藻,普通小球藻,钝顶螺旋藻,巨大鞘丝藻,三角褐指藻,紫球藻	β-胡萝卜素,叶黄素,微量元素,矿物质,藻蓝蛋白,免疫调节剂,岩藻黄质,脂肪酸,多糖,多不饱和脂肪酸	食品补充剂,健康食品,营养,药品	Paniagua-Michel(2015)
细小裸藻,小球藻	维生素(生物素、α-生育酚、抗坏血酸)	营养	Li 等(2008)
冈比甲藻	冈田酸	治疗(抗真菌)、生长因子、促进分泌	Nagai 等(1992)、Pshenichkin 和 Wise(1995)

3 微藻对人类健康的影响

如图 5.1 所示,微藻对人体健康的显著作用主要包括抗炎作用、抗病毒作用、抗氧化作用、抗菌作用、抗癌作用和肠道健康作用。

3.1 抗炎作用

有研究表明微藻提取物具有抗炎作用。在对用甲醇和水提取到的三角褐指藻和小球藻提取物的镇痛和抗炎特性的研究中发现这些功能在脂溶性的馏分中是没有的(Guzman et al,2001)。

图 5.1　微藻对人类健康的重大影响

3.2　抗病毒活性

目前,已经有几项关于从几种微藻中获得的多糖的抗病毒特性的研究,这些多糖是在细胞培养过程中释放出来的。这一特性已在许多病毒的体外实验中得到证实。在一项研究中,讨论了许多微藻,如蓝藻、甲藻和红藻的抗病毒特性(Raposo et al,2013)。硫酸盐多糖的抗病毒活性是最突出的,硫酸盐基团和钙离子可以形成具有抗病毒作用的分子(Hayashi et al,1996)。微藻多糖还可以阻止病毒在细胞体中的渗透和吸收(Hernández-Corona et al,2002)。

3.3　抗氧化活性

微藻含有许多天然成分和色素(如叶绿素、藻胆蛋白和胡萝卜素)。这些成分对人类健康非常有利,因为它们不能由人体直接产生(Sampath-Wiley et al,2008)。一些抗氧化剂由微藻产生,具有降低患心血管疾病和癌症等慢性疾病的风险的作用(Monego et al,2017)。抗氧化剂可将人体内自由基造成的损害降至最低,而这些天然抗氧化剂可以从微藻中获得(Chacón-Lee et al,2010;Olivares et al,2016)。

3.4　抗病毒活性

在大量微藻的提取物中发现了抗菌特性,节旋藻和小球藻是最受关注的物种(Buono et al,2014)。许多微藻物种含有大量硫酸盐多糖具有抑制病毒复制作用,如沙粒病毒、披盖病毒、黄病毒、疱疹病毒、弹状病毒和正痘病毒家族(Witvrouw et al,1997)。人们发现微藻提取物(海藻酸、海带多糖和岩藻多糖)和从微藻中获得的多糖具有抵抗病毒疾病的能力(Holdt et al,2011)。

3.5　抗癌活性

在世界范围内,癌症是第二大死亡原因(WHO,2016)。一些与分子和细胞相关的研究发现微藻衍生物中生物活性成分的抗癌潜能(Kumar et al,2013;Talero et al,2015)。岩藻黄质是微藻中的一种类胡萝卜素,可以抑制致癌基因并防止恶性细胞的生长(Takahashi et al,2015)。在癌症研究中,人们更多地关注癌症的预防措施以及对疾病的适当治疗。已知微藻生物活性化合物具有化学预防癌症和抗癌的有益特性,如多糖、类胡萝卜素、蛋白质、多肽和脂类(Talero et al,2015)。

3.6　肠道健康

微藻对肠道健康有一定的促进作用,这是因为微藻具有益生元的特性,而且纤维素和碳水化合物含量较高。肠道健康在人类健康中起着至关重要的作用,并且人体肠道中含有微生物可抵御疾病。由于科学的进步以及肠道微生物对人类健康的重要性,肠道菌群获得了极大的关注(Rastall et al,2010)。

4　重要的微藻物种

有四类微藻,绿藻(绿色)、蓝藻(蓝绿)、红藻(红色)和杂色藻类(其他种类的藻类)。每一组有数百个物种,每个物种包含数千个品种(Hochman et al,2014)。只有几种微藻被研究过其潜在的有益利用。金藻、绿藻、蓝藻、硅藻是最常用的有益微藻(Pulz et al,2004)。现在,工业规模的微藻商业化生产已经有了很大的发展,主要培养的物种有骨条藻、裂殖藻、菱形藻、四角藻、杜氏藻、螺旋藻和小球藻(Lee,1997)。

在过去的二十年里,4种主要的微藻在生物技术上受到关注:螺旋藻(节旋藻)、杜氏藻、普通小球藻、雨生红球藻(表5.2)。从这些物种中获得的角黄素和玉米黄素可用于医药行业和给鸡皮着色,还可以用作食品着色剂如橙汁。获得的藻红蛋白可用于化妆品和食品,而藻蓝蛋白可用作糖果、冰淇淋、保健食品、饮料、药品和化妆品生产的着色剂。由于其具有较高的荧光、光稳定性和分子吸收的有效性,这些微藻在免疫学和临床研究实验室中也被高度利用(Anbuchezhian et al,2015;Pulz et al,2004;Varfolomeev et al,2011)。从螺旋藻、杜氏藻、小球藻和红球藻中得到的提取物可用于身体乳液和面霜的生产以及护发素、洗发水和防晒霜的生产。小球藻提取液可促进皮肤胶原蛋白的生成,用于消除皮肤表面皱纹,促进纤维合成。螺旋藻提取物因其较高的蛋白质水平可延缓皮肤衰老。从螺旋藻中获得的藻胆蛋白可用作着色剂、化妆品、抗氧化剂、抗炎剂、生产荧光标记物,用于治疗多种肿瘤、癌症和白血病(de Jesús Paniagua-Michel et al,2015;Patil et al,2008)。目前,许多其他种类的微藻仍在研究中,以用作营养补充剂。20世纪70年代,栅藻(绿藻)得到了大规模生产,并对生产单细胞蛋白的加工过程进行了广泛的研究,目前其生产过程并不具有成本效益(Becker et al,1980)。

表5.2　用于人体健康和医药用途的微藻商品(Ansorena et al,2013;
Pulz,2004;Spolaore et al,2006)

微藻	产品
杜氏盐藻	粉剂
小球藻	粉剂、片剂、饮品
水华束丝藻	粉剂、晶体、胶囊
虾青素	粉剂、液体、凝胶、胶囊
螺旋藻(节旋藻)	粉剂、片剂、提取物

4.1　螺旋藻属

利用螺旋藻对健康有益的特性可以实现免疫系统的发育和胆固醇的降低(Belay et al,1993)。螺旋藻含有较多的色素(如玉米黄素、粘叶黄素和藻蓝蛋白)、多不饱和脂肪酸、矿物质、必需氨基酸、维生素和蛋白质。以干重计,螺旋藻含有4%~9%的脂质、8%~16%的碳水化合物和46%~71%的蛋白质(Zhu et al,2014)。螺旋藻中的必需氨基酸,即亮氨酸、缬氨酸和异亮氨酸,使其更有价值。其中还发现了更高量的维生素A原、维生素K、维生素B_{12}和β-胡萝卜素。螺旋藻中的多不饱和脂肪酸是ω-3、ω-6、亚麻酸和γ-亚麻酸。DHA的含量约为螺旋藻所含所有脂肪酸的91%(Yukino et al,2005)。在其抗氧化混合物中发现了十多种类胡萝卜素。螺旋藻中的矿物质含量因生长条件不同而不同。螺旋藻中的镁、铁和钙含量也很丰富(Belay et al,1993;Hudek et al,2014;Pulz et al,2004;

Wu et al,2005)。已有研究发现粉末形式的螺旋藻含有维生素 A 原($2.330×10^3$
IU/kg)、维生素 E(100 mg/100 g)、β-胡萝卜素(140 mg/100 g)、硫胺素(3.5 mg/
100 g),核黄素(4.0 mg/100 g),烟酸(14.0 mg/100 g),肌醇(64 mg/100 g),生物
素(0.005 mg/100 g)、维生素 B_{12}(0.32 mg/100 g)和维生素 K(2.2 mg/100 g)
(Belay,1994;Wu et al,2005)。联合国粮农组织报告(Habib,2008)中提到,螺旋
藻还因其可用于解决营养不良和饥饿问题而闻名。在临床研究中使用螺旋藻对
营养不良的患者进行了试验。在为期 8 周的研究中,550 名 5 岁以下营养不良的
儿童接受了螺旋藻膳食($n=170$),传统膳食($n=40$),"Misola"(小米、花生、大豆
的混合物)和螺旋藻膳食($n=170$),"Misola"(小米、花生、大豆的混合物)膳食
($n=170$),结果表明与螺旋藻一起食用表现出更好的效果,并且发现在营养康复
方面效果更好(Simpore et al,2006)。从微藻中获得的矿物质可用于人类营养补
充。螺旋藻被认为可以储备钙、磷和铁(Salmeán et al,2015)。此外,螺旋藻的抗
氧化活性也是目前的一项研究内容。螺旋藻还具有预防动脉粥样硬化的特性
(Ku et al,2015)。

在一项关于微藻的临床研究中,发现其对人体有降血脂作用。极大螺旋藻
被用于墨西哥跑步者的口服给药(Torres-Durán et al,2012)。41 名跑步者服用
5g 螺旋藻,疗程 15 d。在螺旋藻治疗前后,通常会吃一顿脂肪含量较高的食物。
每隔 1.5h 测定螺旋藻治疗前后的餐后血脂,并测定血浆三酰甘油(TAG),治疗
后 TAG 由 71.47 mg/dL 降至 57.06 mg/dL。由于螺旋藻具有阻止肿瘤细胞的增
殖和黏附的功能,螺旋藻可防止肺肿瘤细胞转移(Saiki et al,2004)。螺旋藻以提
取物的形式使用,或与饼干、意大利面或其他食品一起加工,有助于维持肠道内
的健康菌群。同时,螺旋藻被发现可以促进乳杆菌的增殖(Pulz et al,2004)。

4.2　小球藻

小球藻属形状为球形,直径 2~10 μm,绿色,单细胞,光合自养,无鞭毛。小
球藻中有叶绿素 a 和叶绿素 b,因此能够进行光合作用。通过获取矿物质、水、二
氧化碳和阳光,其数量会迅速增加。在圆形敞口池塘、大型圆形水池和光生物反
应器中,小球藻已经可以商业化培养(Borowitzka,1999)。通过自动絮凝或离心
收获小球藻后,将固体粉末生物质进行鼓式干燥或喷雾干燥,以进一步加工成片
剂。在小球藻干重组成中,它含有 11%~58%的蛋白质、2%~46%的脂质和
12%~28%的碳水化合物(Zhu et al,2014)。小球藻中含有多种维生素如 β-胡萝
卜素(180 mg/100 g)、维生素 A 原(55,500 IU/kg)、硫胺素(1.5 mg/100 g)、核黄

素(4.8 mg/100 g)、烟酸(23.8 mg/100 g)、维生素 B_6(1.7 mg/100 g)、维生素 B_{12}(125.9 mg/100 g)、肌醇(165.0 mg/100 g)、生物素(191.6 mg/100 g)、泛酸(1.3 mg/100 g)和叶酸(26.9 mg/100 g)(Belay,1994;Hudek et al,2014)。

小球藻也含有化合物 β-1,3-葡聚糖,它是一种有价值的化合物,可通过捕获自由基来降低血脂并增强免疫系统。有研究发现其对伤口愈合和清除体内有害化合物有效,对肿瘤和胃溃疡有帮助,对高胆固醇血症也有效。小球藻提取物可提高血红蛋白浓度并降低血糖,是一种保肝剂(d de Jesús Paniagua-Michel et al,2015;Varfolomeev et al,2011)。小球藻被认为是"健康食品",在预防痴呆症等疾病方面发挥着至关重要的作用(Caporgno et al,2018)。由于维生素 B_{12}、叶酸和铁的存在,研究发现小球藻对缓解孕妇贫血也有效(Nakano et al,2010)

4.3 杜氏藻

杜氏藻是一种单细胞、有鞭毛、营养丰富、可食用的微藻。它存在于淡水和海洋。杜氏藻具有较高的抗氧化活性。与其他 β-胡萝卜素来源相比,杜氏藻中 β-胡萝卜素的储量高达干生物量的14%,是类胡萝卜素的理想来源(Mobin et al,2017)。杜氏藻按其干重组成含有 49%~57%的蛋白质、6%~8%的脂肪、4%~32%的碳水化合物(Zhu et al,2014)。目前关于杜氏藻的收获有几个困难:①培养细胞密度仍然很低;②因为不含细胞壁细胞非常脆弱,使其在收获时容易受到影响;③细胞具有与培养物相同的密度。在收获杜氏藻后,可以用热油溶剂提取 β-胡萝卜素,并用滚筒或喷雾干燥的方法干燥(Ruegg,1984)。杜氏藻含有的类胡萝卜素,其氧化形式对癌症有治疗效果。这些微藻正在用于制造降压药、止痛药和支气管炎药物(Mobin 和 Alam 2017)。

4.4 雨生红球藻

雨生红球藻是一种双鞭毛、淡水、单细胞藻类,在世界各地都有发现。在应激条件下,强抗氧化剂虾青素可以在雨生红球藻中大量积累,高达其干重的 2%~3%。雨生红球藻是商业上用于获取虾青素的主要物种(de Jesús Paniagua-Michel et al,2015)。雨生红球藻含有占干重5%的类胡萝卜素色素,是虾青素的理想来源(图 5.2)(Wayama et al,2013)。雨生红球藻色素具有很强的生物学特性,例如预防癌症和溃疡、免疫调节和抗氧化(de Jesús Paniagua-Michel et al,2015)。有研究证明虾青素是一种可以产生抗体的膳食补充剂,这些抗体与抗炎和抗肿瘤有关,可抑制肝癌、膀胱癌、乳腺癌、结肠癌和口腔癌等癌症的发生,还可以降低痴呆症和帕金森病的患病概率并增强心血管健康(Mata et al,2010)。

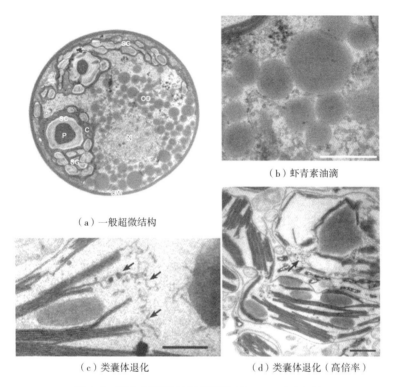

（a）一般超微结构　（b）虾青素油滴　（c）类囊体退化　（d）类囊体退化（高倍率）

图5.2　雨生红球藻的显微照片(Peng et al,2011)

5　微藻生物活性成分及应用

在微藻中发现了许多生物活性成分。本节讨论的是微藻中的一些对人类健康和医学具有重要价值的生物活性成分。由于微藻能够利用海水、废水、残留养分、阳光,并且不需要耕地,微藻有能力在某些产品中应用并被广泛利用(Draaisma et al,2013)。可以从微藻中获得能够用于预防诸如氧化应激、癌症、微生物感染和高脂血症等生理问题的各种生物活性代谢物(da Silva Vaz et al,2016;Plaza et al,2008)。微藻存在于复杂的自然环境中,能够适应营养、温度、盐度变化等艰苦的培养环境。因此它们可以产生许多有效的、具有生物活性的次生代谢物,具有其他生物难以产生的独特的生物学特性(Anbuchezhian et al,2015)。目前微藻正用于许多工业应用,如作为营养成分、营养食品、医药产品、高价值和健康的人类食品、食品添加剂、化妆品和抗氧化剂（Hudek et al,2014；Liang et al,2004；Mobin et al,2017；Mobin et al,2001；Varfolomeev et al,2011）。螺旋藻、钝顶节旋藻和从蓝藻中获得的藻胆蛋白已经显示出抗炎、抗氧化和抗癌的特性（Romay et al,2003；Zheng et al,2011）。微藻产生多种被认为是抗癌剂的多肽。海兔毒素是一组多肽,已在几种蓝藻中发现,如海洋藻青菌和鞘丝藻（Fennell et al,2003）。目前体外具有抗肿瘤属性的微藻多肽的数量在不断增加,如从普通小球藻、蛋白核小球藻和钝顶节旋藻中获得的多肽（Wang et al,2013）。

5.1 类胡萝卜素

藻蓝蛋白和 β-胡萝卜素等生物活性物质也可以从微藻提取。虾青素是一种强大的抗氧化剂,可以从雨生红球藻中获得（Ambati et al,2014；Liang et al,2004）。由于来源天然,从微藻中提取的类胡萝卜素比合成类胡萝卜素质量要好得多（Lordan et al,2011；Skjånes et al,2013）。微藻中类胡萝卜素的异构体具有天然亲缘关系。天然获得的 β-胡萝卜素异构体能更好的合成获得反式异构体（Wang et al,2015）。微藻中含有大量的类胡萝卜素,但提取物的组成因生长条件和物种的不同而不同。类胡萝卜素除了可以转化为维生素 A 外,还具有其他的生理益处（Nazih et al,2018）。

红球藻产生虾青素,可在防止氧化应激、黄斑降解、蛋白质降解等方面表现出抗氧化特性,并抑制炎症化合物的产生。在人体中, β-胡萝卜素转化形成的维生素 A 在免疫系统存在的情况下可以有效地发挥其功能（Dufossé et al,2005）。目前,已知的类胡萝卜素有 400 种,其中 β-胡萝卜素、叶黄素、番茄红素、虾青素、胭脂红、玉米黄素等少数被商业利用。它们被用作添加剂和天然食品着色剂。类胡萝卜素在化妆品生产中也有很多应用。一些类胡萝卜素的治疗和营养效用在于它们能够转化为维生素 A。此外,类胡萝卜素具有天然的抗炎、抗肿瘤和化学预防活性（Fiedor 和 Burda 2014）。微藻是亲水性维生素 B_1、维生素 B_2、维生素 B_3、维生素 B_5、维生素 B_6、维生素 B_8（生物素）、维生素 B_9、维生素 B_{12} 和维生素 C 以及亲脂性维生素 A 和维生素 E 的储存库。由于维生素 B_{12} 的存在,微藻引起了素食者的关注,因为不吃肉就很难满足每日所需的维生素摄入量（Nazih et al,2018）。微藻的抗氧化特性具有许多健康益处,例如防止光氧化、紫外线辐射、衰老、免疫反应、保护肝功能以及保护眼睛和前列腺健康（Sheikhzadeh et al,2012）。

5.2 氨基酸

微藻可合成所有20种蛋白质氨基酸,是人类营养所需的所有必需氨基酸的重要来源(Spolaore et al,2006)。在当今世界粮食安全问题的背景下,人类基本食物的蛋白质部分中应该有可持续的生物活性肽来源。需要大量时间来寻找可持续的蛋白质来源,开发相应技术以将其分离并在各方面进行应用。在获得生物活性肽方面,微藻被认为是一种可持续且极好的蛋白质来源(Udenigwe,2014)。微藻中的功能性肽因其在某些条件下(如氧化应激、高血压、免疫紊乱、糖尿病、癌症和炎症)具有健康益处的生物学特性而受到关注(Nascimento,2015)。与牛奶中的酪蛋白或白蛋白的组成相比,微藻蛋白质中的蛋氨酸和半胱氨酸含量相对较少,但仍然高于许多已知植物来源蛋白质中的含量。

5.3 多糖

微藻硫酸多糖对人类健康有好处,可工业化应用(Markou et al,2014)。微藻中发现的硫酸多糖含有大量的岩藻糖,对人类健康有许多益处,如抗病毒、抗炎、抗血管生成、抗凝、抗粘连和免疫调节(Damonte et al,2004)。微藻干生物量的一半由多糖组成,是多糖类物质的良好来源。多糖的含量取决于在微藻中以糖原以及杂合糖原或淀粉形式存在的种类(Plaza et al,2009)。有研究表明,紫球藻多糖具有较高的抗肿瘤活性。硫酸聚合物在体内和体外都能有效地抑制髓样细胞的肿瘤增殖(Gardeva et al,2009)。

5.4 脂肪酸

微藻中含有许多生物活性化合物,其中包括在人类健康产品方面与传统植物油相媲美的多不饱和脂肪酸(Draaisma et al,2013)。从微藻中获得的多不饱和脂肪酸、可溶纤维和甾醇在减少心血管疾病方面显示出有效性(Plaza et al,2008)。研究发现,微藻中含有大量的α-亚麻酸和亚麻酸,并且高于大豆、向日葵和油菜籽中的亚麻酸含量。此外,在一些情况下,从微藻中获得的棕榈酸浓度也比其他油更高。微藻油用作功能成分的最吸引人的属性是含有二十二碳六烯酸(DHA,ω-3)和二十碳五烯酸(EPA,ω-3)(Martins et al,2013)。研究报道,摄入的DHA和EPA可通过抑制炎症和减少心血管疾病的发生对健康发挥有益,还有助于儿童的神经系统发育和大脑功能增强(Endo et al,2016)。目前,海洋鱼类例如鳕鱼、乌鱼、三文鱼和鲱鱼,是DHA和EPA的主要提供者。由于鱼油的气味以及不适合素食者食用,因此鱼油并不被认为是 DHA 和 EPA 更好的食物原料。此外,由于鱼类种群中汞等污染物的存在,促使人们迫切需要寻找其他来源。真菌、细菌和几种植物可能成为 DHA 和 EPA 商业化生产的替代来源。而真菌生长缓慢,需要有机碳才能生长;陆生植物需要基因改造才能获得较长的多不饱和脂肪酸。微藻在某些条件下是 DHA 和 EPA 的主要生产者(Ryckebosch et al,2012)。微藻油含量为其的干重 5% ~ 10%,由于 DHA 和 EPA 的含量较高,对人类健康具有重要意义(Santos-Sanchez et al,2016)。

5.5　医药产品

在第一次发现普通小球藻可以产生有用的化合物后,将微藻用于医疗用途是具有可行性的(Pratt,1940)。有许多微藻被用来生产抗生素(溴苯酚、醇、单宁、多糖、脂肪酸和萜类)。微藻可产生许多具有神经毒性和肝脏毒性的化合物,可用于制药工业(Metting,1996)。由几种蓝绿藻(如小定鞭藻和棕鞭藻)获得的毒素有用于药品生产的潜力(Katircioglu et al,2005)。

微藻保健品以粉剂、胶囊和片剂的形式提供,微藻提取物可用于制作其他保健品,如含有生长因子的小球藻饮料、胶囊形式的杜氏藻提取物和胶囊形式的螺旋藻提取物(Pulz et al,2004)。螺旋藻在商业上是可用的,并被用来增强健康和有效地对抗高血压、糖尿病和肥胖问题(Iwata et al,1990)。在其他药物中,海兔毒素 1-16 被认为是最重要的抗癌药物之一,海兔毒素 10 被认为可以抑制微管的组装,这些药物可以从微藻中获得(Costa et al,2012)。

5.6　高附加值食品

螺旋藻、杜氏藻和小球藻等微藻物种正被用于食品制造。微藻可用于制作许多保健品,如胶囊和片剂。微藻在食品中可用作食品添加剂,如面包、面条、饼干、豆腐、冰激凌、糖果和许多其他常见食品以增加其营养和健康特性(Finney et al,1984;Liang et al,2004;Villar et al,1992)。杜氏盐藻蛋白可用于烘焙行业(Finney et al,1984)。由于营养丰富,微藻产品作为健康食品越来越受欢迎,并在商店和市场上占据主导地位(Becker,2013)。从微藻中提取的营养物质在食品中具有较高的应用潜力,但在开发人类健康和医药产品方面的应用仍然有限。微藻食品可分为两类(Enzing et al,2014)。在第一类产品中,客户可以购买微藻产品,并将其用作碳水化合物和蛋白质来源,以进一步在商品中利用。干燥的微藻,大多数情况下是螺旋藻和小球藻,用于获取营养价值更高的营养物质如维生

素 B_{12}、维生素 D_2 和维生素 C。食品和饲料产品的微藻公司在全球分布情况如图 5.3 所示。第二类产品是更特殊的微藻提取物成分如抗氧化剂、色素、脂肪酸（DHA 和 EPA）和蛋白质，以增强食品的营养和健康（Vigani et al,2015）。微藻提取物在食品中还可用作稳定剂和增稠剂如琼脂（Bixler et al,2011）。表 5.3 总结了关于微藻对健康和医药方面的影响研究。

表 5.3　微藻对健康和医药影响的临床研究

微藻及产品	病人	数量	疗程(周)	剂量	健康方面	参考文献
杜氏藻和 β-胡萝卜素	健康志愿者	60	12	0.56 g/d 杜氏藻；40 mg/d β-胡萝卜素	抗氧化保护和增加血清类胡萝卜素；增加血清中视黄醇水平	Benamotz 和 Levy(1996)
虾青素	健康志愿者	20	1.5	6 mg/d	增强血液循环	Hiromi 等(2008)
节旋藻	糖尿病患者	—	12	8 g/d	降低血脂和血压	Hee 等(2008)

6　食用微藻的健康风险

微囊藻毒素是研究最多、发现最多的毒素，有 70 多种形式。人类肝癌也与微囊藻毒素有关。铜绿微囊藻是微囊藻毒素的主要产生藻，阿氏颤藻、念珠藻和水华鱼腥藻也含有这种化合物。束丝藻、鱼腥藻、束毛藻和颤藻产生的神经毒素萨克毒素和类毒素对人类有毒害作用。蓝藻毒素可通过皮肤接触、吸入和摄入影响人类健康（Mulvenna et al,2012）。微藻含有大量的核酸（核糖核酸和脱氧核糖核酸）其成分如鸟嘌呤和腺嘌呤通过尿酸的生化降解而减少。尿酸水平过高会导致肾结石和痛风等健康问题（Bux et al,2016）。因此，大量摄入浓度较高的微藻可能对人类健康有害（Spolaore et al,2006）。

7　结论

已发现微藻具有生物活性成分，如类胡萝卜素、多糖、脂肪酸、甾醇、维生素和矿物质，它们在人类健康及其作为药用用途方面具有巨大潜力，是生物活性分子的极好来源。微藻可以通过增强人体免疫系统来预防疾病。并且微藻含有的生物活性化合物，可用于人类食用的食品中，并对人类健康产生影响，可视为一种营养疗法。微藻化合物的抗氧化、抗癌、抗炎、抗衰老和抗菌等药用特性已用于医药行业,其在食品和制药工业中的应用也越来越多。由于微藻在与人类健康和医学相关的大量产品中具有潜在用途,微藻的工业化生产需要大规模提高以满足其日益增长的需求。

延伸阅读

第6章　微藻虾青素

Thomas Butler 和 Yonatan Golan

摘要　虾青素是一种用于动物饲料的色素,也是一种用于营养品领域的抗氧化剂。目前虾青素主要由石化产品合成制造,但也可从雨生红球藻(*Haematococcus lacustris*)中获得。由于成本较低(1300~1800 美元/kg),通常使用的是石化衍生的合成品。然而作为抗氧化剂它是劣质的,因其可能导致中毒,所以禁止直接供人类食用。传统上,来自湖生红球藻的虾青素是通过两段工艺生产的,绿色阶段和红色阶段分别用于微藻最大化生长和虾青素生产,也有人提出了一段工艺的方法。湖生红球藻衍生的虾青素产业在商业上取得了成功,但也出现了一些限制因素,包括污染问题、相对较低的生物量和虾青素生产力、较高的下游加工成本以及红色阶段的光漂白问题。如果要利用湖生红球藻生产虾青素需要解决这些限制因素,或者通过开发湖生红球藻另一个生命阶段,能形成大量的红色生物体,而不是厚厚的孢子壁。根据这一设想,可以收获红色生物体并作为全细胞产品在水产养殖中直接饲喂,绕过细胞破坏和提取步骤,以生物饲料的形式提供生物可利用的虾青素。

关键词　虾青素;污染;生物质;生物反应器;提取;雨生红球藻

1　前言

1.1　类胡萝卜素及其化学性质

类胡萝卜素是由高等植物、藻类、真菌和细菌合成的超过 600 多种的天然色素家族(Yaakob et al,2014)。在人类饮食中通常存在大约 40 种类胡萝卜素(BCC Research,2015)。类胡萝卜素的化学结构来源于类胡萝卜素番茄红素($C_{40}H_{56}$)。类胡萝卜素主要是具有两个末端环的碳氢化合物,这些末端环通过共轭双键链或多烯体系连接(Yuan et al,2011)。根据其化学结构,类胡萝卜素分为两大类:胡萝卜素(由碳和氢组成)和叶黄素(含氧衍生物)。虾青素是一种叶黄素,与其他类胡萝卜素如 β-胡萝卜素、玉米黄质和叶黄素密切相关,并具有与类胡萝卜素相关的许多生理和代谢功能(Guerin et al,2003)。然而,每个紫罗兰酮环上的羟基和酮末端的存在反映了其独特的性质,例如能够被酯化、更具极性的构型以及更高的抗氧化活性(抑制其他分子的氧化)(Guerin et al,2003)。已发现多烯链上的每个双键可以以两种不同的构型存在,即顺式和反式几何异构体。已知顺式异构体的热力学稳定性不如反式异构体(Higuera-Ciapara et al,2006),在自然界中,大多数类胡萝卜素主要以反式形式存在(Stahl et al,2003)。

Rodríguez-Sáiz 等(2010)确定了虾青素含有两个手性中心,存在于三种反式(全部是 E 异构体)(3R,3′R)、(3R,3′S)和(3S,3′S)构型异构体中。(3S,3′S)形式是自然界中含量最丰富的虾青素异构体(Mont et al,2010),具有最高的生物价值(Al-Bulishi,2015)。合成的虾青素一般由三个对映体(3R,3′R)、(3R,3′S)和(3S,3′S)组成,比例为 1∶2∶1,并且是未酯化的,而雨生红球藻虾青素是(3S,3′S 立体异构体),70%是单酯形式,10%~15%是双酯形式,4%~5%是自由形式(Higuera-Ciapara et al,2006;Ranga Rao et al,2010;Young et al,2017),这也是野生三文鱼虾青素的主要存在形式(47.1%~90%)(Young et al,2017)。据报道,在虹鳟鱼中(3S,3′S)立体异构体比其他虾青素异构体有更好的着色性,是水产养殖的首选添加剂(Choubert et al,1993)。(3S,3′S)异构体也对人类健康有益,而其他形式还没有证实具有积极的生物学效应(Capelli et al,2013a;Guerin et al,2003)。根据虾青素的来源,虾青素可以与蛋白质和生物脂等其他化合物结合在一起。在雨生红球藻中多达 95%的虾青素分子与脂肪酸(FAs)(通常是油酸、棕榈酸和亚油酸)(Lorenz et al,2000)进行酯化,其中油酸是连接虾青素分子的主要脂肪酸(Holtin et al,2009)。这种合成形式是以游离的、未酯化的形式发现的,就像从红发夫酵母菌(*Xanthophyllomyces dendrorhous*)中提取的虾青素一样(Capelli et al,2013a)。

1.2 虾青素市场

全球类胡萝卜素市场在 2017 年达到 15 亿美元,并预计在 2019 年达到 20 亿美元,这是因为消费者对种类繁多的类胡萝卜素所提供的健康益处的认识不断提高(BCC Research,2018)。Panis 和 Rosales(2016)指出,2014 年全球虾青素产量为 280 吨,估值为 4470 万美元,2020 年预测为 15 亿美元(Panis et al,2016;Allewaert et al,2017;Molino et al,2018)。从行业报告来看,雨生红球藻虾青素产量在 5~8 吨。目前,市场上 95%的虾青素是从石化产品中合成的,小于 1%是从雨生红球藻产生的,其余的是从产胡萝卜副球菌和红发夫酵母产生的(Koller et al,2014;Panis et al,2016;Shah et al,2016)。据报道,2009 年,91%的商业虾青素用于动物饲料色素,9%用于营养食品,主要以合成形式供应(Oilalgae,2015)。2016 年虾青素最高的市场份额(40%)来自动物饲料市场(Market Watch,2019)。

自 1987 年美国食品和药品监督管理局(FDA)首次批准将其用作水产养殖的饲料添加剂以及十多年后天然虾青素被批准用作营养食品以来,虾青素的市场份额显著增长(Guerin et al,2003)。雨生红球藻虾青素作为一种有色添加剂被批准用于鲑鱼饲料,在欧洲、美国和日本则被批准可作为人类食用的膳食补充剂(Yuan et al,2011)。到目前为止,欧洲食品安全局(EFSA)还没有批准雨生红球藻提取的虾青素可用于治疗疾病。根据 EU 2015/2283,虾青素已被注册为一种新食品,可用于强化相当于每天最大摄入量 8 mg 的食品,但目前正在审查中。用超临界二氧化碳提取的雨生红球藻虾青素已被英国食品标准局(FSA)确认为新的食品,美国FDA 已批准雨生红球藻虾青素获得 GRAS 认证(普遍认为安全)(Shah et al,2016)。欧盟法规 2015/1415 将合成虾青素限制在每千克鱼饲料含量小于 100 mg,而天然虾青素被广泛接受为安全(FDA GRAS Notice. No. GRN 000294)。在鲑鱼养殖业中,虾青素占总饲料成本的 10% ~ 15%(Mann et al,2000;Nguyen,2013)。

虾青素的主要合成生产商是巴斯夫、皇家帝斯曼和浙江新和成有限公司,售价为每千克 2000 美元(Koller et al,2014),但目前用于水产养殖的纯虾青素成本可低至每千克 1300 美元(10%虾青素每千克 130 美元)(Pers. Com. Brevel Ltd.)。天然虾青素的价格范围为每千克 2500 ~ 7150 美元(Kim et al,2016;Koller et al,2014),但从工业报告来看,雨生红球藻营养品级纯虾青素价格为每千克 6000 美元(Pers. Com. Brevel Ltd.)。目前,合成虾青素的估计生产成本约为每千克 1000 美元,而雨生红球藻虾青素的生产成本约为每千克 3000 ~ 3600 美元(Li et al,2011)。由于合成虾青素来源于石化产品,因此人们对在使用合成虾青素提出了担忧,这使得天然来源的虾青素成为首选(Li et al,2011)。此外,人们担心合成的虾青素可能与癌症有关(Newsome,1986),但迄今为止尚未得到证实。尽管如此,合成虾青素还没有经过人类直接使用的安全测试,也没有证实对人类健康有益。因此,除了帝斯曼的 AstaSana™外,合成虾青素尚未在任何国家的监管机构注册可供人类直接使用(Capelli et al,2013a)。目前,合法允许进入市场的合成食品添加剂的水平稳步下降,因为它们被怀疑是致癌的促进剂,另外可能有肝和肾毒性(Guedes et al,2011),这使得人类食品添加剂市场制定了更严格的法规。

由于雨生红球藻虾青素的生产成本高,而且动物饲料行业的需求为低成本虾青素,许多雨生红球藻虾青素生产商已将目标锁定在更高价值的保健品和药品市场,因为目前的研究表明天然虾青素对健康有益(Guerin et al,2003)。已发现雨生红球藻虾青素可通过改善肉和皮肤的色素沉淀,增强抗氧化能力,改善鱼卵质量,提高海鱼、虹鱼、黄鱼和鲑鱼苗种的存活率,可有效地用于动物饲料(Li et al,2014;Sheikhzadeh et al,2012)。

未来,虾青素有可能成为功能性食品,例如在饼干中部分替代面粉(Hossain et al,2017)。要用于食品原料,需要在保持稳定性、保存、封装和储存方面进行进一步创新,以避免发生降解和化学变化(Martínez-delgado et al,2017)。当前的营养保健品市场以来自雨生红球藻的虾青素为主,但一种"与天然相同"的合成产品已进入市场,即由帝斯曼制造的 AstaSana™。天然藻类虾青素协会(NAXA)一直在推广雨生红球藻虾青素[AlgaTechnologies Ltd.、Cyanotech Corporation、Beijing Gingko Group(BGG)和 Atacama Bio Natural],他们致力于向公众宣传天然虾青素的健康益处以及天然和合成形式虾青素之间的主要区别。图 6.1 展示了部分产品。

（a）Cyanotech Corporation　　　　　（b）Atacama Bio Natural

图 6.1　产品示例

注　虾青素胶囊通常含有 4~12 mg 虾青素,虾青素从干粉中提取并配制成10%的油树脂。(a)BioAstin® 夏威夷虾青素®(由炽天使夏威夷提供)。(b)NatAxtin™ ME:微囊化油树脂粉末和 NatAxtin™ 油:来自超临界 CO_2 提取的富含虾青素的 10% 油树脂(由智利 Atacama Bio Natural Products S. A. 提供)。虾青素来自在阿塔卡马沙漠种植的雨生红球藻。

近年来,消费者的高需求使许多新公司(来自 13 个国家的至少 22 家公司)进入市场,而像华大基因这样的中国生产商预计将成为市场的领导者(Capelli,2018)。此外,研究人员正在对天然虾青素的其他来源进行研究,例如佐夫色绿藻（*Chromochloris zofingiensis*）（Chen et al,2017），意在与合成虾青素、酵母虾青素、细菌虾青素和雨生红球藻提取的虾青素竞争。

1.3　虾青素对健康的好处

据报道,在抗氧化活性方面,虾青素是最有效的化合物之一,比维生素 C 强 65 倍,比 β-胡萝卜素、角黄素、玉米黄素和叶黄素强 10 倍,并且比 α-生育酚有效 100 倍（Capelli et al,2013a;Miki,1991）。虾青素自由基猝灭能力归因于其共轭结构,它允许分子嵌入生物膜的磷脂双分子层和末端羟基化环结构仍然暴露在膜的外表面和内表面（Riccioni et al,2012）。由于越来越多的临床证据,包括早期人体试验报告都表明虾青素有许多健康益处,最显著的高抗氧化潜力,因此,人们对于天然虾青素作为营养保健品的需求呈指数增长（Guerin et al,2003）。Joseph Mercola 博士是世界上最受追捧的医生之一,他曾宣称虾青素是"你从未听说过但应该服用的头号补充剂"。具有极性亲水末端的分子结构的天然虾青素可以在整个身体内移动（Yuan et al,2011）并穿过血脑屏障,为大脑和眼睛带来抗氧化保护（图 6.2）。这种独特的能穿过磷脂双层特性,只有少数其他类胡萝卜素具有,包括叶黄素和玉米黄质（Minatelli,2008）。在大鼠实验中,虾青素被发现会在海马体和大脑皮层中积累（Manabe et al,2018）。

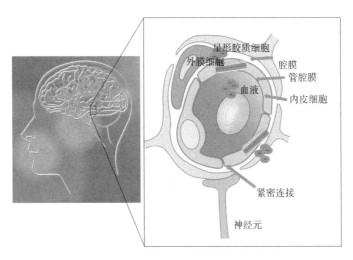

图 6.2　虾青素能够穿过血脑屏障,为大脑和眼睛提供抗氧化保护

注　血脑屏障是一种半透膜,将血液与脑脊液隔开,形成屏障,阻止细胞和大分子通过,但允许疏水性分子和极性小分子扩散。紧密连接形成了屏障,亲脂性物质也可以通过。

广泛的临床研究（体外和动物模型）,表明了虾青素可以对健康产生积极的影响(Yuan et al,2011)。天然雨生红球藻虾青素已被证明在单线态氧淬灭方面比合成虾青素有效 50 多倍,在清除自由基方面效率高 20 倍(Capelli et al,2013a)。研究发现,在补充剂中,雨生红球藻虾青素的生物可获得性高于使用人工合成的虾青素水产养殖的鲑鱼(Chitchumroonchokchai et al,2017)。Nishida 等(2007)研究表明,虾青素的单线态氧淬灭能力是泛醌(体内大多数细胞中存在的抗氧化剂)的 800 倍。这些初步结果促进了进一步的研究,得出了如下结论:虾青素具有体外抗脂质过氧化活性(Leite et al,2010),在啮齿动物模型体外和体内抗癌特性(Tanaka et al,2012),促进免疫系统活动(Bolin et al,2010),眼睛健康维护(uerin et al,2003;Piermarocchi et al,2012),减轻关节炎症状(Capelli et al,2013b)以及防止认知能力下降(Katagiri et al,2012;Satoh et al,2009)等特性。在小鼠模型中,雨生红球藻虾青素被证明可以抑制幽门螺杆菌(消化性溃疡的常见原因)的生长,并减少受感染细胞中的细菌负荷,但还需要进一步的研究来确定这是否适用于人类患者(Kang,2017)。

大多数雨生红球藻虾青素的研究都是在体外和动物模型中进行的,其功效已得到充分证明(Guerin et al,2003;Visioli,2017;Yuan et al,2011)。此外,虾青素对人类的健康益处已被广泛报道:可通过减少乳酸、增加呼吸和交感神经系统活动来改善肌肉耐力(Capelli et al,2013b),可提高双侧白内障患者的抗氧化潜力(Hashimoto et al,2014),可改善免疫反应并减少炎症和氧化应激(Park et al,2010),可通过增加响应时间和完成任务的准确性来改善认知(Katagiri et al,2012;Satoh et al,2009),可改善皮肤弹性和减少皱纹(Tominaga et al,2012),以及与精液质量的改善与妊娠率的增加相关(Elgarem et al,2002;Comhaire et al,2005)。然而,关于抗癌、减轻人体氧化应激促进心血管健康的研究以及体外和体内研究报道的对眼部健康的益处,还不能得出总结性的结论,需要进一步研究。

在健康方面的益处和已发表的研究表明,雨生红球藻虾青素是安全的并且具有口服生物利用度(Fassett,2012),同时没有维生素 A 原活性(可导致维生素 A 过多症)(Olaizola et al,2003)。因此,应该进行更多的临床试验(Fassett,2012)。对于维持正常的健康推荐剂量为每天 4~8 mg,而对于运动员来说,12 mg剂量更有效(Capelli,2018)。FDA 已批准雨生红球藻虾青素供人类直接食用(高达 12 mg/d),如果服用时间少于 30 d,则可以每天服用 24 mg(Visioli et al,2017)。随着临床研究和推广的天然虾青素的数量增加,市场需求增加,导致了目前需求大于当前供应能力的情况。

1.4　虾青素来源

如上所述,在商业上天然虾青素的主要来源是红发夫酵母虾青素和雨生红球藻虾青素。雨生红球藻是最著名的天然虾青素生产者(表6.1)。迄今为止,只发现有一种高等植物(欧洲侧金盏花)产生了虾青素,而在花瓣中仅观察到1%的干重(Renstrøm,1981)。尽管有潜力,但该植物的花朵相对较小无法进行合适的商业生产(Cunningham,2011)。雨生红球藻虾青素很容易被人类食品市场所接受。在所有生物体中,雨生红球藻虾青素的浓度最高,有报道称其含量约为4%(Aflalo et al,2007),实验室规模最高可达7.7%(Kang et al,2005)。雨生红球藻虾青素在总类胡萝卜素中的纯度远高于其他微藻,达总类胡萝卜素的95%(Harker et al,1996),平均为85%(Capelli et al,2013a;Dore,2003)。相比之下,佐夫色绿藻中总类胡萝卜素含有大约50%的虾青素,其他主要的是角黄素和金盏花黄素(Liu et al,2014b)。与雨生红球藻相比(虾青素总量的35.5%为二酯,60.9%为单酯),佐夫色绿藻含有较高百分比的虾青素二酯(占总虾青素的76.3%),但虾青素单酯显著减少(占总虾青素的18%)(Yuan et al,2011)。为了使其他微藻具有商业竞争力,需要对提取物进行纯化,从而增加了生产过程的成本。雨生红球藻虾青素已进行商业化生产,迄今为止没有报道与食用雨生红球藻虾青素的相关不利影响(Fassett,2012;Satoh et al,2009;Spiller,2003)。

表6.1　虾青素的微生物来源:天然与转基因(GM)

种	类	虾青素含量/(% DW)	参考文献
雨生红球藻 NIES-144	绿藻类	7.72	Kang 等(2005)
佐夫色绿藻 ATCC30412	绿藻类	0.71	Chen 和 Wang(2013)
空星藻 HA-1	绿藻类	0.63	Liu 等(2013)
空泡栅藻 SAG 211/15	绿藻类	0.27	Orosa 等(2001)
异养单针藻 GK12	绿藻类	0.25	Fujii 等(2006)
卵囊状扁球藻 SAG 277/1	绿藻类	1.09	Orosa 等(2001)
温氏新氯藻 CCAP 213/4	绿藻类	1.92	Orosa 等(2001)
原管藻 SAG 731/1a	绿藻类	1.43	Orosa 等(2001)
绿球藻属	绿藻类	0.57	Ma 和 Chen(2001)
短波单胞菌属 N-5	甲型变形菌纲	0.04	Asker(2017)
橙色农杆菌	甲型变形菌纲	0.01	Yokoyama 等(1994)
产胡萝卜素副球菌	甲型变形菌纲	2.30	Ha 等(2018)

种	类	虾青素含量/(% DW)	参考文献
科氏副球菌	甲型变形菌纲	1.10	Ha 等(2018)
树状叶黄藻 VKPM Y2476	银耳纲	0.41	de la Fuente 等(2010)
树状叶黄藻 ATCC96594(GM)	银耳纲	0.97	Gassel 等(2013)

1.5　虾青素规模化生产

雨生红球藻的工业放大生产一直是困难的,因为在绿色段培养需要严格的环境条件(Olaizola 和 Huntley 2003)。在加利福尼亚州的商业化生产设施(500000 L 生物反应器,4500m²)中调查雨生红球藻虾青素的第一项大规模研究是 1987 年由 MicroBioResources Inc. 生产虾青素粉末(1%DW),以"Algaxan Red"名称(Bubrick,1991)销售。这种干藻粉用于水产养殖部门,其中虾青素生物质产品的生产成本每千克小于 20 美元,在价格上能与合成产品每千克 2000 美元竞争(Bubrick,1991)。到目前为止,有几家虾青素公司没有成功,包括富士化学、Biodome™(美国夏威夷)、Aragreen(英国)和 Maui Tropical Algae 农场(美国夏威夷)。大规模种植往往导致低生物量密度且易受污染,在高光照强度下转移到红色阶段时细胞死亡(光漂白)较高,还需要提取具有机械和化学抗性较强的厚壁孢子,总体而言,这是一个昂贵的生产过程。此外,在循环不良的"死亡区"形成的细胞生物污垢会导致透光率降低,并可能导致相当长的停止生长时间,从而增加大规模养殖的年度成本。诸如 Varcon Aqua Solutions Ltd. (PhycoFlow™)公司以及个人(Van De Ven,2009)等都拥有自动自清洁系统的专利技术,这些技术能够减少生物污垢和停止生长时间。自然生长缓慢、细胞密度低、容易被其他微生物污染以及易受恶劣天气条件影响等因素进一步限制了雨生红球藻的户外生产能力(Ip et al,2004)。大多数公司常采用与图 6.3 所示的类似的生产流程。

大多数公司都利用了已在 CCAP 34/12、NIES-144 和 SCCAP k-0084(BCC Research,2015)等文献中研究过的雨生红球藻植株进行生产,这些植株自最初与自然环境分离以来已经在人工环境中生长了很长一段时间。一些公司使用了直接从自然环境中分离出来的雨生红球藻,这些植株在菌种保藏中心是无法获得的,包括利用 H2B(Cifuentes et al,2003)的 Cyanotech 和利用一种文莱当地分离株的 MC Biotech。在商业层面上,虾青素的生产通常使用两段培养系统,包括绿色阶段和红色阶段,绿色阶段用于最大限度地生产微藻生物量,红色阶段用于最

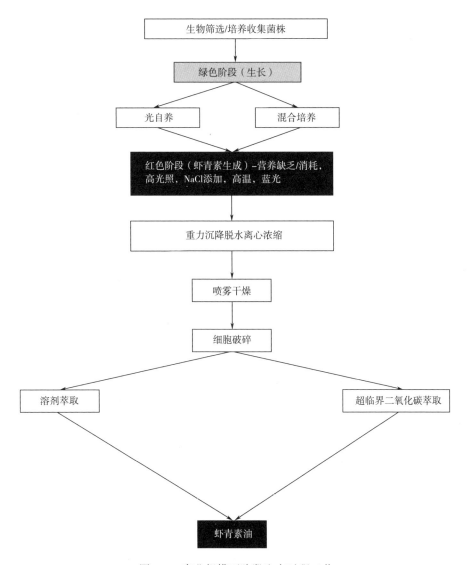

图 6.3　商业规模两阶段生产过程工艺

大化生产虾青素（Aflalo et al, 2007; Olaizola, 2003; Olaizola, 2003），但冰岛阿尔加里夫实施了三阶段培养系统（绿色阶段、饥饿阶段和红色阶段）。在室外两阶段生产过程中，虾青素的产量在 10 天的周期内（4 天绿色期和 6 天红色期）可以达到 8~10 mg/（L·d），在红色期的强光和硝酸盐耗尽的条件下，虾青素含量为干重的 4%（Aflalo et al, 2007）。在中试规模上证明了一种连续的一步生产工艺，该工艺通过混合培养生产虾青素，其产量几乎是在硝酸盐缺乏条件下形成的虾青素产量[20.8 mg/(L·d)]的两倍(Del Río et al,2008),但这一过程尚未在商业规模上采用。

目前,虾青素的生产主要在室外进行,主要是由于在红色阶段诱导虾青素所需的光照强度和温度较高,这在室内是不经济的。在室内培养中,红色阶段可占电费的59%,主要是由于照明成本高(Li et al,2011)。据作者所知,目前只有两家公司采用完全室内生产工艺,即 Fuji Chemicals 和 Algalif。由于污染问题,Fuji Chemicals 在其位于夏威夷的 BioDome™ 系统中放弃了室外雨生红球藻培养,随后在瑞典和华盛顿继续进行室内混合营养培养(Algae Industry Magazine,2015)。由于天气条件不适合户外生产虾青素,温带地区雨生红球藻虾青素的商业化生产受到限制,因此只有室内培养是可行的。格洛斯特郡的 Aragreen 正在调查研究从雨生红球藻生产虾青素,但该公司于 2017 年申请破产(Aragreen,2015)。

在工业上,雨生红球藻培养方法多种多样,大多数都旨在达到更可持续的生产过程。在 Cyanotech 的案例中,在绿色阶段,雨生红球藻在严格规定的培养条件下在室内培养,然后在红色阶段转移到室外开放池塘进行虾青素诱导。以色列的 AlgaTechnologies 在户外光生物反应器(PBR)中进行整个过程,以利用自然阳光并利用光伏电池(Algae Industry Magazine,2015)。相比之下,Algalif 则使用地热能在室内使用发光二极管(LED)进行整个生产过程。大多数公司都专注于光合培养的开发,但有些公司正在探索混合培养方式如富士化学。

Lorenz 和 Cysewski(2000)研究表明,虾青素诱导可能需要 3~5 d,在此阶段包囊会形成。经培养和虾青素诱导后,用重力沉降法收获孢子,然后用超速离心法进一步浓缩。其生物质干燥方式通常是喷雾干燥,因为这比冷冻干燥和滚筒干燥更经济(Dore et al,2003;Shah et al,2016)。干燥的细胞经过提取过程以破坏其细胞壁,使虾青素可生物利用。由于细胞壁抗性可降低动物(在饲料应用中)和人类(在营养食品应用中)的消化吸收率,因此必须破坏细胞才能使虾青素被有效利用(Olaizola et al,2003)。Sommer 等(1991)观察到,完整的富含虾青素的雨生红球藻孢子在摄入时不会使鲑鱼产生色素沉着。在提取过程中必须小心,以其暴露于限制氧气和高温条件下,因为高温可能损害虾青素并导致加工损失(Bustos-Garza et al,2013)。商业规模的虾青素提取最常见的方法是用二氧化碳(CO_2)超临界流体萃取(SFE)(Shah et al,2016)。提取后,干燥产品通常与防腐剂混合,运往饲料制造商,在那里将其并入配方饲料(Olaizola et al,2003)。或者,虾青素被封装并配制成营养食品。

2　雨生红球藻生物学研究

雨生红球藻属绿藻纲、红球藻目和红球藻科,过去曾被称为乳突红球藻属或球藻属(Shah et al,2016)。目前,雨生红球藻(*H. pluvialis*)和湖泊红球藻(*H. lacustris*)是同义词,正确的术语是 *H. lacustris*。

利用核编码的小亚基(18S)和大亚基(26S)rRNA 结合内转录间隔区 2(ITS2)基因(Buchheim et al,2013),已确定红球藻属为非单系,有两个不同的红球藻谱系(Buchheim et al,2013)。雨生红球藻属(*H. lacustris*)是红球藻属的唯一成员(尽管在自助数据集中至少有五个不同的谱系 A-E),是具有运动性的大型微生物,具有"精致的"胞质丝,并能够形成含有大量虾青素的孢子。Buchheim 等(2013)指出,其他红球藻种(布氏红球藻、好望角红球藻、津巴布韦红球藻和奥斯陆红球藻)应被指定为第二个谱系巴尔的科拉属(底部胞质丝增厚),这是Droop(1956)提出的。Allewaert 等(2015)报道了三种来自欧洲的红球藻属分离株(雨生红球藻、鲁本氏红球藻和红斑红球藻),雨生红球藻的最大生长速度最低。Mazumdar 等(2018)报道了四个红球藻系和五个有效种:雨生红球藻、湖泊红球藻、鲁本氏红球藻、卡氏弗氏轮藻和高山红球藻。高山红球藻是最近从新西兰的一个高山地带分离出来的,并被鉴定为一种新物种,没有已知的近亲(Mazumdar et al,2018)。

雨生红球藻被认为是"鸟浴"藻类,它不同于其他红球藻物种,因为它能够产生休眠期(包囊/血囊/静孢子),并且会积累大量的类胡萝卜素—虾青素(Buchheim et al,2013;Droop,1955)。雨生红球藻在形态上与其他红球藻属不同,与在基部增厚的红球藻相比,具有均匀薄的胞质丝(Buchheim et al,2013),并且具有三个或更多的核蛋白,而其他红球藻属物种只有两个(Allewaert et al,2015)。雨生红球藻主要是一种淡水物种,常见于雨水池、天然和人造池塘以及供鸟戏水的水池(Burchardt et al,2006)。雨生红球藻遍布全球,除南极洲外,在每个大陆都有发现(Guiry,2010)。雨生红球藻的包囊能力使该物种能够在极端条件下生存:高光、高温和高盐度(Proctor,1957a)。

2.1　生命周期

文献中关于雨生红球藻生命周期的第一份报告写于 19 世纪中叶(Flotow,1844;Peebles,1909;Elliot,1934),并且在 1950 年代后期研究报告进一步激增

（Droop,1956；Proctor,1957a,b）。雨生红球藻具有复杂的生命周期,通常包含 4 个生命周期阶段:绿色阶段包含营养细胞、活动的游动孢子和非活动的游动孢子,红色阶段包含不动孢子和配子阶段的大型孢子（Elliot,1934；Triki et al,1997；Han et al,2012）。Triki 等（1997）观察到,当转移到高营养培养基中时,在缺乏硝酸盐的条件下维持一个多月的孢子会形成微孢子。在有利的条件下,绿色游动孢子占主导地位（Triki et al,1997）,但当条件变得不利时,例如低营养、高光和盐分胁迫时,会促使不动孢子的形成并伴随着虾青素的积累（Harker et al,1996）。

Wayama 等（2013）详细地描述了雨生红球藻的生命周期,比最初认为的更复杂。据报道,孢子在新鲜培养基中悬浮后萌发,通过胞质分裂释放出多达 32 种绿色可移动的游动孢子。3~5 d 后,形成绿色球状细胞,随着时间的延长,细胞转化为中间细胞和不动孢子（Wayama et al,2013）。尽管已经进行了大量的工作,但仍然不能完全了解雨生红球藻的生活史以及所涉及的形态类型（图 6.4 和图 6.5）。到目前为止,除了培养条件和藻株配置之外,对于还有哪些条件有助于雨生红球藻的形成知之甚少（Allewaert et al,2017）。此外,在一些菌株中也观察到了红色的运动型孢子,但还没有完全阐明为什么是运动型孢子而不是不动孢子（图 6.4）（Brinda et al,2004；Butler et al,2017；Del Río et al,2005；Grünewald et al,1997；Hagen et al,2000；Tocquin et al,2012）。

雨生红球藻的繁殖仍然是一个有争议的问题,因为尚不清楚其是否进行有性生殖,还需要更直接的证据（Chunhui et al,2017）。在分裂过程中,孢子囊形成,在绿色和红色阶段可以分别包含 16 或 8 个细胞（图 6.6 和图 6.7）。据报道,雨生红球藻能够有性生殖,但一般认为是不寻常的（Triki et al,1997）。Triki 等（1997）没有观察到绿色运动细胞的有性生殖,并报告说这是由于雨生红球藻是雌雄异体,而该种群来自单一交配类型（Droop,1956）。Zheng 等（2017）表示没有令人信服的证据表明雨生红球藻可进行有性生殖。如图 6.6（d）和图 6.7（b）所示,雨生红球藻有性生殖有没有细胞融合的情况不太明确。要发生有性生殖,必须存在两种交配类型（Triki et al,1997）。在存在单个克隆或许多不相容克隆的情况下,同源交配是不可能的（Triki et al,1997）。确定雨生红球藻是否发生有性生殖将具有生物学意义,因为可以开展交配试验以进行选择性育种。

在整个生命周期中,细胞内都会发生超微结构的变化。Wayama 等（2013）已经完整记录了这些情况。绿色的运动型孢子被细胞外基质包围（Wayama et al,2013）。在囊化开始时,细胞壁厚度达 2 μm,细胞形成明显的蛋白核,许多淀粉颗粒位于蛋白核周围（Wayama et al,2013）。含有虾青素的不同大小的圆形油滴

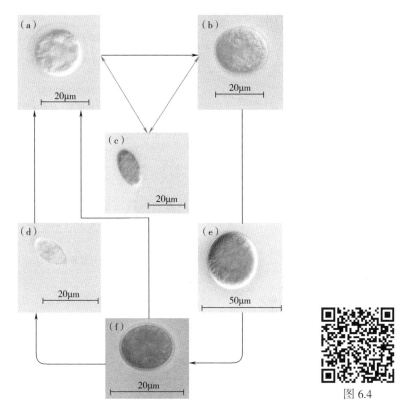

图6.4 雨生红球藻生命周期

注 (a)绿色活动孢子,(b)早期中间细胞,(c)晚期中间细胞,(d)不动孢子,(e)绿色活动微型孢子,和(f)红色活动大型孢子。黑线表示生命周期阶段之间的已知交互,红线表示可能的交互。

位于细胞核周围(Wayama et al,2013)。随着虾青素的积累,叶绿体体积减少,叶绿体退化并位于油滴之间的间隙中,但细胞的光合作用活性保持不变(Wayama et al,2013)。目前尚不清楚红色阶段孢子的超微结构发生了什么变化,以及它是否与不动孢子相同。

2.2 生化成分:蛋白质、脂肪、碳水化合物、色素

从绿色运动孢子到不动孢子的形态导致了细胞内的巨大变化,包括细胞壁结构的变化,这可以通过电子显微镜和细胞化学来检测(Wayama et al,2013)。绿色的运动细胞含有一种细胞外基质(主要由糖蛋白组成,缺乏纤维素或乙酰化物质)(Hagen et al,2002)。在老化的绿色运动细胞中,形成一个两层的初级细胞壁(包含 β-1,4 糖苷连接),随后是运动性丧失和中间细胞的发育(Hagen et al,

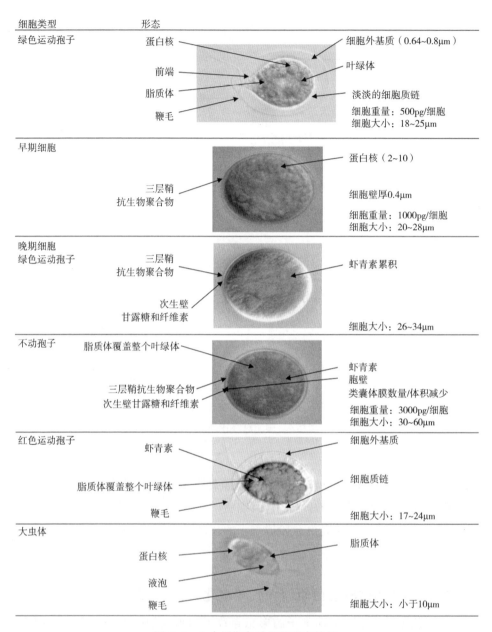

图 6.5　生命周期各阶段的形态特征
（注释数据，García-Malea et al，2006；Damiani et al，2006；
Wayama et al，2013 和 Chekanov et al，2014）

2002）。在初级细胞壁完成后，观察到中间细胞含有纤维素的三层鞘的形成（Damiani et al，2006）。在包囊化过程中，细

图 6.5

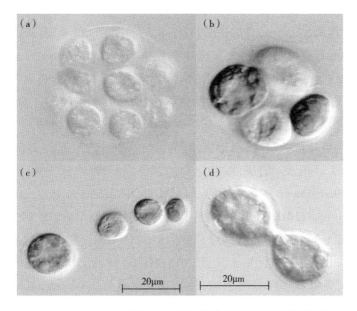

图6.6

图 6.6　绿色运动大型孢子的无性繁殖

注　（a）16 个子细胞，（b）四个子细胞，（c）细胞外基质分解后释放绿色运动大型孢子，（d）在绿色运动大型孢子中头对头配对。

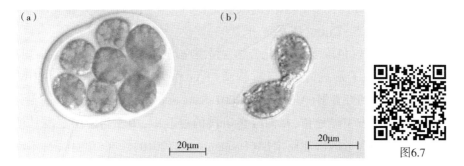
图6.7

图 6.7　（a）形成 8 个子细胞的无性繁殖，（b）红色运动大型孢子头对头配对

胞形成一个含有藻胶的次生细胞壁，藻胶是一种类似孢粉的物质，它能高度抵抗化学和机械破坏（Han et al，2013a）。Montsant 等（2001）用透射电子显微镜鉴定了不动孢子的细胞壁比绿色运动孢子厚 2~3 倍。不动孢子细胞壁的组成是 70% 的碳水化合物（89.4% 的甘露糖），6% 的蛋白质，3% 的纤维素和 3% 的抗乙酰分解物质（Hagen et al，2002）。雨生红球藻的生化组成因生活阶段和环境条件的不同而不同。

绿色阶段的雨生红球藻通常含有 13.8%~48.0% 的蛋白质（较高的蛋白质与

较高的氮含量相关)(Gacheva et al,2015;Sipaúba-Tavares et al,2015),39.0%～64.2%的碳水化合物和8.3%～16.2%的脂肪(Lorenz,1999;Gacheva et al,2015)。绿色阶段的主要脂肪酸是亚麻酸[18:3(n-3)]和棕榈酸(16:0)(分别占总脂肪酸的26.4%和18.9%)(T. Butler,未发表的数据)。关于色素组分,绿色营养细胞含有叶绿素 a 和叶绿素 b,叶黄素(70%)、新黄质(12%)、紫黄质(10%)、β-胡萝卜素(8%)和玉米黄质也被报道过(Harker et al,1996;Harker et al,1996)。

在红色阶段,雨生红球藻的组成(以干重计)为:14%～26%的粗蛋白、2.6%～26.3%的脂肪、6.30%～48.8%的碳水化合物、2.0%～4.0%的灰分和大约24.1 kJ/g的总能量(Boussiba et al,1991;Choubert et al,1993;Sarada et al,2006;Kim et al,2015;Molino et al,2018)。其中脂肪由88.3%的脂肪酸组成,48.20%为多不饱和脂肪酸(PUFAs)¦主要脂肪酸为亚油酸[18:2(n-6)]、棕榈酸和油酸(18:1),共占PUFAs的74.25%¦(Kim et al,2015;Molino et al,2018)。氨基酸由谷氨酸、天冬氨酸、亮氨酸和丙氨酸组成,总氨基酸含量为10% DW,其中有46%的氨基酸被定义为必需氨基酸(Kim et al,2015)。单糖主要是葡萄糖和甘露糖(分别占单糖组成的46%和40.9%)(Kim et al,2015)。在一种商业产品中,Cyanotech 公司报告说,喷雾干燥得到的孢子生物量含有大于1.5%的虾青素,含有20%～30%的蛋白质、30%～40%的碳水化合物、5%～15%的灰分和4%～9%的水分,颗粒尺寸为5~25μm(Dore et al,2003)。

一般来说,在红色阶段,碳水化合物含量急剧增加,高达74%(Boussiba et al,1991)。当不动孢子形成时,细胞质脂滴(FAs 作为单酯或双酯)可占 DW 的40%,并含有4%的虾青素(Aflalo et al,2007;Saha et al,2013a)。中性脂肪组分在绿色和红色阶段占主导地位,在向红色阶段的过渡中,中性脂肪中三酰甘油酯(TAG)随着糖脂含量的增加而增加(Damiani et al,2010)。在红色阶段,不动孢子富含棕榈酸(C16:0)、亚油酸(18:2)和亚麻酸(18:3),而在红色运动孢子阶段,油酸(18:1)含量也很高(Butler et al,2017)。生化组成在很大程度上取决于几个因素,包括培养条件(如光、温度、营养物质、二氧化碳)和细胞遗传。众所周知,营养缺乏会增加脂肪含量,形成的 FA 适合用于制备生物柴油(Damiani et al,2010;Saha et al,2013a)。在红色阶段,色素成分发生了巨大的变化,虾青素占总类胡萝卜素的80%～99%(Dragos et al,2010)。类胡萝卜素与叶绿素的比率在绿色阶段约为0.2,但在红色阶段增加到2~9(Shah et al,2016)。在不动孢子和红色运动孢子中,虾青素不是以游离形式存在,而是经常与棕榈酸(16:0)、亚油酸(18:2)或油酸(18:2)的单酯或双酯酯化(Shah et al,2016;Butler et al,

2017)。在不动孢子中,大约 70%的虾青素是单酯类,25%是双酯类,只有 5%是游离的虾青素(Johnson et al,1995;Solovchenko et al,2014),但在红色运动孢子中,77%的虾青素以单酯形式存在,18%以双酯形式存在,1.4%以游离虾青素形式存在(Butler et al,2017)。

2.3　商业藻株的筛选

雨生红球藻是一种无处不在的淡水绿藻,在全球范围内均有发现,到目前为止,已分离出大于 150 个藻株,其中大部分来自北半球。在这些独特的藻株中,至少 44%的分离地点未知(Alam et al,2019)。

在过去,形态特征被用来确定属种。已经确定,一些藻株主要生长形态为绿色运动孢子,而其他藻株主要生长形态为绿色中间孢子(Han et al,2012)。单靠形态很难观察到藻株之间的差异,而遗传学在藻株分离鉴定中发挥着越来越重要的作用,因此,需要一种快速的 DNA 测序法来对新藻株进行鉴定。测序对于识别和鉴定具有理想特性的藻株很重要,这些特性包括高生长率和高虾青素产量以及在极端环境中生存的能力(这是大规模培养中的一个优势,以避免污染物造成培养失败)。传统上,微藻细胞通过加热和十六烷基三甲基溴化铵(CTAB)(Doyle 和 Doyle 1990)裂解以释放 DNA,然后通过聚合酶链式反应(PCR)扩增,在凝胶上运行纯化,并进行序列测定(Mostafa et al,2011)。因为提取高产量的 DNA 十分困难已将珠磨法作为一种提取 DNA 的预处理方法(Peled et al,2011)。最近,建立了一种简单的菌落聚合酶链式反应方法,只需在 PCR 设备中加热 10min,然后进行 PCR 扩增(Liu et al,2014a)。

到目前为止,还没有为真核微生物建立通用扩增区域,但 18S rDNA 的 V4 区被建议作为扩增区域(Łukomska-Kowalczyk et al,2016)。Mostafa 等(2011)使用简单重复序列间扩增(ISSR)和随机扩增多态 DNA 分子标记观察了 10 株雨生红球藻之间的遗传多样性,其中 4 株来自伊朗,另外 6 株来自藻类和原生动物培养物保藏中心(CCAP),成功地绘制了基于地理来源的正确藻株的树状图。Allewaert 等(2015)使用内源转录内隔区 2(ITS2),完成雨生红球藻 rDNA 和 rbcL 分子系统发育(其在物种/菌株分离方面更强大),以确定欧洲雨生红球藻分离株(7 株)与普通培养库中的分离株之间的关系。从内源转录内隔区(ITS)rDNA 系统发育数据中确定了 6 个谱系,对应于 Buchheim 等(2013)报道的 5 个 ITS2 rDNA 谱系中的 3 个(A、C 和 E)。变性梯度凝胶电泳(DGGE)也被认为是一种快速鉴定欧洲温带雨生红球藻的方法,并且被认为是一种未来可能经常使用的方法(Allewaert et al,2015)。

对新菌株的筛选对于雨生红球藻来说是相当常见的,因为很容易观察到巨大的红色不动孢子细胞,并且已经从欧洲温带地区(Allewaert et al,2015)、印度等炎热地区(Prabhakaran et al,2014)以及斯瓦尔巴群岛等寒冷地区(Klochkova et al,2013)获得了分离株。目前,已经在 CCAP 培养库中发现了许多样本(CCAP 2015)。在极端环境中也发现了其他雨生红球藻藻株。在印度的高海拔地区也发现了一种分离株(Prabhakaran et al,2014)。最近,从斯瓦尔巴群岛的北极高原分离到一株耐寒的雨生红球藻,该菌株在 4~15℃之间生长,并能在 4~10℃时产生虾青素(Kim et al,2011;Klochkova et al,2013),甚至在英国塞拉菲尔德的一个核燃料储存池中也发现了雨生红球藻(Groben,2007)。还有一种能够在高达 41.5℃下生长的嗜热藻株也被发现并分离出来(Gacheva et al,2015)。在一项对 30 个自然藻株进行筛选并将它们与培养收集的藻株进行比较的研究中,发现培养收集藻株的虾青素产量较低,这可能是由于长期培养期间光保护能力的丧失(Allewaert et al,2017)。筛选过程为鉴定具有理想特性的新藻株提供了巨大潜力,可用于生物技术开发。阐明雨生红球藻的多样性对于其生物技术应用是至关重要的,因为可以鉴定潜在的快速生长和虾青素大量积累藻株,并结合当地气候确定适合条件的藻株。

一种具有重大生物技术意义的藻株是 BM1,发现于俄罗斯岛屿海岸的海岸岩石上,能够耐受高达 25% 的盐度(Chekanov et al,2014)。通常情况下,盐度为 8% 就会导致雨生红球藻停止生长(Boussiba et al,1991)。这种藻株可以在微咸水中培养,从而将降低生产成本,将环境负担降至最低,并适合淡水供应有限的地区。此外,该藻株仅在培养 10 d 后就检测到虾青素的积累(Chekanov et al,2014)。在 27℃、480 $\mu mol/(m^2 \cdot s)$ 光子的蒸馏水中连续光照 6 d,虾青素含量可达 5%~5.5% DW(占其类胡萝卜素总量的 99%)。

许多科学文献都基于培养保藏中心的特定雨生红球藻藻株开展研究,包括 CCAP 34/7(Harker et al,1996;Mendes-Pinto et al,2001;Mostafa et al,2011;Rioboo et al,2011),CCAP34/8(García-Malea et al,2005,2006,2009),SCCAP k-0084(Montsant et al,2001;Peled et al,2012;Wayama et al,2013),而关于 NIES-144 的报道数量最多(Kobayashi et al,1991,1993,1997a,b;Kang et al,2005;Yoo et al,2012;Wan et al,2014a)。关于保藏中心保存的其他藻株的报道很少,包括 CCAP 菌株 34/1D、34/13 和 34/14。发表的关于这些藻株的论文主要限于进化关系的研究(Mostafa et al,2011)。重新鉴定这些藻株可以找到具有适合商业生

产虾青素的特性的藻株,以缓解目前在该行业中发现的一些问题,例如已鉴定出迄今为止报告虾青素含量最高的红色孢子(2.74% DW)(Butler et al,2017)。到目前为止,在 NIES-144 中观察到的虾青素含量最高,而在 CCAP 34/8 中观察到的虾青素产量最高。

迄今为止,只有两份出版物全面比较了雨生红球藻藻株。从来自不同保藏中心的 25 个藻株中,确定 CCAC 0125 是最佳藻株,其总生物量和虾青素产量分别为 91.2 g/m^2 和 1.4 g/m^2,虾青素含量为 1.5% DW(Kiperstok et al,2017)。所有 25 株菌都能够在生物膜中固定生长,分别获得 73~112 g/m^2、0.74~2.1 g/m^2 之间的生物量和虾青素产量。Allewaert 等(2017)对 30 株藻株进行了筛选,其中包括最近分离出来的藻株和保藏中心的藻株。得出的结论是:最近分离的藻株通常具有较高的虾青素生产力,差异高达 15 倍,其中 BE02_09 的虾青素生产力最高[4.59 mg/(L·d)]。在未来的藻株选择中,进行高通量筛选方法来鉴定高产虾青素突变体将是有重大意义的。建议使用傅里叶变换红外光谱法替代传统的高效液相色谱法(HPLC)(Liu et al,2016)。

2.4　生物反应器(PBR)发展与培养模式

到目前为止,已经在开放式池塘、塑料袋、发酵罐和 PBR(平板、水平/管状、鼓泡柱和气升式)中培养了雨生红球藻,并将其附着在生物膜上(表 6.2)。最高的虾青素产量[20.8 mg/(L·d)]是在室内系统中使用一步法获得的(Del Río et al,2008)。生产过程为 10~90 d,绿色阶段生物量生产率为 0.04~1.58g/(L·d),红色阶段生物量生产率为 0.02~1.90g/(L·d),虾青素生产率为 0.12~20.9 mg/(L·d),虾青素含量为 0.20%~7.72% DW(表 6.3)。此前有报道称,管式系统比鼓泡柱 PBR 更适合户外生产生物质和虾青素,因为在 16 d 的时间里,最佳的平均光照照度为光子 130 μmol/(m^2·s),而硝酸盐降至小于 5 mmol/L 以诱导虾青素的产生(表 6.3)(García-Malea López et al,2006)。在鼓泡柱和气升式 PBR 之间的比较中,气升式 PBR 的生物量浓度(4.8g/L DW,7×10^6 细胞/mL)增加了 18%,虾青素产量(480 mg/L)增加了 16%,这归因于气升式 PBR 管内有规律的光/暗循环和层流(Ranjbar et al,2008)。在最佳光路方面,已经观察到绿色阶段 6 cm 的光路、红色阶段 3 cm 的光路可使虾青素产量最高[20.1 mg/(L·d)](Wang et al,2019)。就最佳生物反应器尺寸而言,已经确定较小的平板生物反应器系统(17L)比 200L 系统的细胞密度高 97%(Issarapayup et al,2011),因此,扩大规模具有一定的困难。通过优化的喷洒器和 PBR 形状最大限度地提高流体

表 6.2 微藻虾青素产量

物种	培养容器	模式	室内/室外	规模	培养时间	绿色阶段生物量生产率/[g/(L·d)]	红色阶段生物量生产率/[g/(L·d)]	虾青素生产率/[mg/(L·d)]	虾青素生产率/[mg/(m²·d)]	虾青素含量/(% DW)	参考文献
CCAP34/7	30 L 气升式 PBR	光合自养	室内	小型	90 d	—	0.02	0.44	30.00	2.50	Harker et al(1996)
UTEX 16	3.7 L 反应器	混合营养	室内	小型	20 d	—	0.14	3.22	—	2.35	Zhang et al(1999)
未知来源：AQSE002	25000 L Aquasearch 生长模块（绿色阶段），开放池塘（红色阶段）	光合自养	室外，美国夏威夷	大型	9 个月 19(14+5)d	0.04~0.05	—	—	—	0.70~3.40	Olaizola(2000)
NIES-144	2.3L 发酵罐（绿色阶段），PBR（红色阶段）	异养光合自养	室内	小型	30(20+8)d	0.35	0.21	4.07	—	1.90	Hata et al(2001)
NIES-144	250 mL 锥形瓶	光合自养	室内	小型	18 d	—	0.13	9.74	—	7.72	Kang et al(2005)
CCAP 34/8	1.8 L 鼓泡柱 PBR	光合自养	室内	小型	12 d	—	0.21	1.60(类胡萝卜素)	—	1.50(类胡萝卜素)	García - Malea et al(2005)
CCAP 34/8	2 L 夹套鼓泡柱 PBR（绿红阶段）	光合自养	室内	小型	—	—	—	5.60	50.90	0.80	Del Rio et al(2005)
SAG 34/1b	1 L 圆柱形气升 PBR	光合自养	室内	小型	22 (12+10)d	0.33 (鲜重)	—	16.20	—	4.95	Suh et al(2006)
CCAP 34/8	50 L 气升式 PBR，带外环路太阳能接收器	光合自养	室外，西班牙阿尔梅里亚	—	3 个月	0.58	—	—	—	—	García - Malea et al(2006)
CCAP 34/8	55L 鼓泡桩 PBR	光合自养	室外	小型	16 d	0.06	—	0.12	—	0.20	García-MaleaLópez et al(2006)
CCAP 34/8	5L 气升式管式 PBR	光合自养	室外	小型	16 d	0.41	—	4.40	—	1.07	García-MaleaLópez et al(2006)
SCCAP k-0084	500 mL 玻璃柱	光合自养	室内	小型	9(5+4)d	0.50	0.21	11.50	420.00	4.00	Aflalo et al(2007)

续表

物种	培养容器	模式	室内/室外	规模	培养时间	绿色阶段生物量生产率/[g/(L·d)]	红色阶段生物量生产率/[g/(L·d)]	虾青素生产率/[mg/(L·d)]	虾青素生产率/[mg/(m²·d)]	虾青素含量/(% DW)	参考文献
SCCAP k-0084	500 L 平板垂直面板 PBR，外径 5 cm（绿色阶段）。2000 L，水平管式 PBR，外径 5 cm（红色阶段）	光合自养	室外，以色列 Sede Boker 校园	中型	10(4+6)d 夏季	0.37	0.27	10.10	—	3.80	Aflalo et al(2007)
NIES-144	1 L 鼓泡柱 PBR（内径 6.9 cm）	光合自养	室内	小型	34.58 (12.5+22.08)d	0.40	0.19	14.46	—	7.46	Ranjbar et al(2008)
NIES-144	1 L Airift PBR（内径 4.68 cm）	光合自养	室内	小型	30 (12.5+17.5)d	—	0.38	20.00	—	5.21	Ranjbar et al(2008)
CCAP 34/8	2 L 鼓泡柱 PBR（外径 6 cm）	光合自养	室内	小型	未知	—	1.90	20.80	—	1.10	Del Río et al(2008)
CCAP 34/8	50 L 带外环太阳能接收器的气升式 PBR（内径 2.4 cm）	光合自养	室外，西班牙阿尔梅里亚	小型	夏季	—	0.70	8.00 (3.50 冬天)	107.20	1.30	García-Malea et al (2009)
WBG 26	3 L 露天池塘（外径 30 cm，内径 10 cm）	光合自养	室内	小型	12 d	—	0.15	4.26	202.60	2.79	Zhang et al(2009)
NIES-144	1 L 平板 PBR（外径 5 cm）	光合自养	室内	小型	13.5 (4.5+9)d	0.33	0.44	14.10	—	4.80	Kang et al(2010)
LB-16	5.2 L 气升式 PBR（外径 15 cm）	光合自养	室内	小型	30 d	—	0.14	3.33	—	2.38	Choi et al(2011)
NIES-144	塑料袋鼓泡柱 PBR，60° V 形底部（外径 10 cm）	光合自养	室内	小型	55 d	—	0.05	1.40	29.70	—	Yoo et al(2012)

续表

物种	培养容器	模式	室内/室外	规模	培养时间	绿色阶段生物量生产率/[g/(L·d)]	红色阶段生物量生产率/[g/(L·d)]	虾青素生产率/[mg/(L·d)]	虾青素生产率/[mg/(m²·d)]	虾青素含量/(% DW)	参考文献
K-0084	0.6 L鼓泡柱PBR(内径5 cm)(绿色阶段),户外0.6 L立柱,东西方向(红色阶段)	光合自养	室外,美国,亚利桑那州	小型	10 d (7~12月)	—	0.58	17.10	426.30	2.70	Wang et al(2013)
NIES-144	3 L发酵罐(绿色阶段),500 mL烧瓶(红色阶段)	混合营养	室内	小型	38 (14+24)d	0.18	0.32	15.80	—	4.90	Park et al(2014)
NIES-144	1 L柱式PBR	混合营养	室内	小型	12 d	—	—	—	33.90	1.10	Wan et al(2014a)
NIES-144	藻盘贴附培养,直径(33±0.5)cm	混合营养	室内	小型	12 d	—	—	—	65.80	1.30	Wan et al(2014a)
ZY-18	1 L柱式PBR	异养-光合自养	室内	小型	12 d	—	0.12	5.40	—	3.50	Wan et al(2014b)
ZY-18	200 L跑道池	异养-光合自养	室外,中国浙江省嘉兴市	中型	12 d	—	0.06	2.30	—	2.50	Wan et al(2014a,b)
SAG 34-1b	0.7 L玻璃柱(内径5 cm)。层流培养模块贴附培养(绿色阶段)	光合自养	室外	小型	—	1.58	—	—	164.50	2.20	Zhang et al(2014)
SKLBE ZY-18	50 L发酵罐(绿色阶段),1 L柱式PBR(外径7 cm)(红色阶段)	异养-光合自养	室内	小型	27 (17+14)d	—	0.05	6.40	—	4.60	Wan et al(2015)
UTEX 2505	柱式PBR(内径3.22 cm)	异养-光合自养	室内	小型	28 (8+20)d	0.24	0.24	10.21	—	4.25	Pan-utai(2017)

续表

物种	培养容器	模式	室内/室外	规模	培养时间	绿色阶段生物量生产率[g/(L·d)]	红色阶段生物量生产率[g/(L·d)]	虾青素生产率[mg/(L·d)]	虾青素生产率[mg/(m²·d)]	虾青素含量/(% DW)	参考文献
JNU35	0.5 L 柱式 PBR(内径 6 cm)(绿色阶段)。0.5 L 柱式 PBR(内径 3 cm)(红色阶段)	光合自养	室内	小型	30(15+15)d	1.34	0.91	18.10	—	2.70	Wang et al(2019)

注 培养时间表示为总培养时间,括号中分别为绿色和红色阶段的培养时间。

145

动力混合也很关键(金属,0.2 vvm,喷洒器直径 1.3 cm,60°V 形底部),可使其在不粘连细胞的情况下将虾青素产量提高 1.7 倍(Yoo et al,2012)。然而,通过 60多年的 PBR 研究(317 项对藻类反应器的研究),已经确定使用不同的系统得到的总体生物质生产率之间几乎没有区别,但有人建议,具有更高表面积与体积比的中等体积生物反应器可以达到更高的产量,同时以更低的能源消耗减少对环境的影响(Granata,2017)。

表 6.3　雨生红球藻几种常见培养基氮磷比的比较

培养基	BBM	3N-BBM+V	OHM	FM:FB	NIES-C	BG-11	基本培养基	NSIII	标准无机培养基
硝酸盐/ (mmol·L^{-1})	2.94	8.82	4.05	2.70	1.9	17.65	0.1	9.99	10.17
磷酸盐/ (mmol·L^{-1})	1.72	1.72	0.21	4.60	0.16	0.23	0.087	1.76	0.37
N/P 比	1.7	5.1	19.29	0.59	11.88	184.2	1.15	5.68	27.49

最近,应用于 PBR 的材料有了很大的转变。传统上,塑料具有明显的低成本而被广泛使用。最近,许多微藻公司与 Schott AG 公司(如 A4F、Varcon Aqua Solutions Ltd.、Ecodna 和 Heliae)建立了合作伙伴关系,并正在用玻璃取代塑料,因为玻璃对紫外线和化学品的抵抗力更强,生物膜的形成减少,并且从长远角度看节省了成本(Schott,2019)。在 12 个月的时间里,使用总长度为 12 km 的管子,1.8 mm 的壁厚比使用以色列的 2.5 mm 壁厚的管子生物量和虾青素生产率高 10%,这是由于这个厚度的管子具有更高的阳光穿透率和更稳定的温度(Schott,2019)。

新的培养模式包括膜上附着培养和灌注培养。在附着式培养中,细胞在水中培养,然后接种在膜上以增加光表面积,这降低了收获成本,并且因为细胞已经脱水,减少了高达 90% 的用水量(Zhang et al,2014)。还具有其他优点,包括由于没有混合或泵送而节省了总体能源,以及减少了污染(Wan et al,2014a)。此外,当在红色阶段使用附着式培养时,虾青素的诱导速率比在柱状 PBRs 中更快(Wan et al,2014a)。利用附着培养的两阶段系统,藻株 NIES-144(12 d)收获的生物量生产率和虾青素生产率分别为 3.7g/(m²·d)和 65.8 mg/(m²·d)(分别比传统悬浮生物反应器培养的生产率高 2.8 和 2.4 倍)(Wan et al,2014a)。使生物量和虾青素产量最大化的最佳温度是相互矛盾的,在 15℃ 时虾青素含量最高(1.5%DW),但在25℃时生物量和虾青素产量最高(Wan et al,2014a)。Zhang 等(2014)利用附着培养的方式,使用不同的培养基(BG-11 和 NIES-N),消耗硝酸盐 1.8 mmol/L,最终虾青素的生产率为 164.5 mg/(m^2·d)。通过藻株筛选过程(25 株),利用双层两阶段固定化系统培养最佳藻株(CCAC0125),在添加 1% 二氧化碳,14/10 光周期,28.5℃的条件下,获得了高生物量[19.4g/(m^2·d),在光子量为 1015 μmol/(m^2·s)时]和虾青素产量[0.39 g/(m^2·d),在光子量为 1015 μmol/(m^2·s)时](Kiperstok et al,2017)。而利用一步法可产生类似的生物量和虾青素产量,但只需一半的时间(8 d)(Kiperstok et al,2017)。

另一种方式是在发酵罐中进行灌注培养,不断更换培养基(NIES-C 含 11.98 mmol/L乙酸盐、2.58 mmol/L 硝酸盐和 0.147 mmol/L 磷酸盐),去除培养过程中形成的抑制性代谢物并及时补充营养(Park et al,2014)。通过逐步增加光辐照度[光子量为 150~450 μmol/(m^2·s)],该过程生物量和虾青素产量分别为 12.3 g/L[0.18 g/(L·d)]和 602 mg/L(Park et al,2014)。然而,这种方法比分批补料光合自养过程需要多 54%的能量和 24.5 d(Kang et al,2010)。

迄今为止,大多数都使用两阶段系统并专注于藻类培养,因为最大化生长和最大虾青素产量的条件是相互排斥的(表 6.2)。绿色阶段的目的是最大化提高生物质生产力,红色阶段是诱导虾青素的形成。在绿色阶段 21 d 后,使用逐步增加的光辐照度[光子量为 25~100~500 μmol/(m^2·s)],使用这种方法,虾青素产量为 11.5 mg/L,可实现近 20 g/(L·d)的生物质产量(Aflalo et al,2007)。在雨生红球藻光合自养系统中,Wang 等(2019)在绿色阶段获得了 20.1 g/L[1.34 g/(L·d)]的生物质产量,在红色阶段获得了 27.3 g/L DW[0.91 g/(L·d)],是迄今为止最高的生物质产量。有研究人员设计了一个单阶段虾青素生产系统[利用光子量为 1000 μmol/(m^2·s)的光辐照度,93.4 光子量为 μmol/(m^2·s)的特定平均光辐照度,0.9 μmol/d 的稀释率和 2.2 mmol/L 硝酸盐],在红色阶段的生物质产量为 1.9 g/(L·d),虾青素产量为 20.8 mg/(L·d),是迄今为止最高的(Del Río et al,2008)。该工艺在夏季户外(50 L 管状 PBR)的技术可行性已得到证实,其生物质和虾青素的生产率分别为 0.7 g/(L·d)和 8 mg/(L·d),相信通过提高细胞对光的可用性[光子量>53.45 μmol/(m^2·s)]进一步提高生产率(García-Malea et al,2009)。此外,有人提出通过确定优化的控制温度可以减少夜间生物量和虾青素的损失(Wan et al,2014a)。据观察,当夜间温度保持在 28℃以下时,使用 NIES-144 藻株可以获得 2.9 倍和 5 倍的生物量和虾青素产量,但这会因每种藻株和特定的培养条件而异(Wan et al,2014a)。然而,必须指出的是,该系统的几个缺点也很突出,包括与两阶段工艺相比虾青素含量较低(0.9%~1.1% VS 3.8% DW)、夜间人工照明的要求在经济上没有优势、易受食草生物侵害以及收获细胞困难(Aflalo et al,2007)。

雨生红球藻能够混合营养生长,醋酸钠和核糖是最合适的底物(Kobayashi et al,1991;Pang et al,2017)。众所周知,乙酸盐是一种合适的有机碳源,可实现生物量最大生长(4~12 mmol/L)和增强红色阶段虾青素的积累(Cifuentes et al,2003;Göksan et al,2010;Gong et al,1997;Kang et al,2007)。在整个过程中使用含有 50 mmol/L 醋酸钠的 NSII 培养基,在红色阶段添加 100 mmol/L 醋酸钾,得到的虾青素含量为 2.5%~4.3%,此时虾青素产量较高[10.21 mg/(L·d)],但生物量有所降低[0.24 g/(L·d)](Pan-utai,2017)。使用醋酸钠分批补料培养模式,9 d 后的生物量产量为 1.77 g/L(比分批培养高 93.9%),并且应在夜间进行补料(Sun et al,2015)。有人建议利用核糖(9.66 mmol/L)作为底物来延长绿色阶段,提高生长速率和生物量产量,并降低污染风险(Pang et al,2017)。也有人指出,有机碳的添加应在 16℃ 以下的夜间进行,以尽量减少酶活性的损失(Sun et al,2015)。

据报道,雨生红球藻能够在绿色阶段使用乙酸钠作为碳源进行异养生长,但该条件下生物体的生长缓慢(0.20~0.22 μ/d),并且会产生污染问题(Droop,1955;Hata et al,2001)。相比之下,绿色阶段的光合自养生产生长速率为 0.56 μ/d(García-Malea et al,2005),甚至高达 1.30 μ/d(Boussiba et al,1991)。Hata 等(2001)研究结果表明异养生长(10~30 mmol/L 乙酸钠)提供了在绿色阶段产生高生物量的潜力,获得生物质产量为 7 g/L DW。Wan 等(2015)在绿色阶段实现了 26 g/L DW 的生物质产量和最高的生物质生产率[1.58 g/(L·d)](表 6.2)。Hata 等(2001)揭示,在第三次重复补料后,会产生培养物污染的问题(Hata et al,2001),但 Wan 等(2015)则报告没有污染问题。迄今为止,还没有关于在商业化异养过程中生产虾青素的确切报道。然而,Kobayashi 等(1997a,b)报道了实验室异养培养物中类胡萝卜素的形成,但这未被证实是虾青素。有人提出了一个连续的异养-自养生产过程,其中使用硝酸盐诱导虾青素形成,随后向培养物中供应 5% CO_2,从而获得迄今为止最高的细胞虾青素含量为 7.72% DW[6.25 mg/(L·d)](Kang et al,2005)。在商业上,一些公司一直在尝试异养培养雨生红球藻,但目前红色阶段的虾青素生产不足以实现商业化。利用藻类的异养能力在绿色阶段产生高生物量,然后通过光合自养在红色阶段进行诱导,可能是获得高虾青素产量的合适方法。

2.5　虾青素诱导

虾青素在脂囊中积累(Grunewald et al,2001)。据报道,虾青素在雨生红球藻孢子中具有多种功能,可充当保护光合作用器官、防止光氧化胁迫和最大限度减少储存脂质氧化的"遮阳物"(Han et al,2012)。到目前为止,虾青素是如何起到保护雨生红球藻的作用还不完全清楚,还需要进一步的研究来充分阐明它在保护处于不利条件下的雨生红球藻细胞中的作用。

虾青素的合成最初被认为是由细胞停止分裂诱导的,并且只发生在红色阶段(Boussiba et al,1991;Kobayashi et al,1997a,b)。然而,虾青素的合成已经被证明不依赖于细胞分裂,并且可以发生在营养细胞中(Boussiba et al,1991;Kobayashi et al,1997a,b)。目前,已经研究了一系列因素来探索虾青素的合成,包括强光、高温和营养胁迫或耗竭(如硝酸盐和磷酸盐)。强光被认为是刺激虾青素合成的最有效因素之一(Choi et al,2002)。据报道,高温处理会导致虾青素水平升高,但发现温度高于30℃时会降低生物量(Tjahjono et al,1994)。通过添加氯化钠(0.1%~0.5%)的盐度胁迫也可用来增加虾青素的水平,但0.6%~0.8%的氯化钠浓度可能会导致严重的细胞死亡(Cifuentes et al,2003;Harker et al,1996;Sarada et al,2002)。

众所周知,硝酸盐限制是诱导虾青素积累的关键因素,强光和稀释率是导致虾青素含量增加的因素,但它们并不是色素本身的诱导者(硝酸盐>稀释率>光)(García-Malea et al,2009)。Christian 等(2018)进一步验证了光的影响,并发现高光强本身对诱导虾青素产生的影响很小。硝酸盐限制(<5~8 mmol/L)会诱导虾青素的形成,而 2.2 mmol/L 的硝酸盐时虾青素的产量是最高的(Ranjbar et al,2008;Del Río et al,2008)。在添加硝酸盐(4 mmol/L)的两阶段过程中,虾青素的含量为 2.7% DW,但随着硝酸盐的枯竭,虾青素的含量增加到 3.8% DW(Wang et al,2013)。在 3 mmol/L 尿素作为氮源的条件下,虾青素含量最高(2.4% DW)(Wang et al,2019)。其他报告指出,0.6 mmol/L 的硝酸盐浓度是诱导虾青素积累所必需的浓度(García-Malea et al,2009)。诱导所需的硝酸盐的具体浓度可能取决于 PBR、培养条件和所使用的藻株。

2.6　虾青素的生物合成

虾青素是在叶绿体中产生的,聚集在细胞核周围以保护超微结构免受活性氧(ROS)的影响,并在内质网中酯化,并扩散到细胞质脂质中。最近的研究揭示虾青素和脂质的生物合成不同步,脂滴积累的速度比虾青素快(Collins et al, 2011;Saha et al,2013b;Solovchenko et al,2013;Cheng et al,2017a)。光呼吸可以加速虾青素的积累,这可能是卡尔文循环中通过增加 3-磷酸甘油醛(G3P)的前体 3-磷酸甘油酸(PGA)(图 6.8)来实现的(Zhang et al,2016)。研究表明,异戊烯基焦磷酸(IPP)是类胡萝卜素合成的重要中间体,该分子可来源于叶绿体中的甲戊酸途径(MVA)或非甲戊酸途径(MEP)(Lemoine et al,2010)。在 MEP 途径中,第一阶段形成 1-脱氧-d-木酮糖-5-磷酸,然后异构化为二甲基烯丙基二磷酸(DMAPP),然而尚不清楚哪种酶负责这种转化(Shah et al,2016)。然后,异戊二烯链被延长,以 DMAPP 和三个 IPP 分子的线性添加引发,并被香叶基焦磷酸合成酶(GGPS)催化。最后 C20 化合物香叶基焦磷酸(GGPP)形成(Shah et al,2016)。

关于类胡萝卜素的合成,植物烯合成酶(PSY)是催化剂,启动两个 GGPP 分子的头尾缩合形成 C40 化合物,植物烯是虾青素的前体(Cunningham et al, 2011)。众所周知,PSY 在从绿色到红色阶段的转变中起到调控作用(Gwak et al,2014)。最近有人提出,雨生红球藻 PSY 中的一个突变在高胡萝卜素生成的进化中起着重要作用(Pick et al,2019)。番茄红素是通过四个脱饱和步骤(增加共轭碳—碳双键的数量)形成的,包括两个植物烯脱饱和酶(PDS)和一个 ζ-胡萝卜素脱饱和酶(ZDS)作为催化剂(Li et al,2010;Nawrocki et al,2015)。叶绿体末端氧化酶(PTOX1 和 PTOX2)是参与类胡萝卜素脱饱和的辅助因子,PTOX1 与虾青素的合成是协同调节的,但其功能仍不明确(Wang et al,2009)。在去饱和阶段之后,番茄红素的两个末端通过相互竞争的途径环化并调节代谢。初级类胡萝卜素的形成由番茄红素 ε-环化酶(LCYE)催化,次生类胡萝卜素的合成由番茄红素 β-环化酶(LCYB)催化,从而形成 β-胡萝卜素(Gwak et al,2014;Lao et al,2017)。β-胡萝卜素从叶绿体输出,并在细胞质中被酶转化为虾青素(图 6. 10)(Pick et al,2019)。番茄红素的环化是虾青素生物合成中的一个重要调控分支。在转录、蛋白质组和代谢水平上调控 LCYB 可能导致虾青素浓度升高。研究还发现,β-胡萝卜素酮醇酶(BKT)和 β-胡萝卜素羟基酶(CrtR-b)催化的两个最终氧化步骤是虾青素合成的限速步骤(Shah et al,2016)。

最近,人们对 LED 照射对虾青素生物合成途径的影响进行了转录分析,结果表明,与白光相比,蓝色 LED 照射导致 BKT 酶和类胡萝卜素羟基酶(CHY)的表达增加,但相比之下,红色 LED 照射则导致表达降低(Lee et al,2018)。当蓝光用于虾青素诱导时,也观察到 PSY、LCY、类胡萝卜素酮醇酶(Crt-o)和 CrtR-b 的表达增加(Ma et al,2018)。虾青素的合成途径是复杂的,在转录、翻译和翻译后水平上的多种调控机制涉及五种关键酶:异戊烯焦磷酸异构酶(IPI)、PSY、PDS、Crt-o 和 CrtR-b(Li et al,2010)。在进行基因工程之前,了解虾青素的合成途径是必不可少的(图6.8)。

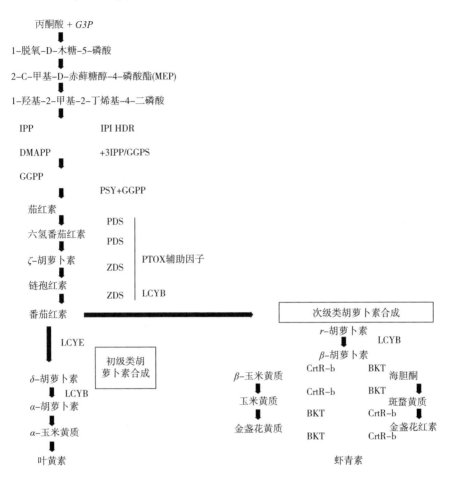

图6.8　雨生红球藻虾青素生物合成(Shah et al,2016)

注　酶的缩写定义如下:HDR,4-羟基-3-甲基-2-烯基二磷酸还原酶;IPI,异戊烯焦磷酸异构酶;PSY,植烯合成酶;GGPS,香叶基焦磷酸合成酶;PDS,植烯去饱和酶;ZDS,ζ-胡萝卜素去饱和酶;LCYE,番茄红素 ε-环化酶;LCYB,番茄红素 β-环化酶;CrtR-b,β-胡萝卜素 3,3'-羟基酶;BKT,β-胡萝卜素酮醇酶。

2.7　基因工程

　　微藻基因工程已在30多个物种中得到报道,但可用于雨生红球藻基因工程的工具十分有限。到目前为止,雨生红球藻 UTEX 2505(UTEX 16 的近亲,NIES-2264的后代)的叶绿体基因组(1.35 Mb)已经进行了测序,是迄今为止研究的植物或藻类中最大的组装叶绿体,但对核基因组进行测序还需进一步研究(Bauman et al,2018;Buchheim et al,2013;Smith,2018)。据报道,叶绿体基因组的测序留下了许多悬而未决的问题;其中大于90%的DNA是非编码的,它具有非标准的遗传密码,它只编码12个tRNA(不到典型质体的一半),是为数不多的在腺嘌呤和胸腺嘧啶中没有偏向的已测序质体体之一(Smith,2018)。

目前,由于缺乏可用的基因组和叶绿体基因组,对雨生红球藻的遗传改良大多局限于经典的随机突变。迄今为止,已通过紫外线诱变(Sun et al,2008;Tripathi et al,2001)、使用N-甲基-N-硝基-亚硝胺(MNNG)(Hu et al,2008)和甲烷磺酸乙酯(EMS)(Sun et al,2008;Tripathi et al,2001)的化学诱变进行了提高虾青素含量的试验,诱变致死率大概在85%~95%。化学诱变之所以成功,是因为雨生红球藻具有一定的耐受光损伤的能力,使用MNNG可使虾青素的产量提高三倍(Hu et al,2008)。为了筛选这些突变体,通常使用除草剂,如尼古丁和去氟草松(Shah et al,2016)。因为虾青素突变体红色更鲜艳,可能更容易挑选。在一个125000 L的商业规模的露天池塘中培养了一株智利雨生红球藻突变体(经EMS突变),其虾青素的含量在干重相同的基础上比野生藻株高30%,在单位培养体积的基础上高出72%(Gómez et al,2013)。有研究用4000 Gy^{60}Co-γ照射FACCHB-872藻株,然后在15% CO_2的强光下培养,与野生藻株相比,虾青素的表达增加了1.7倍,重要的是,56%的基因在突变细胞中表达显著增加,包括作为虾青素和植物烯合成酶原料的丙酮酸激酶,番茄红素β-环化酶,以及将β-胡萝卜素转化为虾青素的ZDS(Cheng et al,2016,2017a,b)。

目前许多研究重点放在虾青素生物合成的限速步骤上,其关键酶在叶绿体中,PDS是一个关键的位点(Grünewald et al,2001)。人们关注的焦点是常规诱变,例如通过点突变过量表达PDS,在2 d的强光诱导后,基因工程株系虾青素含量提高了36%(Steinbrenner et al,2006)。最近,类胡萝卜素的生物合成途径已经通过在叶绿体中用内源PDS基因进行质粒转化基因改造,以在强光和氮素缺乏条件下诱导过量产生虾青素(基因工程藻株中虾青素含量比野生型提高67%),并且对微生物生长或生物量没有产生不利影响(Galarza et al,2018)。

已有人使用农杆菌介导法(Kathiresan et al,2009)、基因枪法(粒子轰击)(Steinbrenner et al,2006)和电穿孔(Sharon-Gojman et al,2015)等插入诱变技术转化虾青素高产菌株,但是直到最近还没能成功。通过引入两个基因而不需要额外的抗生素抗性基因,就可以稳定地转化叶绿体和基因组(Gutiérrez et al,2012;Sharon-Gojman et al,2015)。PDS突变体用作选择标记具有单点突变特性

（L504A），可赋予对除草剂达草灭的抗性（Shah et al，2016）。雨生红球藻中虾青素含量的提高可以通过过表达 PSY 和 CrtR-b 基因来实现，这些基因通常被定义为虾青素生产的限速基因，并且之前已经可强光诱导表达（Han et al，2013b；Li et al，2008，2010）。为了使雨生红球藻带来虾青素产量的颠覆性提高，需要更加重视靶向突变的先进基因工程方法的研究。利用规律成簇的间隔短回文重复技术（CRISPR），这是产生 RNA 引导核酸酶（RGNs）的重要新方式，例如 Cas9，它是一种 RNA 引导的 DNA 核酸酶，用于将靶向突变引入真核生物基因组（Brodie et al，2017）。一旦对雨生红球藻基因组进行了详细的注释测序，并且有了更多的转化工具，这可能会成为现实。未来的重点应该是开发一个针对虾青素生物合成途径的基因工程工具，可能是用于过表达限速酶 BKT 和 CrtR-b（Shah et al，2016）。

最近，已经设计出一种高通量方法来筛选紫外线诱变（40 mJ/cm^2，紫外线照射时间 32 min）下的高产突变体，并使用 50 μmol/L 叠氮化钠诱导虾青素的产生（Eui et al，2018）。采用大豆油提取结合分光光度分析（OD 470 nm），能够检测到 31 株突变体（细胞量 88.5%）虾青素产量高于野生型藻株（NIES-144），其中 M13 藻株的虾青素产量是野生型（174.7 mg/L）的 1.59 倍（Eui et al，2018）。利用这种方法，并通过转录组学、蛋白质组学和代谢组学技术识别转化子，以进一步解决虾青素生产中的瓶颈。如果基因工程藻株要用于商业生产，则需要谨慎，因为需要达到监管要求，例如欧盟（EU）的 2001/18/EC 指令，其中批准程序可能需要 4~6 年，成本为 700 万~1500 万欧元（Hartung et al，2014）。

3　微藻虾青素商业化生产的制约因素

虾青素的商业化生产已经取得了成功，多家公司也在运营。然而，市场尚未饱和，虾青素的价格被过度夸大。随着供应量的增加，虾青素的价格也会有所下降。到目前为止，虾青素作为一种营养食品和功能性食品一直是人们关注的焦点。然而，虾青素大部分用于水产养殖，其中主要是合成形式和红发夫酵母虾青素。想要与此竞争，生产成本需要降低，并且需要克服生产过程中的挑战，包括提高生物量和虾青素的产量，减轻污染，以及在绿色化学和工程的要求。学术界和产业界之间需要更多的合作，以促进技术的发展。还需要进行更多的研究，以探索从雨生红球藻中提取虾青素的商业可行性。Shah 等（2016）确定了需要进一步改进的三个关键领域：培养效率和成本、控制捕食者以及虾青素的提取和纯化。在这一部分中，作者认为提高生物质和虾青素的产量、通过红色阶段的光漂白将细胞死亡降至最低、改进下游加工方法、减少污染以及过程总成本是需要解决的关键问题。

3.1 提高生物质产量

雨生红球藻生长缓慢,在培养过程中由于其存在鞭毛,容易受到 PBRs 反应器中的剪切作用。在没有过渡到细胞形态的情况下,在绿色阶段保持孢子运动是困难的,从而导致细胞生长较慢。

通过一系列研究确定了雨生红球藻最佳的培养条件。生长的最佳温度取决于条件变化,但通常在 20~28℃ 之间(Allewaert et al,2015;Giannelli et al,2015)。高于 30℃ 在 2 d 内会导致囊化和不动孢子的形成,细胞停止生长(Allewaert et al,2015;Tjahjono et al,1994)。据报道,最适 pH 为 7.00~7.85(Hata et al,2001;Sarada et al,2002)。雨生红球藻最佳照度为 70~177 $\mu mol/(m^2 \cdot s)$,饱和指数为 250 $\mu mol/(m^2 \cdot s)$(Zhang et al,2014;Giannelli et al,2015),但这不是决定性的,针对较低照度的实验也进行了研究(Park et al,2014)。其他因素很可能在生产的过程中发挥作用。初步研究了光周期的影响,连续光照似乎是高密度培养的最佳光照,但只比较了 12:12 和 24:0 的光周期(Domínguez-Bocanegra et al,2007)。最佳的光线似乎是暖白光,但这需要进一步的研究(Saha et al,2013a)。作为一种无机碳源,二氧化碳通常用来提高生物质产量,在绿色阶段通常将二氧化碳浓度分别设置为 1%~5%(Kaewpintong et al,2007)。已经确定,5% 二氧化碳有利于生长(3.3 g/L DW),但增加到 10% 时,会导致生长、光合作用和碳同化恶化,这取决于 PSII 产量、NPQ 活性、叶绿素 a 含量和生物量产量(Chekanov et al,2017)。在二氧化碳浓度为 6% 的条件下,在强光[108 $\mu mol/(m^2 \cdot s)$]下培养的突变体具有最高的生物量生产力[0.16 g/(L·d)],最大生长速率为 0.6 μ/d(Cheng et al,2016)。而二氧化碳浓度在 10% 或 20% 时会导致生长下降(Chekanov et al,2017)。还需要进一步强化细胞对碳的吸收和同化,而不是仅限于二氧化碳的输入。

在虾青素生产的两阶段过程中,生物量积累一直是一个主要的瓶颈,需要进一步优化培养基组成。常见的培养基已经广泛用于雨生红球藻培养(表 6.3)。BBM 或 3N-BBM(Oncel et al,2011;Qinglin et al,2007;Suh et al,2006;Tocquin et al,2012)以及 BG-11(Aflalo et al,2007;Kiperstok et al,2017;Torzillo et al,2003;Zhang et al,2009)均已用于湖泊雨生红球藻培养。BBM 比 3N-BBM 和 BG-11 能更有效地获得高密度细胞(Nahidian et al,2018)。Fábregas 等(2000,2001)使用优化的培养基(OHM),最终得到的细胞密度为 3.77×10^5 个/mL(是 BBM 的 3

倍),并且通过利用强光[235μmol/(m² · s)]获得更高的产量(1.62g/L DW)。通过培养基优化,磷酸盐浓度增加 3 倍(5.16mmol/L),氮磷比为 1.71 : 1 的 BBM 培养基可使生长效率提高 86%,添加 0.185 mmol/L 的硼或 0.046 mmol/L 的铁也有利于生长(Nahidian et al,2018)。然而,Fábregas 等(2000)的一项研究结果发现,与碘、锌和钒一样,硼也是雨生红球藻生长的非必需营养元素。据报道,与不添加维生素 B₁₂的培养基相比,添加维生素 B₁₂可使藻类生长增加 55%(Kaewpintong et al,2007)。

　　针对商业上可行的培养基也有一定的研究。一种商业培养基(0.24 英磅/吨),其 N－P－K 为 20 : 20 : 20,12 d 后生物量达到 0.9g/L DM(Dalay et al,2007)。有研究筛选了一种常见的培养基 FM : FB,优化后细胞密度大于 1×10⁶个/mL(Tocquin et al,2012)。Tocquin 等(2012)将细胞密度增加归因于低氮磷比 6 : 1(1.00 mmol/L 硝酸盐和 1.63 mmol/L 磷酸盐),远低于其他已研究的培养基(表 6.3)。优化培养基可进一步提高生物质产量(Fábregas et al,2000;Tocquin et al,2012;Tripathi et al,1999;Wang et al,2019),其重点应放在含有碳、硝酸盐和磷酸盐浓度以及碳氮磷比等常量营养素上。

　　关于氮源,硝酸钠已被确定为最佳氮源(Sarada et al,2002)。Feng 等(2017)推断,根据雨生红球藻中硝酸还原酶活性的升高,可以确定硝酸钠、磷酸二氢钾和乙酸钠的最佳浓度(分别为 3.53 mmol/L、0.33 mmol/L 和 13.16 mmol/L),其中硝酸盐是主要影响因素。然而,通过利用一种新分离的藻株(JNU35),确定用尿素(18 MM)取代硝酸钠(BBM)对于生物量的积累是最佳的,这归因于尿素提供了氮源和碳源(Wang et al,2019)。此外,还注意到一个结果,即在硝酸盐耗竭的 BBM 培养基中该菌株在红色阶段重新悬浮,这主要是由于绿色阶段合成的可储存的氮化合物促进了生长(Wang et al,2019)。Butler 等(2017)也注意到了这一点,实验过程中细胞最初在 BG－11 中培养,然后在硝酸盐耗竭的 3N－BBM+V 中再次悬浮。

3.2　提高虾青素含量

　　诱导虾青素的因素中高光照强度条件下硝酸盐的缺乏是增强虾青素的积累速度的关键(Christian et al,2018;Del Río et al,2008;García－Malea et al,2009)。到目前为止,含量最高的虾青素(7.72%DW)是通过顺序异养-自养生产工艺获得的,其中虾青素的诱导是在硝酸盐缺乏和加入 5%CO₂条件下启动的(Kang et al,2005),一步法可获得最高的虾青素产量,尽管虾青素的含量很低(1.1%

DW)(Del Río et al,2008)。采用一步法,虾青素含量(0.8%~1.1%DW)低于两步法(4%DW),且虾青素在总类胡萝卜素中的比例较低(65% VS 95%)(Aflalo et al,2007)。如果采用两阶段工艺,红色阶段的初始生物量密度对提高虾青素含量起着关键作用,0.8g/L DW 是最佳的(Wang et al,2013)。当初始浓度为 0.1g/L 时产生严重的光抑制,而当初始浓度为 2.7g/L 时,虾青素的产量受到光限制(Wang et al,2013)。

关于其他参数,生产虾青素的最佳温度为 27℃(Evens et al,2008)。温度升高促进氧自由基的形成来合成虾青素(Tjahjono et al,1994)。非生物胁迫通常会导致细胞内产生活性氧(ROS),并诱导产生虾青素作为一种防御策略(Eui et al,2018)。添加 0.45 mmol/L 的 Fe^{2+} 以硫酸亚铁的形式可以显著增加类胡萝卜素的生物合成,这归因于羟基自由基的形成(Kobayashi et al,1993)。加入 0.45 mmol/L 的 Fe^{2+}、2.25 mmol/L 的乙酸钠和高温(30℃)会导致类胡萝卜素的进一步增加(Kobayashi et al,1993;Tjahjono et al,1994)。转录组分析也证实了这一点,强光和乙酸钠(25 mmol/L)的加入导致了与类胡萝卜素生物合成和 FA 延伸相关基因的表达,但 Fe^{2+}(20μmol/L)则没有观察到这一点,而是显示了与光合作用蛋白相关的基因表达下降(He et al,2018)。

对于红色阶段虾青素的诱导,已有报道称雨生红球藻不能在黑暗中异养培养,虾青素的产生应采用光合作用模式(Guedes et al,2011)。在室内封闭系统中使用强光[950μmol/(m^2·s)]是昂贵的,对于室内生产来说在经济上是不可行的(Olaizola,2000;Guedes et al,2011)。已经确定,300μmol/(m^2·s)作为入射光强是生产虾青素的最佳光强,在 500μmol/(m^2·s)时达到光饱和度,600μmol/(m^2·s)导致虾青素含量降低,细胞死亡增加(Evens et al,2008;Giannelli et al,2015;Li et al,2010)。有人提出,在平板生物反应器(3 cm 光路)中,在红色阶段诱导虾青素,15 d 后可将虾青素含量提高到 5.6%,而在玻璃柱(6 cm 光路)中,虾青素含量为 3.7%(Wang et al,2019)。或者,利用不同波长的光可以降低虾青素诱导所需的光强度。众所周知,蓝光(380~470 nm)可以诱导虾青素向包囊的转变,并可作为两阶段培养的一部分(红光用于绿色阶段,蓝光在高光强度下用于虾青素诱导),在 12.5 d 虾青素含量高达 5.5%DW(Katsuda et al,2004;Lababpour et al,2004)。Sun 等(2015)确定了 95 μmol/(m^2·s)的蓝白光(3:1)与蓝光(91.8 mg/L)相比,虾青素产量提高了 11.8%,包囊时间缩短。

植物激素已被用于进行提高产量的研究,包括茉莉酸、脱落酸和茉莉酸甲酯(Shah et al,2016)。此外,Shah 等(2016)报道生长调节剂如水杨酸、赤霉酸和

2,4-表油菜素内酯发现有希望增加虾青素的含量。在这些化合物作用下,产虾青素基因过量表达(增加了10倍)。在弱光条件下[25μmol/(m²·s)],50 mg/L水杨酸对虾青素的提高效果最好,可使虾青素含量提高7倍,但与其他报道相比,产量仍相对较低。据观察,较高水平的激素或生长调节剂对微藻生长和虾青素积累产生不利影响(Gao et al,2012)。此外,硒等微量营养素可诱导虾青素增加,但会导致生物量产量下降(Zheng et al,2017)。

利用γ射线照射的突变体在二氧化碳浓度为6%的条件下,结合强光[108μmol/(m²·s)]产生的虾青素含量是野生型菌株的2.4倍(Cheng et al,2016)。同样的突变株可以在15%的二氧化碳中培养,24 h后发生虾青素诱导,其虾青素的积累是通风条件下的5.8倍(Li et al,2017)。Christian等(2018)观察到,在15%二氧化碳和强光[300μmol/(m²·s)]下培养的雨生红球藻细胞在1 d内变成橙色,虾青素在4 d后积累,最终虾青素含量为3.62%DW,但细胞密度下降,可能是由于光漂白。

到目前为止,红色阶段诱导虾青素最成功的参数是硝酸盐缺乏或耗竭结合强光并提高碳氮比。在利用PBR培养、蓝光、高温、植物激素和微量营养素以及通过基因工程等方面,已经提出了进一步的改进。当组合使用时,这些效应很可能会对虾青素的积累产生协同效应。

3.3 在红色阶段光漂白最大限度减少细胞死亡

为了在绿色阶段最大限度地促进生长,控制培养条件提供光照强度较低。一旦达到合适的生物量浓度,培养就会受到不利条件的影响,通常包括红光阶段的强光诱导虾青素的生物合成(Olaizola,2000)。在向红色阶段的初始过渡期间,根据藻株、PBR和诱导条件的不同,大量细胞的死亡(光漂白)范围从20%~80%不等(Wang et al,2013)。在强光照射24 h后,细胞失去鞭毛,48 h后细胞密度下降41%(Gu et al,2014)。观察到存活的细胞经历了巨大的生化和细胞变化,生命周期从营养阶段转变为不动孢子阶段(Wang et al,2014)。已经观察到,暴露在较高光照下的雨生红球藻细胞积累了更多虾青素,但也表现出更高的细胞死亡率(Li et al,2010)。当细胞从绿色阶段转移到红色阶段时,细胞死亡的确切原因仍然未知(Wang et al,2014),有必要减少绿色和红色阶段之间的死亡,以最大限度地减少生物量的损失。

有人建议,优化红色阶段的初始细胞浓度(Wang et al,2013),并且在红色阶段应用中间细胞而不是绿色移动孢子来诱导虾青素,可能会为积累更大的生物量和虾青素的生产提供一种有效的解决思路(Wang et al,2014)。另一种策略是使用渐进式照射,使细胞适应(Park et al,2014)。在营养细胞中,绿色阶段在转移到红色阶段时比中间细胞阶段对光氧化胁迫具有更高的敏感性(Han et al,2012;Harker et al,1996;Sarada et al,2002)。在大多数雨生红球藻藻株中,有一种快速转变为中间细胞阶段的总体趋势,并且这些形态类型通常比绿色移动孢子更受欢迎,因为它们被认为对施加的刺激更具抵抗力(Allewaert et al,2017;Wang et al,2013)。Choi 等(2011)确定,将这些中间细胞转移到红色阶段会导致更高的虾青素积累能力。然而,没有证据表明具有更多中间细胞的藻株具有更高的虾青素生产效率(Allewaert et al,2017)。

3.4 下游加工

下游加工过程包括收获、细胞破碎、干燥、提取、包埋和配制(图 6.9)。根据应用的不同,下游加工可能占生产过程成本的 20%~40%(Lam et al,2018)。雨生红球藻不动孢子很大(>50μm),因此可以通过重力沉降(在池塘中 6~8 h,沉降 12~24 h)获得,浓缩系数为 5.33,随后进行离心,总悬浮固体含量为 15%(Li et al,2011;Olaizola et al,2003;Panis et al,2016)。然而,随着收获过程地进行,包括虾青素在内的生化成分可能会发生变化,影响产品质量,特别是在光强较高的热带地区。因此,这一阶段需要进一步的开发和优化。

对于细胞破碎和提取阶段,可以使用湿法或干法进行。为了获得干燥的生物质可使用冷冻干燥、喷雾干燥和滚筒干燥(Kamath et al,2007),但考虑到成本和回收率(95%~100%),喷雾干燥认为是最适合从雨生红球藻中提取虾青素,最终水分含量达到 5%(Panis et al,2016;Pérez-López et al,2014)。在细胞破坏和提取过程中必须小心,以免损害类胡萝卜素,因为类胡萝卜素容易热降解和氧化。类胡萝卜素如虾青素,其结构构型(3-羟基,4-酮端基)是不稳定的(Mendes-Pinto et al,2001)。必须指出,干燥生物质与机械破坏相结合可提高提取效率,但能源负担的增加会使经济成本增加(Panis et al,2016)。

细胞破碎和提取的目的是将虾青素从厚厚的三层膜鞘和藻胶细胞壁中释放出来。研究细胞破碎和提取的方法通常分为机械方法和非机械方法(图 6.9)(Mendes-Pinto et al,2001;Kim et al,2016;Shah et al,2016;Molino et al,2018;Liu et al,2018;Kapoore et al,2018)。珠磨被认为是提取虾青素最有效和最节能的方法,干燥的生物质被用作原料,干燥的藻饼在 100~200g/L 之间是最佳的(Greenwell et al,2010)。通过利用细胞萌发(12~18 h),结合离子液体处理,已经研究了调控雨生红球藻生命周期的替代方法(Praveenkumar et al,2015)。在形成的不动孢子的培养液中加入硝酸盐,在室温下用 1-乙基-3-甲基咪唑乙基硫酸盐离子液体提取 1min 后,释放出没有坚硬细胞壁的细胞,每个细胞可产生 19.2 pg虾青素(Praveenkumar et al,2015)。这种方法有几个优点,包括使用的溶剂毒性较低,能量输入较低以及避免热应激,但未来还需要解决的挑战是提高萌发率和如何回收昂贵的离子液体。

目前,人们希望开发自然和环境友好的提取方法,因为传统的溶剂提取需要大量的有机溶剂而且是劳动密集型的,不稳定的色素可能暴露在过多的光、热和氧气中(Denery et al,2004)。需要一种无毒的、成本低廉的绿色化学方法。目前,一种比较成功的替代方法是超临界流体萃取,目前有几家公司,如 Phasex 公司在 SFE 领域开展业务,提取微藻用于生产高价值的营养食品(Phasex Corporation,2015)。超临界流体萃取是指在典型的液体和气相之间的临界点以上的温度和压力下使用二氧化碳或水等物质进行萃取。与大多数溶剂相比,二氧化碳被发现是相对便宜、无毒,具有化学惰性和稳定性(Guedes et al,2011)。已经发现$ScCO_2$是可工业应用的,并且已经被证明可用于脱咖啡因、提取啤酒花和从雨生红球藻中提取虾青素(Kwan et al,2018)。

超临界流体具有与气体和液体相似的物理化学性质,如高压缩性、高扩散性、低黏度和低表面张力,使流体能够轻松地通过天然萃取基质扩散,与传统液体溶剂相比,实现了更高质量的萃取(Pan et al,2012)。二氧化碳通常用作超临界流体萃取剂(Nobre et al,2006),但 CO_2 不是萃取虾青素等非极性分子的好溶剂,要提高萃取能力,需要使用乙醇或橄榄油等助溶剂来改善 CO_2 的极性(Cheng et al,2018;Wang et al,2012)。使用 $ScCO_2$需要克服的挑战是确保虾青素具有稳定的高回收率,但在某些情况下,观察到有 50%的细胞破坏(Cheng et al,2018;Nobre et al,2006)。此外,$ScCO_2$的投资成本很高(Kadam et al,2013)。这是生产过程中的一个劳动密集型步骤,需要数小时从生物质中提取虾青素(Michalak et al,2014)。降低这一成本的方法是在密度顺序提取的基础上,利用 $ScCO_2$和生物精炼方法同时提取虾青素和甘油三酯(TAG)(Kwan et al,2018)。Di Sanzo 等(2018)在 50℃,50 MPa 时,提取的虾青素和叶黄素达到最大回收率(98.6%和52.3%),在 65℃,55 MPa 时,FA 达到最大回收率(93.2%)。有趣的是,在较低的回收率下,这些化合物的纯度却相对较高(Di Sanzo et al,2018)。

为了降低生产过程成本,最近探索了湿处理方法。使用湿处理方法,提取的虾青素必须在几个小时内处理,以避免变质(Shah et al,2016)。开发了一种新的湿法

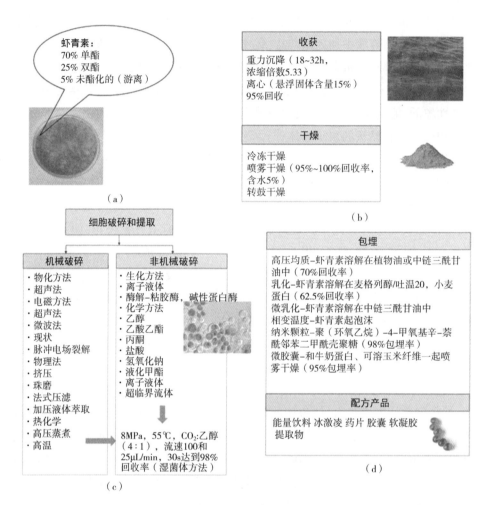

图 6.9　雨生红球藻虾青素的下游加工

细胞破碎法,水热破碎法(200℃,10 min,6 MPa),这种方法可以从生物质中提取几乎全部的虾青素,并且避免了水蒸发减少了能量输入,是一种更环保的方法(Cheng et al,2017b)。然而,应该注意的是,虽然得到的虾青素的总含量与其他处理相似,但这种方法确实导致了虾青素二酯的损失,并且没有研究该过程中化学成分的变化,这应该进一步研究。采用湿法水热破碎法结合超临界 CO_2 萃取[8 MPa,55℃,以乙醇为助溶剂,二氧化碳：乙醇(4∶1),流速为 100 μL/min 和 25 μL/min],虾青素的总回收率在 30s 内达到 98%(Cheng et al,2018)。细胞破碎和提取的高成本以及耗时的过程促使人们开始对细胞壁缺陷突变体 MT 537 和 MT 2978 的研究,这些突变是通过化学诱变获得的,通过减少次生细胞壁的厚度来克服提取的难题,潜在地降低了细胞壁破坏过程的成本（Wang et al，2005），但目前还没有进行进一步的实验，在将这项研究推向中试规模之前，还需要做更多的研究工作。

虽然从雨生红球藻中收获和提取虾青素已经得到了很好的研究，但对虾青素的包埋和配制的研究还很有限。Khalid 和 Barrow（2018）详细探究了包埋的方法。典型的包埋方法包括高压均质法、乳化法、反相法、纳米粒法和微胶囊法（图 6.9）。研究表明，在最终产品配方阶段维持虾青素的稳定性和功能性具有一定困难，需要使用低耗能的方法进行包埋（Khalid et al，2018）。包埋虾青素的稳定性会受到基质组成、乳化剂类型和稳定剂的影响，并且需要确保成分的功能性并能够满足法规要求（Khalid et al，2018）。这方面的进一步工作将会促进虾青素产品的更大范围使用，包括饮料和奶油（图 6.9）。

3.5　污染威胁

从环境中收获的雨生红球藻培养物往往受到其他生物的严重污染，包括原生动物、其他藻类、真菌和细菌（Kim et al，2011；González et al，2009）。获得无菌培养需要大量的连续分离步骤，这需要很高的专业技术。到目前为止，已经研究了微吸管、差动离心法、稀释法、趋光性、紫外光提纯和抗生素处理等方法（ersen，2005；Allewaert et al，2015）。Cho 等（2013）开发了一种从环境样品中提取无菌藻株的综合方案，通过使用超声波、细胞分选和琼脂进行微量挑选，而不需要抗生素或耗时的微吸管。超声波通过将细菌和真菌从微藻的絮状物中分离出来来减少细菌和真菌的污染（Cho et al，2013）。Cho 等（2013）报道，荧光激活细胞分选（FACS）可以去除 99.5%的细菌，但很难完全去除雨生红球藻所有生活期的附着细胞，特别是中间细胞和不动孢子。FACS 需要昂贵的设备，维护成本高，并且需要训练有素的人员，因此不适合小型生物技术公司。

雨生红球藻在绿色和红色阶段都极易受到污染，捕食者可以在小于 72 h 内消除 90%的雨生红球藻生物量（Bubrick，1991）。由于污染和控制方面的困难，大型单相开放式池塘系统已证明不能令人满意地培养雨生红球藻（Bubrick，1991；Margalith，1999）。微藻培养中的污染可以说已成为该行业的最大威胁（Day，2013；Han et al，2013a，b）。Proctor（1957c）发现，在所研究的微藻中雨生红球藻是最敏感的，并且发现在接种后 3~5 d 内莱茵衣藻很容易成为优势菌群。吸血虫（常见的淡水变形虫）也可能对雨生红球藻产业构成威胁，它们会在藻类细胞壁上穿孔以提取细胞内容物（Carney et al，2014），从而增加生物量损失和虾青素的泄漏。3 μg/mL 抗菌或抗寄生虫剂甲硝唑可有效消除雨生红球藻培养物中的原生动物（Torres-Carvajal et al,2017）。迄今为止,关于雨生红球藻大规模生产中的污染问题的报道有限（Poonkum et al,2015；Torzillo et al,2003）。有人认为,Cyanotech 公司在开放池塘中诱导虾青素的红色阶段过程持续 5~6 d 时间太短,以至于污染物无法影响系统,并且培养条件不适合其他可能污染物的生长（Olaizola et al,2003）。在工业领域,夏威夷 Fuji Chemicals BioDome™ 曾系统报道过污染情况,其他污染案例报道较少（Algae Industry Magazine,2015）。Algaelabs Ltd. 公司的商业样品中主要的微藻污染物经基因测序鉴定为星空藻（Dawidziuk et al,2017）。

自 2008 年以来,已经有几篇关于雨生红球藻培养过程中的一种新壶菌污染物的报道（Gutman et al,2009；Hoffman et al,2008）,会导致虾青素产量下降和频繁的培养失败（Han et al,2013a,b）。新壶菌的来源尚不清楚,鉴定为单细胞寄生真菌与植物病原菌关系密切（Gutman et al,2009）。培养基中的葡萄糖被发现增加了被感染的敏感性（Gutman et al,2009；Hoffman et al,2008）,这也揭示了混合营养生产的潜在劣势。壶菌的一个特征是对干燥的高度抗性,即使在真空干燥器中放置 3 周后,壶菌仍能存活,这可能使其传播到雨生红球藻培养物中（Hoffman et al,2008）。Hoffman 等（2008）报告说,当将卵囊线虫放入不同藻株（测试 20 个藻株）的培养物中时,它在中间细胞和不动孢子阶段感染了所有藻株,包括 NIES-144、SAG 34/1b、SAG 192.80、CCAP 34/19 和 SCCAP K-0084。

迄今为止,只有雨生红球藻 SCCAP k-0084 对单细胞寄生真菌感染的敏感性被深入研究（Gutman et al,2011,2009；Hoffman et al,2008）。绿色的雨生红球藻培养物被壶菌感染后会变成深棕色,并会结块（Hoffman et al,2008）。Hoffman 等（2008）观察到,壶菌感染了中间孢子和不动孢子,但运动孢子没有受到影响。在绿色阶段 3 d 后会产生高达 100% 感染率（Hoffman et al,2008）。Gutman 等（2009）发现培养 4 d 后,所有处于无孢子期的雨生红球藻细胞都附着了单细胞寄生真菌。当培养物处于氮饥饿状态时,雨生红球藻细胞更容易感染（Gutman et al,2009）,并对不动孢子的形成造成不利的影响。Gutman 等（2009）研究表明,在所研究的 13 种绿藻中,壶菌在雨生红球藻绿色和红色阶段都有感染。目前关于病原体生命周期的信息很少,关于其营养需求和感染模式的数据也很少（Strittmatter et al,2016）。单细胞寄生真菌在营养和休眠阶段之间的转换,取决其生长条件（Strittmatter et al,2016）。未来关于单细胞寄生真菌的传播具有一定的研究价值,因为它们已被确定为最容易受到不利环境条件影响,但其生活史复杂,尚未完全阐明（Strittmatter et al,2016）。应进一步加强及早预防或消除的策略,以避免这种重要的商业藻类出现培养系统崩溃。目前,正在通过综合代谢组学和转录组学确定病原体的营养需求,并正在筛选耐感染和虾青素产量高的克隆体(A4F 2015)。

迄今为止,缺乏有效的解决方案来预防或处理商业规模的大规模培养物的微生物污染,并且大多数方法都是依赖于显微镜和染色进行早期检测。其他方法包括流式细胞术,这对于小型微藻生物技术公司来说是一项高额资本投资(Carney et al,2014)。最近,已经开发出一种高分辨率熔融(HRM)分析来检测真菌和微藻污染物,并且可以在 5 h 内识别出 DNA 水平较低的污染物(真菌为 2.5 ng/mL,微藻为 1.25 ng/mL)(Dawidziuk et al,2017)。天然的、由藻类介导的化学物质存在例如脱落酸,化学制剂诸如硫酸铜和曲拉通 N 等对壶菌有效(Carney et al,2014)。到目前为止,已经申请了五项关于单细胞寄生真菌的专利,但这些方法要么是依赖于使用 qPCR 或荧光显微镜的早期检测方法,这种方法在现场不易使用,也不容易为小型生物技术公司所用,或者通过使用杀菌剂,但效果尚不清楚(WO2013127280A1、CN106755393A、AU2013353154B2、CN103857785A、CN202519240U)。开发能够根除这种"有害生物"的控制方法是至关重要的。此外,还需要针对其他食草动物和捕食者制定保护策略。

3.6 生产成本

从雨生红球藻中生产虾青素比其他藻类如螺旋藻成本更高,因为在绿色阶段需要 PBR、高电力消耗,以及从厚壁细胞中提取虾青素,增加了总体生产成本(Issarapayup et al,2011;Li et al,2011)。如上所述,从总体经济角度来看,从雨生红球藻中提取虾青素的生产成本比合成形式更高,在 Cyanotech、Alga Technologies 和 Mera Pharmaceuticals 公司,从雨生红球藻中提取虾青素的生产成本估计高达每千克 3600 美元(Li et al,2011)。

几项研究对不同地区虾青素的生产进行了详细的经济评估:欧洲、中东和远东。当雨生红球藻在平板气升式 PBR 中培养时,确定反应器大小和生产成本直接相关,但同时观察到与生物量减少也有关(Issarapayup et al,2011)。Issarapayup 等(2011)培养雨生红球藻的主要成本之一是高昂的电力成本(占总运营成本的 40%),人工照明可提高 107%的生产效率。使用生命周期评估(LCA)确定电力也是影响环境的主导因素(Pérez-López et al,2014)。在爱尔兰,虾青素一年只能在室外生产 5 个月,而在剩余时间里必须进行室内培养(Pérez-López et al,2014)。较低的光强度和生物反应器设计的变化有助于降低生产过程的成本并限制环境负担。重复使用培养基会使系统的生产效率下降 30%

（Issarapayup et al，2011），因此这不是降低成本的有效选择，但利用废水可以提供一种具有成本效益的替代方案。

　　在黎巴嫩对虾青素生产进行了工艺设计和经济评估，确定在市场价格高于每千克 1500 美元时，生产工艺在经济上可行，如果虾青素市场价格为每千克 6000 美元，1 年的投资回收期和 113% 的资本回报率（ROCE）是可能的（Zgheib et al，2018）。这是基于 2592kg 虾青素的年产量，考虑到收获成本（重力沉降和碟片式离心机）、细胞破碎（珠磨机）、干燥（喷雾干燥器）、提取（超临界 CO_2）以及剩余生物质送入厌氧消化器并用于沼气和生物肥料（Zgheib et al，2018）。上游处理的成本没有被考虑在内，因此被严重低估了。

　　基于模拟大规模生产虾青素的建模方法，有人提出在希腊和荷兰阿姆斯特丹生产虾青素的成本可能为每千克 1536 欧元（$20000m^2$，426 kg/年）和每千克 6403 欧元（$20000m^2$，143 kg/年）（Panis et al，2016）。对于上游工艺，绿色阶段（pH 7.5）选择水平管状 PBR（直径 5 cm），红色阶段（pH 8.0）选择开放式管道池，假设每个系统占用 10000 m^2。对于 CO_2 供应，选择烟道气（2.2 mg/L CO_2—5%~10% CO_2）。对于下游过程，收获包括重力沉降，然后离心，将生物质喷雾干燥得到 5% 的水分含量的产品，应用超临界流体萃取 [60℃，30 MPa，乙醇作为助溶剂（9.4%）]，得到 10%~20% 的虾青素。从模型中可以看出，6 月至 8 月是虾青素产量最高的月份。温度是影响虾青素产量最敏感的参数。使用剩余的生物质作为生物肥料（每千克 30~60 美元）可能是一个更经济的过程。此模型中用水量很高，建议在红色阶段进行水循环，从而改善经济性和环境负荷（Panis et al，2016）。管式 PBR 冷却被认为是最耗能的过程（Panis 和 Rosales，2016）。据观察，在 PBR 中培养是整个过程的最高成本，管式 PBR 冷却过程是主要成本。即使节省了这些成本，但结论是希腊和荷兰的雨生红球藻虾青素仍然无法与饲料市场的合成虾青素（每千克 880 欧元）竞争（Panis et al，2016）。进一步得出结论，夏威夷和以色列等赤道地区的培养更为有利（Panis et al，2016）。

　　为了使雨生红球藻虾青素具有与合成产品相比的成本竞争力，需要在上游（培养）和下游加工（脱水、细胞破坏和提取）的生产线方面进行重大革新。目前，降低总体成本的最简单方法是将生产转移到低成本的地点。Li 等（2011）发表了一份关于在中国昆明使用气升式管式生物反应器和跑道池塘进行虾青素户外培养的潜在生产成本的报告。假设每年可生产 33 t 生物质（2.5% 虾青素 DW），相当于 914 kg 虾青素，并假设固定资本成本折旧 10 年，生物质和虾青素的直接生产成本估计分别为每千克 18 美元和每千克 718 法郎。

除了生产过程经济外,还需要在环境上可持续地减少碳排放。实现这一目标的一个关键方法是通过减少能源、利用可再生能源和减少用水量。到目前为止,只发表了一篇关于雨生红球藻虾青素的生命周期评价,电力是造成环境负担的主要因素,特别是在绿色培养阶段(Pérez-López et al,2014)。阿尔法技术公司等公司已经将太阳能作为主要能源(规定为 250 W,15% 的转换效率,1.65m^2)(AlgaTechnologies,2015;Panis et al,2016)。在耗水量方面,工业化养殖雨生红球藻需要 1000~1500 t 淡水才能生产 1 t 虾青素量,但在红色阶段附着培养诱导对提高虾青素产量是有效的,并且耗水量是开放池塘的 30%(Wan et al,2014a)。

利用生物精炼方法,采用"高价值产品优先"原则,虾青素、植物甾醇和多不饱和脂肪酸全部提取生产出来(Bilbao et al,2016),剩余生物质用作蛋白质来源或生物肥料,可以提供可持续生产过程。利用烟道气中的二氧化碳和软饮料行业的碳酸盐,可以降低成本,并提供环境可持续的解决方案。如果使用烟道气,则需要传统且昂贵的羟乙基哌嗪乙硫磺酸缓冲液。Choi 等(2017)认为使用碳酸氢钠和磷酸盐缓冲液可能是合适的,使用 10 mmol/L 氢氧化钾和 0.1 mmol/L 磷酸盐可以维持 pH 值为 7。

4　虾青素产业生命周期及未来发展方向

全球水产养殖市场每年需要 130~1000 t 虾青素来饲养鲑鱼,饲料中的虾青素含量为 50 mg/kg(Zhang et al,2009;Solovchenko et al,2014)。CERón 等(2007)指出,对雨生红球藻生物量质量的评价应同时考虑虾青素含量和脂肪酸含量。

已经发现,水产养殖三文鱼含有的虾青素比野生三文鱼少十分之一,野生三文鱼中虾青素的生物可利用性更大(Chitchumroonchokchai et al,2017)。研究发现,在鲑鱼肉的体外消化过程中,超过 80% 的虾青素在人体内被消化吸收(Chitchumroonchokchai et al,2017)。Sommer 等(1991)进一步证实了这一点。Mendes-Pinto 等(2001)清楚地揭示了完整的雨生红球藻细胞未能在鲑鱼中实现色素累积。可扩展的压力处理系统(可生物利用的虾青素为 350 kg/cm^2)对裂解雨生红球藻细胞有效,并且添加乙氧基喹可最大限度地减少氧化(Young et al,2017)。结果表明,裂解的细胞应该喷雾干燥后加入饲料中,在 -20℃ 下冷冻,然后再喂给鲑鱼以获得商业上可接受的色素累积(Young et al,2017)。然而,众所周知,细胞破碎和提取成本很高。为了成功地将雨生红球藻虾青素引入水产养殖饲料中,需要进行一系列的开发。一种想法是通过 PBR 开发、优化培养参数和诱导以及在低成本地区运营以获得经济上有利的工艺,来提高两阶段系统中的生物量和虾青素产量。此外,可以实施生物精炼过程,将多不饱和脂肪酸与脱脂微藻一起出售,用于部分替代鱼粉蛋白(12.5%已在对虾饲养试验中尝试)(Shah et al,2018)。

另一种选择是利用红色不动孢子虾青素的积累。虾青素的合成不是由细胞分裂的停止诱导的,而是不动孢子的形成(Butler et al,2017;Hagen et al,2000)。红色不动孢子含有高达 2.74%的虾青素(占总胡萝卜素的 78.4%),并富含多不饱和脂肪酸,因此可以直接在水产养殖中应用(Butler et al,2017)。这是以色列 Brevel 公司正在探索的一个过程(图 6.10)。通过开发口服疫苗,例如预防鲑鱼中的腐殖病和免疫增强补充剂来降低死亡率(可高达 27%),从而提高雨生红球藻的价值(Overton et al,2018)以增加对水产养殖的供应。硒是免疫增强补充剂,结合到具有抗氧化和抗炎作用的硒蛋白中,而且硒也对汞具有保护作用,汞已被发现在鱼类中积累(Ralston et al,2014;Rayman,2012)。微量营养素如硒可以直接加入细胞中,在 3 mg/L(17.3 μmol/L)时,雨生红球藻生物量没有下降,总硒可以积累到 646 μg/g,有机硒为 380 μg/g(Zheng et al,2017)。目前,在提高雨生红球藻生物量及虾青素产量和降低成本方面已经取得了许多进展,这种基于生物的来源的虾青素有望取代合成虾青素。

图 6.10 Brevel 有限公司拥有一项基于室内照明光生物反应器的技术

注 这种反应器具有较小的表面积,因此不容易受到污染,并具有更好的监测和控制过程。要么是自然太阳光集中通过光纤传输到栽培池中,要么是基于人工照明。自然光在光源处被光谱过滤,以减少红外和紫外线对电池的热量和损害,从而降低了对温度控制的要求。封闭和完全受控的环境使混合营养培养成为可能,可以进一步提高产量和降低培养成本。

延伸阅读

第7章 微藻营养食品:叶黄素在人类健康中的作用

M. Vila Spinola 和 E. Díaz-Santos

摘要 叶黄素是叶黄素家族的一种类胡萝卜素化合物,其吸引人的生物活性是抗氧化能力。这种类胡萝卜素主要分布在蔬菜和水果中,并作为一种黄色色素存在于黄斑中。叶黄素广泛存在于动物组织的色素中,是一种重要的营养食品,可用于食品、药品和化妆品的着色。最近发现叶黄素在预防老年性黄斑变性、白内障、心血管疾病和某些类型的癌症方面有效,因此引起了人们对叶黄素在人类健康方面的极大关注。目前,工业化生产叶黄素的主要来源是万寿菊,尽管关于产生叶黄素的微藻的相关报道都提出相同问题:这些微生物是否可以成为可行的替代品。事实上,一些微藻菌株如阿尔梅里栅藻、条斑小球藻或小黑藻,比大多数万寿菊品种含有更高的叶黄素,并且每平方米的产量比万寿菊作物高数百倍,这表明在目前的技术水平下,微藻可以与万寿菊或其他叶黄素生产者竞争。本章综述了叶黄素作为营养食品的潜力,在与人类健康相关的代谢功能中的作用以及从微藻中生产叶黄素的情况。

关键词 叶黄素;抗氧化剂;健康;黄斑变性;微藻

1 微藻

微藻是一种能进行光合作用的单细胞生物,具有很强的适应不同环境的能力,在大多数生态系统中都存在。它们是具有重要生态价值的微生物,因为它们是海洋生态系统营养链的基础,负责固定近80%的二氧化碳。十多年来,由于它们能够合成的化合物种类繁多,以及这些化合物从生物技术角度表现出的特性,引起了人们对其相关生物技术的巨大兴趣(Alam et al,2019)。它们不仅能用于水产养殖,而且可用于功能饲料的精制、制药工业、食品工业,以及越来越多地用于医药作为营养食品,也是生产氢气或生物柴油的能源。对研究微藻的兴趣归功于其合成类胡萝卜素的能力,类胡萝卜素是一种有效的抗氧化剂,此外还有多不饱和脂肪酸和其他有益的化合物。

　　类胡萝卜素是具有共轭双键的类异戊二烯分子,只能由植物、微藻和一些细菌合成。到目前为止,已经发现了 700 多种。最重要的包括 β-胡萝卜素、α-胡萝卜素、番茄红素、叶黄素、玉米黄素、β-隐黄素、α-隐黄素、γ-胡萝卜素、链孢红素、ζ-胡萝卜素、六氢番茄红素和茄红素。

　　类胡萝卜素具有很强的抗氧化性,对人体健康有一定的药理作用。类胡萝卜素可以被一系列氧化剂迅速氧化,这极大地减少了自由基与其他细胞成分反应的可能性,如不饱和脂肪、蛋白质和 DNA(Woodall et al,1997)。

2　叶黄素及其对人类健康的重要性

　　叶黄素是一种亲脂性四萜,属于类胡萝卜素家族。与类胡萝卜素不同,叶黄素在化学结构上具有不同的含氧基团(图 7.1)。在叶黄素及其立体异构体玉米黄质中氧以羟基的形式存在,赋予类胡萝卜素与氧(ROS)的高化学反应活性,从而具有消除单线态氧颗粒的性质(Koushan et al,2013;Perrone et al,2016;Buscemi et al,

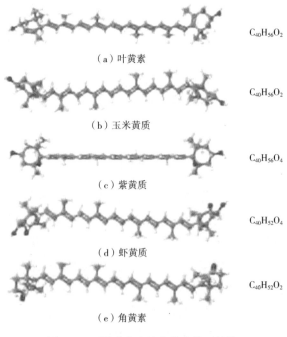

$C_{40}H_{56}O_2$

（a）叶黄素

$C_{40}H_{56}O_2$

（b）玉米黄质

$C_{40}H_{56}O_4$

（c）紫黄质

$C_{40}H_{52}O_4$

（d）虾黄质

$C_{40}H_{52}O_2$

（e）角黄素

图 7.1　不同叶黄素的化学和分子结构

2018）。此外叶黄素具有过滤光吸收的能力,能够吸收大部分蓝光(氧化损伤诱导比橙光更高),并防止由此产生的光感受器损伤(Koushan et al,2013)。此外,正如对其他类胡萝卜素所描述的那样,这类分子碳链的共轭双键的存在决定了类胡萝卜素、胡萝卜素和叶黄素的光化学和反应性质,赋予了它们的主要生物学功能:抗氧化活性。

叶黄素可以在人类饮食中找到,例如鸡蛋、橙红色的水果、蔬菜,特别是绿叶蔬菜(Sommerburg et al,1998)。在人体中,叶黄素(与玉米黄质一起)主要分布在眼睛结构中,特别是在黄斑中含量丰富,在皮肤、宫颈、大脑或乳房中也有少量分布(Granado et al,2003;Perrone et al,2016)。由于叶黄素不能由人体自身合成,并且具有高抗氧化性,因此对人类健康有潜在的益处(Sun et al,2015),目前研究人员一直在努力获得叶黄素食品补充剂的替代来源。传统上,万寿菊由于其高叶黄素含量,一直被认为是类胡萝卜素的良好来源,这种类胡萝卜素是精心地从植物的花瓣中收获的(Jian-Hao et al,2015)。在过去的几年里,微藻成为非常有吸引力的可获得叶黄素的微生物,如小黑藻、阿尔梅里栅藻、原生小球藻或条斑小球藻等(Fernández-Sevilla et al,2010)叶黄素含量很高,能够成为万寿菊的可行替代品(Jian-Hao et al,2015)。

叶黄素作为一种营养食品,其作用已得到了充分的研究,主要是在与视力和眼睛结构有关的问题(老年性黄斑变性、白内障或视网膜病变)。尽管存在争议,但一些研究已经超越了眼病范围,重点研究了叶黄素在预防心脏病、癌症风险、糖尿病或认知障碍等其他慢性疾病中的抗氧化和抗炎潜力(Granado et al,2003;Buscemi et al,2018)(图7.2)。

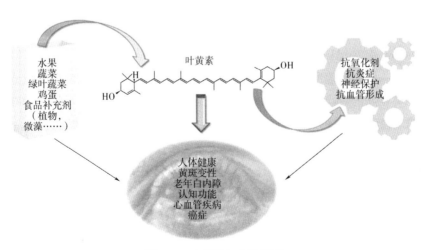

图 7.2　叶黄素与人体健康

2.1 眼科疾病

2.1.1 老年性黄斑变性(AMD)

AMD 是一种进行性和退行性眼病,影响黄斑。黄斑是位于视网膜中央后部的黄色眼部区域,直径约 5 mm,主要由叶黄素和玉米黄质形成,涉及视力和细节视觉(Pennington et al,2016)。最近的遗传学研究表明,染色体 10q26 上 HTRA1 基因的表达与患 AMD 的风险有关(Liao et al,2017)。这种疾病的发展是由于多年来光感受器持续暴露在光辐射的氧化应激下造成的。AMD 是老年人失明的主要原因,它被认为是一种多因素的风险疾病,受光照时间、饮食、年龄、遗传或日常生活方式的影响(Koushan et al,2013)。叶黄素和玉米黄质被认为是眼睛结构中的主要色素,由于其吸收紫外光的能力,在 AMD 的发展中发挥着重要作用,可成为抵御活性氧造成损害的光保护色素(Sathasivam et al,2018)。

20 世纪 90 年代报道了在 AMD 中进行的第一项临床病例对照研究,表明叶黄素在降低患 AMD 的风险方面具有积极影响(Seddon et al,1994)。到目前为止,已经开展了大量的流行病学研究,其中数据表明在人类饮食中补充叶黄素对预防和延缓发展老年性黄斑变性有有益效果,甚至表明在部分恢复黄斑中存在的类胡萝卜素的数量与之相关(Koushan et al,2013;Buscemi et al,2018)。

2.1.2 白内障

白内障是眼睛一部分晶状体发生混浊,是由于 ROS 损伤导致蛋白质沉淀在晶状体上引起的,会造成视力不清晰(Maci et al,2015)。大多数白内障与年龄相关,与 AMD 一样,是世界范围内致盲的主要原因。氧化损伤是白内障发展过程中最重要的因素,这使叶黄素和玉米黄质成为对抗白内障的良好候选物质(Manayi et al,2016)。

一些临床研究表明,叶黄素和其他类胡萝卜素的摄入量与患白内障或其他年龄相关眼病的风险之间存在关系。许多研究表明,补充叶黄素的饮食在预防白内障和减缓白内障发展方面可能有有益的效果。尽管在一些研究中,在相同的白内障亚型中,结果出现不一致或甚至失败的情况。因此有必要对白内障的发病机制进行更准确的了解,并增加参与临床研究患者的数量(Trumbo et al,2006;Buscemi et al,2018)。

2.1.3 视网膜疾病和其他与眼睛有关的疾病

虽然叶黄素及其作为抗氧化剂可能的有益作用用于与眼睛相关的疾病还相对较少,但糖尿病视网膜病变和早产儿、视网膜脱离、视网膜色素变性或葡萄膜疾病也是研究中关注的焦点。目前,在所有这些情况下,很少有针对患者的临床研究,其中许多都尚处于动物模型的初步实验阶段(Koushan et al,2013;Buscemi et al,2018)。

2.2 心血管健康

由于类胡萝卜素特别是叶黄素的抗炎特性已为人所知,一些医学和流行病学研究集中在饮食中叶黄素对预防原发和继发性心血管疾病(CVD)的作用(Maria et al,2015)。叶黄素具有降低炎症反应因子如白介素类、细胞因子、前列腺素或巨噬细胞蛋白等合成的基因转录和表达的能力,从而对ROS应激具有保护作用,这也显示了叶黄素对心血管健康具有潜在的有益作用。许多研究都集中在这些方面,并得出结论较高浓度的叶黄素和其他类胡萝卜素直接与预防高血压有关,更重要的是,可消除心血管疾病的慢性炎症,预防动脉粥样硬化,并有益于心血管并发症(Maria et al,2015;Chung et al,2017)。此外,在其他研究中,已经证明叶黄素可以参与降低低密度脂蛋白胆固醇和甘油三酯以及端粒长度,这可能对预防心血管中风有效果(Buscemi et al,2018)。

2.3 癌症风险

尽管叶黄素和不同的类胡萝卜素已经可作为营养食品,但在预防癌症方面的意义必须非常谨慎,近年来已经有研究表明,其具有抗氧化和抗炎分子的作用,考虑到癌症是一种多因素疾病,涉及细胞生长失控和功能失调的抗炎反应,并且可以定位于所有不同的器官,因此这方面的研究和结果是不同的。其中,最重要的是结肠癌、胰腺癌、非霍奇金淋巴瘤或食道癌(Buscemi et al,2018)。此外,Gong等(2018)报道了叶黄素选择性抑制乳腺细胞生长的新机制,从而为增加对此类疾病的临床研究开辟了道路。

2.4 其他人类疾病

最近的研究集中在叶黄素可能涉及的其他人类疾病上。其中最重要的是叶黄素可在大脑中的积累,从而改善了老年人的认知功能(Perrone et al,2016)。很少有证据涉及叶黄素对肺部或骨骼健康的影响,也没有证据表明叶黄素对妊娠期疾病的可能有益影响。此外,一些研究表明,皮肤中的叶黄素对太阳紫外线辐射造成的损害具有保护作用(Grether-Beck et al,2017;Zielińska et al,2017)。

3 叶黄素的生产

在万寿菊中发现的不同叶黄素酯的数量与叶黄素结构有关。叶黄素具有不对称结构,末端的 β 环和 ε 环分别在 3 和 3′ 位发生羟基化,导致单酯和双酯的形成。叶黄素单酰化或由两种不同的脂肪酸(FA)双酰化都会产生不同的异构体(Breithaupt et al,2002a,b)。考虑到叶黄素的(E)-异构体形式仅与含有 10 到 18 个碳的饱和脂肪酸发生酰化反应,理论上可能形成 35 种不同的(E)-叶黄素酯。此外,叶黄素经常以 9、9′、13 和 13′(Z)-异构体的形式存在,并与不同的饱和或不饱和脂肪酸以不同的组合进一步酰化,从而产生大量具有相似的特征的不同结构。单羟基和双羟基叶黄素也可以在多样化的组合中与 FA 酯化,进一步增强类胡萝卜素结构的可变性(Rodrigues et al,2019)。

叶黄素的结构是一个扩展的共轭双键系统。这些多烯链以顺式或反式构象(占优势)存在,从而产生大量可能的单顺式和多顺式异构体。在光、氧、热或 pH 胁迫下,异构化可以将全反式类胡萝卜素转化为顺式构型。由于在视网膜的晶状体和黄斑区积累的叶黄素主要是全反式叶黄素,因此全反式叶黄素在人体内的生物利用度可能高于顺式叶黄素(Chitchumroonchokchai et al,2004)。

3.1 微藻叶黄素

微藻生物技术生产的叶黄素表现出几个优点,包括叶黄素含量高、生长速度快、生物量高并且全年都可以收获(即独立于季节的收获)(Chen et al,2017;Fernández-Sevilla et al,2010)。

所有类胡萝卜素都是由 C5 构建块和异戊烯基焦磷酸(IPP)通过 2-C-甲基-D-赤藓糖酸-4-磷酸(MEP)途径形成的(Schwender et al,2001)。在高等植物中,胞质甲羟戊酸(MVA)和质体 MEP(也称非 MVA)途径都向微藻提供 IPP。与高等植物不同,微藻中似乎不存在 MVA 途径(Capa-Robles et al,2009)。

类胡萝卜素生物合成的第一步是由两个分子香叶基焦磷酸(GGPP)缩合,在八氢番茄红素合酶(PSY)的催化下产生无色类胡萝卜素八氢番茄红素。PSY 是该途径中最重要的调节酶之一(图 7.3)。八氢番茄红素经过四次由八氢番茄红素(PDS)和 ζ-胡萝卜素(ZDS)去饱和酶催化的连续去饱和作用,形成前番茄红素,其通过特定异构酶(CRTISO)异构化为全反式番茄红素,即第一种有色类胡萝卜素(Varela et al,2015)。

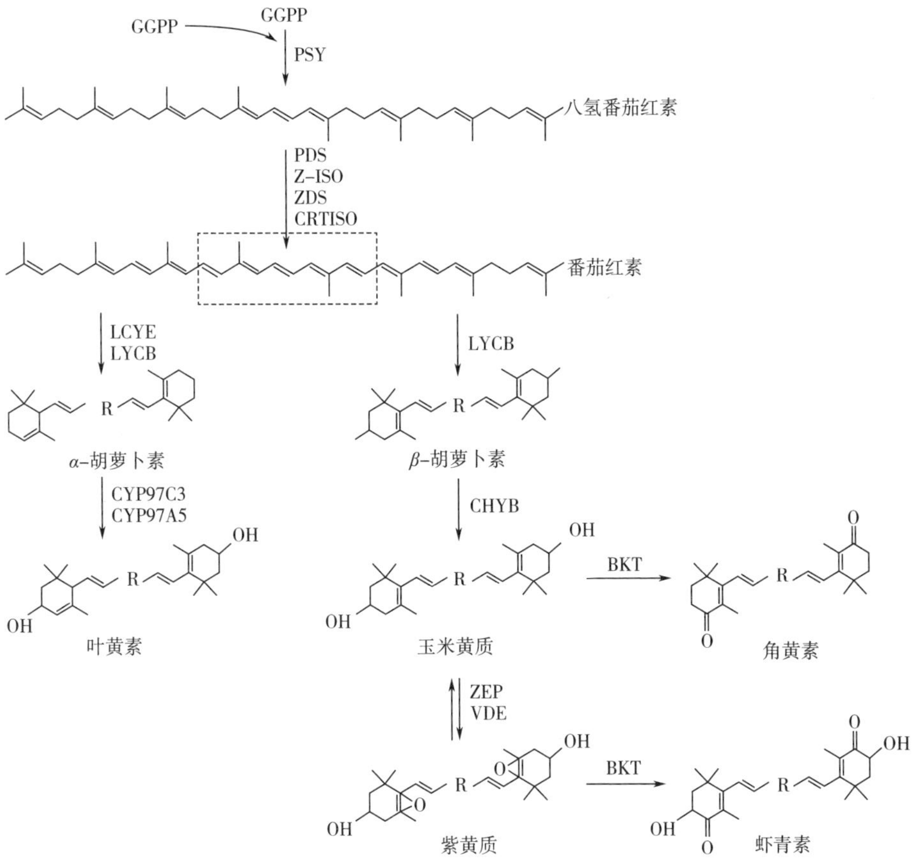

图 7.3　微藻中叶黄素的生物合成

在番茄红素的水平上,该途径分为两个分支。在一个分支中,番茄红素在两端被番茄红素环化酶 β(LCYB)环化,产生具有两个 β-紫罗兰酮端基的 β-胡萝卜素。这些可以通过非血红素二铁羟化酶、β-胡萝卜素羟化酶(BCH)进一步羟基化,以产生玉米黄质。在另一个分支中,LCYB 和 ε-环化酶(LCYE)的协同作用导致 α-胡萝卜素的形成。由两种含血红素的细胞色素 P450 单加氧酶,一种胡萝卜素 β-羟化酶(CYP97A5)和一种胡萝卜素 ε-羟化酶(CYP97C3)的催化下,α-胡萝卜素的羟基化形成叶黄素(Varela et al,2015)。

3.2　万寿菊与微藻

多年来,人类食用的叶黄素主要是通过从万寿菊花瓣中获得的。虽然技术成熟,但需要彻底的提取和生产过程,且主要是手工进行。包括微藻在内的其他富含叶黄素的微生物的研究和使用已经增加,例如通过微藻生产用于食品补充剂的叶黄素。万寿菊花(如直立万寿菊、孔雀草和金盏菊)的叶黄素含量是根据鲜花(水分含量80%)或颗粒及粉末(水分含量10%)估算的,而微藻的叶黄素含量主要是基于其干产品进行计算(Lin et al,2015)。

目前没有直接比较万寿菊花和微藻中的叶黄素含量的研究。例如,基于鲜花重量直立万寿菊的叶黄素含量在 0. 216 ~ 0. 976 g/kg 范围内,相当于 0. 02 ~ 0. 1 wt%或0. 829 ~ 27. 946 g/kg 干粉(0. 08 ~ 2. 8 wt%)(Bosma et al,2003;Liang et al,2007),(Francisco et al,1996)。基于干粉的重量,孔雀草的叶黄素含量范围为 0. 597 ~ 12. 31 g/kg(Natchigal et al,2012)。此外,基于干粉重量,金盏菊的叶黄素含量范围为 0. 04 ~ 0. 301 g/kg(Pintea et al,2003;Natchigal et al,2012)。微藻生物质中叶黄素含量的合理估计为 20 g/kg,主要是叶黄素酯形式。Campo 等(2000)报告了各种微藻物种的叶黄素含量(转换为 g/kg 生物量)如下:青海小球藻(4. 2 ~ 4. 7),柠檬绿球藻(7. 4),长鼻空星藻(3. 4 ~ 5. 0),橙色小鼠耳藻(2. 6),莫丽拉藻(0. 5),内丝藻(4. 4),斜生栅藻(5. 9),四囊(3. 5),四链藻(4. 4)和条斑小球藻(2. 4 ~ 2. 8)。还有一些研究报道了其他具有高叶黄素含量的物种,如原生小球藻(Shi et al,2002),栅藻属(Ho et al,2014)和链带藻属(Xie et al,2013)。微藻生物质中叶黄素含量的合理估计为 5 g/kg,主要是游离叶黄素形式。微藻作为类胡萝卜素的潜在生产者,其主要优势在于更容易直接从微藻生物质的加工中提取所述色素,同时可能获得其他高附加值副产品,其叶黄素含量高达总干重的 1. 2%(Lin et al,2015)。此外,微藻作为叶黄素生产者的其他优势也非常明显(Fern et al,2010;Yen et al,2013):

(1)微藻是一种廉价而有效的生物资源,可用于生产高附加值化合物,包括化学品、维生素、类胡萝卜素和多糖。

(2)微藻生长速度是高等植物的 5 ~ 10 倍。

(3)微藻可在海水、微咸水和非耕地中培养,不与常规农业竞争资源。

(4)微藻生物质可全年收获。

然而,从微藻中获取叶黄素实现商业化仍然存在一些局限性。其中,最重要的将是微藻生物质的收获以及随后的提取和纯化工业步骤的重新设计,尤其是在能源层面,以实现高效、环保和可持续的循环经济(Lin et al,2015)。

3.3 提高微藻叶黄素产量

为了使微藻生产叶黄素具有经济价值,有必要提高微藻中叶黄素的产量。

目前利用微藻生产叶黄素的研究很多,不仅优化了培养条件,还优化了化合物的提取和纯化过程。在本节中,主要讨论了通过改变培养基和条件(表7.1)来处理微藻中叶黄素的提取以及微藻的基因操作以改善叶黄素的合成。

表7.1　不同微藻的叶黄素产率或产量

微藻	培养条件	产率或产量	参考文献
原球藻	异养-光合自养过渡培养	12.36 mg/(L·d)	Yibo Xiao 等(2018)
小球藻突变株	半连续培养	6.24 mg/(L·d)	Chen 等(2019)
小球藻突变株	室外培养条件(温度 35℃/25℃,12 h/12 h 光/暗循环)	3.34 mg/(L·d)	Chen 等(2019)
原生小球藻	在培养基中添加 0.01 mmol/L H_2O_2 和 0.5 mmol/L NaClO	31.4 mg/(L·d)	Wei 等(2008)
原生小球藻	在培养基中添加 0.01 mmol/L H_2O_2,0.5 mmol/L NaClO 和 0.5 mmol/L Fe^2	29.8 mg/(L·d)	Wei 等(2008)
衣藻 JSC4	温度为 20~25℃,比例为 3∶1(白光∶蓝光)	3.25 mg/(L·d)	Zhao 等(2019)
衣藻 JSC4	625 μmol/(m²·s)强光照射	5.08 mg/(L·d)	Zhao 等(2019)
衣藻 JSC4	盐度梯度	1.92 mg/(L·d)	Zhao 等(2019)
衣藻 JSC4	750 μmol/(m²·s)强光照射	1821.5 mg/(L·d)	Ma 等(2019)
斜角栅藻 FSP-3	使用 TL5 荧光灯,光强 300 μmol/(m²·s)	4.08 mg/(L·d)	Ho 等(2014)
嗜酸微藻	PAR(光合有效辐射)+UVA(紫外线 A,8.7 W/m²)进行连续照明	7.07 mg/gDW	Bermejo 等(2018)
嗜酸微藻	加入 100 mmol/L NaCl	7.80 mg/gDW	Bermejo 等(2018)
耐温微藻 F51	光照强度为 600 μmol/(m²·s),初始硝酸盐浓度为 2.2mmol/L	(3.56±0.10) mg/(L·d)	Xie 等(2013)
耐温微藻 F51	碳铵比为 1∶1,氨氮浓度为 150 mg/L	5.22 mg/(L·d)	Xie 等(2017)
索罗金小球藻 MR-16	使用 MNNG 进行随机诱变	7.00 mg/gDW	Cordero 等(2011)

3.3.1　改变培养条件提高叶黄素产量

研究表明,应激或营养缺乏的条件以及其他类型的条件(pH、光、温度等)会促进微藻类胡萝卜素合成增加,从而提高叶黄素产量以避免氧化应激。在这些研究中,为了提高微藻的生产力,分别研究了不同的培养形式和条件。

1. 自养培养

目前自养养殖微藻生物量在实验室规模为 0.055~0.061 g/(L·d),在工业规模上低得多,因此不能满足全球叶黄素市场的需求(Rodolfi et al,2009)。虽然异养培养可以显著提高藻类的生物量并提供大量的蛋白质或油脂资源(Gao et al,2008),但较低的色素含量极大地限制了叶黄素提取的经济性,并成为微藻商业化生产的严重瓶颈(Xiao et al,2018)。

有研究报道了原生奥克逊球藻异养-自养培养模式对叶黄素积累的影响,从暗培养时有机碳到富氮条件下光照培养。在异养-自养培养中,叶黄素产率和产量在 7 d 内分别达到 12.36 mg/(L·d)和 34.13 mg/L(Xiao et al,2018)。

2. 半连续培养

Chen 等(2019)的研究表明,在小球藻突变体中,以 75%的培养基替换率进行半连续培养,叶黄素产率和叶黄素产量分别为 6.24 mg/(L·d)和 50.6 mg/L,显著高于分批和补料分批培养。在模拟室外培养条件下(即 35℃/25℃,12 h/12 h光照/黑暗周期)培养微藻可获得最高的叶黄素产率和叶黄素产量,分别为 3.34 mg/(L·d)和 30.8 mg/L。

3. 氧化应激

添加 0.1 mmol/L H_2O_2 和 0.01 mmol/L NaClO+0.5 mmol/L Fe^{2+} 可使原生小球藻的叶黄素含量从 1.75 mg/g 分别提高到 1.90 mg/g 和 1.95 mg/g。添加 0.01 mmol/L H_2O_2 和 0.5 mmol/L NaClO 时,叶黄素含量进一步提高到 1.98 mg/g。叶黄素的最大产量(28.5 mg/L、29.8 mg/L 和 31.4 mg/L)和较高的生物量浓度(15.0 g/L、15.3 g/L 和 15.9 g/L)也通过上述处理方式获得(Wei et al,2008)。

4. 光和温度

改变环境条件包括光质、温度和光波长混合比,以提高衣藻 JSC4 藻株的细胞生长速度和叶黄素产量。Zhao 等(2019)研究表明,在白光和温度为 35℃的条件下,细胞生长最好,而在蓝光和较低的温度(20~25℃)下,叶黄素的含量最高。当光混合比例为 3:1(白光:蓝光)时,叶黄素产量最高。其中,两阶段法显著提高了叶黄素含量,从 2.52 mg/g 提高到 4.24 mg/g,叶黄素产率最高达到 3.25 mg/(L·d)。此外,在相同的微藻中,控制光照强度以促进细胞生长和叶黄素的产生的研究中,在 625 μmol/(m²·s)的强光照射下,获得了高叶黄素产率[5.08 mgL/(L·d)],进一步增加光强到 750μmol/(m²·s),生物量产率增加到 1821.5 mg/(L·d),但导致叶黄素含量的下降(R. Ma et al,2019)。

在对微藻斜生栅藻 FSP-3 研究结果表明,与其他三种单色 LED(红色、蓝色和绿色)相比,使用白色 LED 可以产生更高的叶黄素生产效率。而使用 TL5 型荧光灯时,当光照强度为 300 μmol/(m²·s)时,叶黄素的产率最高为 4.08 mg/(L·d),这一结果优于大多数相关研究报道的结果。微藻中叶黄素积累的时间曲线表明,叶黄素含量和生产效率在氮素耗竭开始时达到最大(Ho et al,2014)。

在 PAR(光合作用有效辐射)+UVA(8.7 W/m² 紫外线)的连续光照下,红豆藻的生长速率为 0.40 g/(L·d),生物量生产率为 226.3 mg/(L·d),含有脂类(487.26 mg/g DW)和叶黄素(7.07 mg/g DW)(Bermejo et al,2018)。

5. 培养基

研究人员分别考察了培养基类型、硝态氮和海盐浓度对衣藻 JSC4 细胞生长速率和叶黄素产量的影响(Y. Xie et al,2019)。结果表明,盐度是 JSC4 藻株叶黄素积累的重要诱导剂,利用盐度梯度策略可以成功地优化叶黄素产量,为今后的户外大规模生产提供了有利条件。创新的盐度梯度策略显著提高了生物量生产率[560 mg/(L·d)]和叶黄素含量(3.42 mg/g),从而获得最佳的叶黄素生产率[1.92 mg/(L·d)]。

添加 100 mmol/L NaCl 可提高红豆藻生长速率(从 0.3d⁻¹ 提高到 0.54d⁻¹)、生物量[从 122.50 mg/(L·d)提高到 243.75 mg/(L·d)]、脂肪积累(从 300.39 mg/g DW 增加到 416.16 mg/g DW)和叶黄素产量(从 5.3 mg/g DW 增加到 6.7 mg/g DW)。然而,当加入 200~500 mmol/L 的盐时其生长受到抑制,但有显著的叶黄素诱导效应(高达 7.80 mg/g DW)(Bermejo et al,2018)。在尿素混合营养培养的情况下,红豆藻积累了高达 3.55 mg/g 的叶黄素,表明尿素混合营养培养有效地促进了藻株的生长和叶黄素生产效率(Casal et al,2011)。

通过对培养基组分、硝酸盐浓度和光照强度的调控,可提高链带藻的光营养生长效率和叶黄素产量。研究发现,叶黄素的积累需要在氮素充足的条件下进行,而高光强促进了细胞的生长,但导致叶黄素含量的下降。光照强度和初始硝酸盐浓度分别为 600 μmol/(m²·s)和 8.8 mmol/L 时,细胞生长和叶黄素产量最高。硝酸盐含量为 2.2 mmol/L 时,叶黄素产量[(3.56±0.10)mg/(L·d)]和叶黄素含量[(5.05±0.20)mg/g]最高(Xie et al,2013)。此外,对比无机碳和氮源的类型和浓度对改善链带藻 F51 细胞生长和叶黄素生产能力的影响的研究中,与添加 NaHCO₃ 或 Na₂CO₃ 相比,使用硝酸盐作为氮源,在 2.5% CO₂ 浓度下获得了更好的细胞生长和叶黄素积累。当碳酸氢盐-C/铵-N 比和铵-N 浓度分别为 1∶1 和 150 mg/L 时,分别获得最高的生物量产率[939 mg/(L·d)]和叶黄素产率[5.22 mg/(L·d)]。5.22 mg/(L·d)的叶黄素产率是使用分批光合自养培养相关文献报道的最高值(Xie et al,2017)。

3.3.2 基因操作提高叶黄素产量

基因工程可以提高商业类胡萝卜素生产效率。可以肯定的是,大多数基因操纵的方式是不稳定的(Díaz-Santos,2019)。因为类胡萝卜素的高含量和高生长速度,许多研究人员以小球藻为对象进行基因工程研究并生产叶黄素。Cordero 等(2011)利用 N-甲基-N'-硝基-亚硝基(MNNG)作为诱变剂,通过随机诱变获得叶黄素产量高的突变体,并根据其对胡萝卜素合成途径抑制剂尼古丁和去甲氟拉松的抗性筛选突变体。突变体 MR-16 的叶黄素含量是野生型的两倍,达到 42.0 mg/L,突变体 DMR-5 和 DMR-8 的叶黄素细胞含量为 7.0 mg/g DW(Cordero et al,2011)。另一个小球藻突变体(CZ-bkt1)含有功能失调的类胡萝卜素酮醇酶能导致玉米黄质的积累。在强光照射和缺氮条件下,Cz-bkt1 的玉米黄质积累达(7.00±0.82)mg/g,添加葡萄糖诱导玉米黄质积累达(36.79±2.23)mg/L。此外,除了玉米黄质外,CZ-BKT1 还积累了大量的 β-胡萝卜素[(7.18±0.72)mg/g 或(34.64±1.39)mg/L]和叶黄素[(13.81±1.23)mg/g 或(33.97±2.61)mg/L](Huang et al,2018)。

莱茵衣藻中 CzPSY 的过表达导致相应的 CzPSY 转录水平以及类胡萝卜素紫黄质和叶黄素的含量增加,比未转化的细胞高 2.0 倍和 2.2 倍。条斑小球藻(CzPSY)的八氢番茄红素合酶基因参与了类胡萝卜素生物合成途径的第一步(Cordero et al,2011)。

4 微藻叶黄素的提取纯化

虽然目前用皂化-提取-重结晶的方法从万寿菊花朵中分离和纯化叶黄素的工艺已经非常成熟(F. Khachik,1999),但还没有提出以微藻生物质为原料的工业化工艺。已经进行了一些研究,主要是优化破坏藻细胞的分离操作(W. Farrow et al,1966;M. Ruane,1977;A. M. Nonomura,1987;Mendes-Pinto et al,2001)、有机溶剂提取类胡萝卜素(T. Roukas et al,2001;M. A. Hejazi et al,2002;H. Li et al,2002;G. An et al,2003;P. K. Park et al,2007)和生物质的皂化(M. Kimura et al,1990;R. Fernandez et al,2000;F. Granado et al,2001;E. Larsen et al,2005)。另外,涉及从微藻生物质中回收叶黄素的整个过程的研究都是在非常小的规模上进行的(D. R. KullandPfander,1997;H. Li et al,2002)。这些方法需要大量的时间和大量的溶剂,并且忽略了细胞破坏在工业生产过程中的重要性。结合提取、皂化和纯化方法,出现了一种新的一步法,该方法跳过干燥过程可以节省时间和溶剂。

Wang 等(2016)开发了一种从万寿菊中提取叶黄素的联合方法,但对微藻叶黄素的提取和纯化的类似研究很少。为了最大限度地减少从微藻中回收游离叶黄素的时间和成本,减少操作单元,研究该过程的动力学是非常有意义的。Gong 等(2017)描述了如下过程:①系统分析现有从湿微藻生物量中提取叶黄素的一步提取、皂化和纯化方法的开发和流程;②为了更好地了解和优化工艺,首先监测了不同条件下微藻提取叶黄素的动力学指标;③使用数学模型对实验数据进行了拟合;④测定和分析了不同条件下的扩散系数以确定萃取率。Cerón 等(2008)开发了从阿尔梅里氏链霉菌中回收叶黄素的完整过程。该方法考虑了菌株中坚硬细胞壁的存在,因此包括了细胞破坏步骤。此外,还进行了碱性处理,以完成细胞破坏并帮助去除可电离的脂类。最后一个阶段是多步溶剂提取程序,然后对其进行优化,以最大限度地减少提取次数,从而减少溶剂的使用量。优化的方法可以获得富含叶黄素的提取物用于商业目的。Li HB 优化了一种从普通小球藻中分离纯化叶黄素的简单有效的方法。用二氯甲烷从皂化后的微藻中提取叶黄素粗品。用高效液相色谱法测定了不同比例的乙醇−水−二氯甲烷两相体系中叶黄素的分配值,以帮助确定叶黄素粗品中水溶性杂质的适宜洗涤条件。粗叶黄素用30%乙醇水洗除去水溶杂质,用正己烷萃取除去脂溶杂质。最终得到的叶黄素纯度为90%~98%,得率为85%~91%。

5　叶黄素市场

商业叶黄素生产关注的是全反式叶黄素含量,而不是总叶黄素含量。植物材料含有叶黄素的全反式异构体,而顺式异构体也是由于光合作用产生的。叶黄素酯在被人体吸收之前必须去酯化,因为体内将叶黄素酯水解成叶黄素的效率不到5%(Breithaupt et al,2002a,b;Granado et al,2002)。尽管关于叶黄素产品的益处在游离叶黄素和叶黄素酯之间存在差异,但缺乏证据来证明观点。使用叶黄素酯而不是游离叶黄素的医学研究,改善了黄斑疾病患者(Landrum et al,1997;Koh et al,2004)。其他数据(Subagio et al,2001)表明,酯化对叶黄素的抗氧化活性没有影响,因为叶黄素酯具有较高的生物利用度。与之相关的某些抗氧化反应的研究还在进行,目前可能不能完全确定哪一个更好:游离叶黄素或叶黄素酯(Lin et al,2015)。

目前,叶黄素的商业化产品主要以胶囊(纯叶黄素)形式,或者以与其他类胡萝卜素的混合物作为玉米和葵花籽油的一部分的形式。其中一些商业化产品是

Kemin Foods 公司的 FloraGLO© 或 Cognis 公司的 Xangold© (图 7.4)。

图 7.4　叶黄素商品化产品

　　在过去的几年里,人们对含有叶黄素保健品的需求不断增长,这在很大程度上是由叶黄素市场推动的。叶黄素被列为仅次于 β-胡萝卜素的第二高价值商业胡萝卜素,具有全球市场价值(März,2015)。按价值计算,2017 年叶黄素市场估计为 2.638 亿美元,预计到 2022 年将达到 3.577 亿美元,复合年增长率为 6.3% (A. McWilliams,2018)。预计亚太地区在未来 5 年内将成为全球叶黄素增长最快的市场。而作为亚太地区叶黄素增长最快的市场的印度、中国和日本等国则占据了亚太地区叶黄素市场 60% 以上的主要份额。

6　未来展望和结束语

　　由于叶黄素作为抗氧化剂和抗炎剂的潜力已为人所知,在过去的十年中,关于这些性质的研究以及叶黄素的生产和市场都得到了成倍的增长。最多的研究集中在叶黄素摄入对人类眼部相关疾病的影响,其中这种类胡萝卜素在预防和改善健康问题方面的益处已经得到证明。然而,尽管饮食中的叶黄素的抗氧化作用已经得到证实,但与其他疾病相关的研究目前还很少,临床结果也不清楚或有争议。在大规模生产叶黄素方面,相对于最常用的来源万寿菊来说,微藻仍是一个潜在的良好的候选来源。针对微藻提取叶黄素,可通过使用废水作为培养介质的循环经济来降低从微藻中生产叶黄素的成本,或者结合使用二氧化碳以及遗传工程和合成生物学方法,对于叶黄素作为微藻营养食品的来源来说,可能是一个很好的方法。

延伸阅读

第三部分　化妆品中的微藻

第8章 微藻与衰老

Sakshi Guleri 和 Archana Tiwari

摘要 微藻是一种可进行光合作用的生物,生存在各种不同的环境中,并扮演了生态开拓者的角色。它们主要被应用于废水处理、生物燃料、药品、化妆品和植物生长促进剂。由于微藻独特的生化和生理特性,来自微藻的生物活性化合物具有独特的潜能。微藻富含胡萝卜素和维生素 E,有助于预防癌症、皮肤过早衰老和免疫系统的问题,可作为重要的抗衰老功效的化妆品成分来源。由氧化应激引起的活性氧(ROS)能够快速降解皮肤胶原蛋白,从而导致皮肤皱纹,这是衰老的重要标志。微藻含有的酚类成分在对抗皮肤皱纹方面具有明显的作用。此外,微藻提取物还可以充当天然酪氨酸酶抑制剂,从而使皮肤美白。酪氨酸酶抑制剂对皮肤色素淀积的影响被广泛研究。微藻提取物含有的多酚类物质,具有抗炎和抑制玻尿酸酶的功效。使用螺旋藻提取物的化妆品已被投入欧洲和南美洲的部分市场。微藻产品可以很好地解决衰老的原因是因为富含抗氧化酶,可以很好地对抗 ROS 的负面效应。为了微藻在作为具有抗衰老因子和新型化妆品方面的广泛应用,需要探索更多具有潜在次级代谢产物的微藻藻株。

关键词 微藻;衰老;生物活性化合物;活性氧;化妆品;酪氨酸酶抑制剂

1 微藻及其潜能

微藻是一类具有明确界定的能够进行光合作用的生物,具有巨大的潜力和广泛的应用。大量光合作用的能力,使得微藻被赋予了巨大的代谢潜能。微藻的特性和新技术的出现引起了人们对微藻生物活性化合物及其应用领域的关注。微藻衍生产品非常重要,其应用也涉及很多方面,比如生物能源氢、乙醇、丁醇、合成气、营养素、抗氧化酶、化妆品、食品和饲料。微藻的抗氧化系统能够利用特殊的方式在极端环境下生长并衍生出一些物质保护自己的生存,如过氧化氢酶、超氧化物歧化酶、过氧化物酶等。微藻作为不同具有药妆价值产品的来源具有巨大的潜力,为应对衰老开辟新的途径。本章着重阐述了微藻在预防衰老中的应用。

1.1 微藻生物活性物质

化妆品包含的活性物质,例如维生素,植物素,化学药品,抗氧化剂和精油,已被整合到乳霜、保湿和护理产品中。在微藻中发现的生物活性化合物种类繁多,因此可以考虑将其进一步用于化妆品中,成为更有益于皮肤健康的产品(Kim et al,2008a,b)。不同的生物活性物质见图 8.1。

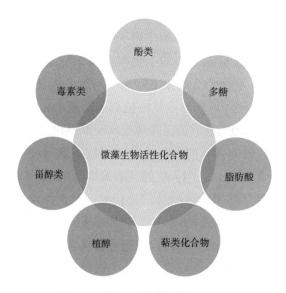

图 8.1 微藻生物活性化合物种类

1.1.1 萜类化合物

萜类化合物(异戊二烯类化合物)是最丰富的一类次级代谢产物,高级植物(包括海水中的微藻)、昆虫和少数的微生物都能够分泌萜类化合物。新型海洋萜类化合物作为化妆品制剂中抗氧化剂的研究热点,显示了其具有非常重要的价值(Paduch et al,2007;Kang et al,2004)。它们渗透能力强,毒性低。从古生植物中提取的甾体类萜称为岩藻甾醇(Jung et al,2006;Tang et al,2002)。岩藻甾醇通常是从微藻提取物中获得的一种物质(Jung et al,2006)。该化合物通过增加调节过氧化氢的抗氧化酶的浓度而显示出增强的抗氧化活性,类似的酶包括超氧化物歧化酶,过氧化氢酶等。岩藻甾醇在重建酶促过程中起着重要的作用,可通过抑制细胞膜的氧化作用来帮助分解一些成分。研究结果表明,萜类化合物同样有助于重建不可缺少的内源性抗氧化剂,例如谷胱甘肽(Lee et al,2003;

Pillai et al,2005）。

1.1.2　类胡萝卜素

类胡萝卜素是一类多样化的天然存在的四萜类化合物,能被植物、微生物和微藻所吸收,并且已经发现类胡萝卜素能够保护细胞免受氧化应激(Stahl et al,2003)。同时一些类胡萝卜素也可作为活性氧的直接淬灭剂(Edge et al,1997)。在红藻中分别发现了烯类胡萝卜素和炔类胡萝卜素,即岩藻黄质和新黄质(Bjornland et al,1976),并且在这一类别中约有 30 种独特的类胡萝卜素(Schubert et al,2006)。类胡萝卜素是根据其结构和生物合成途径分类的(Mimuro et al,2003)。

1.1.3　酚类化合物

微藻含有的高效抗氧化酶在治疗疾病过程中具有较高价值。来自海洋水体的微藻是不同酚类抗氧化物质的重要来源(Koivikko et al,2007)。这些化合物具有广泛的生理特性,例如,对过敏反应、动脉硬化、细菌、血栓、心脏疾病、血管舒张、癌症或抗生素作用产生的不利影响具有一定的改善效果(Balasundram et al,2006)。在某些褐藻中,例如马尾藻(Pavia et al,2000;Jormalainen et al,2004)中观察到了酚类化合物邻苯二酚。这些酚类化合物的干重高达 20%,主要在细胞层和组织的浓缩物中(Koivikko et al,2005)。它们是从具有八个相互连接环的褐藻中分离出来。它们的抗氧化性是多酚作用的结果,这些多酚与苯酚环一样,能够捕获电子并寻找自由基(Balasundram et al,2006)。

1.1.4　多糖

1. 岩藻聚糖

长期以来,不同种类的微藻产物能够被广泛应用于化妆品中,主要是因为能够控制其稠度,并具有生物活性、润肤性和皮肤修饰的特性(Kim et al,2005)。例如,在不同种类的褐藻中发现了一种岩藻聚糖,也称为"褐藻胶",是一种深度扩展的多糖,具有较高含量的 L-岩藻糖,且大部分被硫酸化和乙酰化(Holtkamp et al,2009)。

2. 微藻酸盐

微藻酸盐是一种多糖,是褐藻(藻科)的细胞结构的组成部分,例如分布在全世界的沿海地区的属于褐藻的掌状海带和南极杜尔维拉藻(Fujimura et al,2002;Refilda et al,2009)。微藻酸盐也是一种羧基聚合物,在褐藻中的含量高达 40% W/W。这些微藻酸盐为微藻提供了机械强度和柔韧性,可辅助适应其生长过程中的运动,同时还有助于微藻保持水分(Rinaudo,2008)。几十年来,食品工业一直使用藻酸盐作为稳定剂、乳化剂和胶凝组分,而在造纸工业中也被用作剪切稀化剂。在医学领域,它被用作牙科印模材料和伤口敷料(Augst et al,2006)。在细胞培养和组织设计中,藻酸盐可用于韧带的恢复和毛状静脉的发育(Rinaudo,2008)。

1.1.5 多不饱和脂肪酸(PUFA)

微藻是多不饱和脂肪的重要来源(Wood,1988),特别是在亲脂性提取物中(Li et al,2002a)。PUFAs 代表了微藻中大部分的总脂质,例如在扁藻、紫球藻和绿光等鞭藻中含量分别达到 20.9%,17.1% 和 17%。微藻是一种取之不尽用之不竭的资源,含有无数的不饱和脂肪,因此它为美容护理产品提供了天然 PUFAs 的可再生资源(Khotimchenko et al,2002)。红藻、褐藻和绿藻均具有可识别的不饱和脂肪酸特征,且它们的生长不依赖于陆地面积,但是,微藻栖息地的状况会影响不饱和脂肪含量。每一类海洋微藻均有一个标志性的脂肪酸特征。一些典型的脂肪酸和脂肪酸比例有助于化学分类的标记(Zhukova et al,1995;Sahu et al,2013;Temina et al,2007)。

1.1.6 类菌胞素氨基酸(MAAs)

MAAs 或类菌胞素氨基酸是一组超过 20 种化合物的集合,可以吸收紫外线,可在不同范围的海洋生物中产生,用作防晒霜可以减少紫外线的损害。其主要功能为抵御紫外线产生的强烈辐射。MAAs 还通过其抗氧化功能将危险的自由基转化为危险性较低的物质,保护人体免受阳光带来的有害影响(Dunlap et al,1995)。除此之外,它们还可以保护细胞抵抗各种压力(Oren et al,2007)。

1.1.7 毒素类

赤潮(HAB)是富营养化的结果,其毒素会毒害不同的动物或人类,对不同的生物产生负面影响。大规模的海洋死亡事件经常与 HAB 相关。HAB 的危害主要包括产生神经毒素,可毒害鱼类、乌龟、海鸟、海洋哺乳动物和人类并导致死亡。有时对一些生物可以造成重大伤害,例如能够侵入鱼的上皮组织,导致鱼失去意识,同时还会降低水体中氧气(低氧或缺氧),使细胞无法呼吸并引起有害细菌的积累(Tiwari,2010)。

蓝藻毒素是蓝藻产生的毒素,蓝藻可以释放出杀死动物和人的蓝藻毒素。蓝藻毒素同样会在不同的动物中富集,例如鱼类和贝类,并导致其中毒(如贝类中毒)。1878 年首次在《自然》杂志上就出现了蓝绿微藻或蓝藻造成致命影响的报道。这些毒素包括:

1. 肝毒素类

肝毒素是在细胞内产生的一种有毒化学物质,在细胞死亡后被释放到周围水中。这种有毒化学物质会损害肝脏,例如蓝藻(或铜绿微囊藻)产生的微囊藻毒素(Tiwari,2014)。

2. 神经毒素类

神经毒素是一种抑制神经元功能的化学物质。在某些情况下,神经毒素会破坏神经元,使其无法正常运行。另外一些神经毒素通过释放各种化学物质来攻击神经元的信号传递能力,例如由某些海洋蓝藻(或鱼腥藻)产生的天然石房蛤毒素(STX),它可以通过作用于具有钠通道的神经细胞而阻止正常的细胞功能,从而导致麻痹(Pandey et al,2014)。

3. 细胞毒素类

细胞毒素是一种对细胞具有不良毒性作用的化合物,仅针对特定类型的细胞或器官而不是整个身体。它们可以通过两种方式破坏细胞:一种是坏死,即细胞膜失去完整性并裂解,而另一种是凋亡,即细胞过早死亡(Tiwari,2012)。

4. 内毒素类

内毒素是革兰氏阴性细菌在破坏细胞壁后产生的化学物质,能够引起许多与健康相关的问题,例如疾病、恶心、呕吐、腹泻、白细胞计数波动和高血压。现在"内毒素"这个术语是脂多糖的同义词。目前,关于在淡水环境中发生的微藻有毒化合物的毒性事件的相关报道越来越频繁(Tiwari,2010)。

2　抗氧化系统与衰老

抗氧化剂是一种有可能抑制或改变不同原子氧化历程的粒子或分子。氧化过程中的电子交换会产生对细胞致命的自由基,抗氧化剂通过自身氧化以排出这些化合物,例如抗坏血酸或硫醇。另外,这些物质具有一定的医学和工业用途,例如食品和化妆品中的添加剂,可抵消能量的衰减,保持皮肤的弹性。起初这些添加剂被认为是有助于消耗氧气的化合物。

抗氧化剂可分为三大类:

(1)脂溶剂和双分子层相关的生育酚;

(2)水溶性溶剂,例如抗坏血酸和谷胱甘肽;

(3)酶类,例如超氧化物歧化酶、过氧化氢酶、过氧化物酶、抗坏血酸过氧化物酶和谷胱甘肽还原酶。

在正常的代谢过程中,自由基是一种高活性化合物,如图8.2所示活性氧的产生可以导致细胞损伤。同时,自由基也可以从自然界中产生。由于自由基有奇数个电子,因此它们是不稳定的。为了弥补电子的缺乏,这些自由基会与体内特定的物质发生反应,通过这种方式干扰细胞的正常工作。然而,与人体通常产生自由基相似,人体也具有保护自己免受损害的方法。抗氧化系统是一种有用的架构,它包含抗氧化酶或催化剂。抗氧化化合物是在植物中发现的,可以抗衡自由基的化学物质。抗氧化酶有几种不同的作用方式,比如它们可以减少自由基的能量或放弃一部分电子供自由基利用,使其变得稳定。抗氧化剂可以侵入氧化反应过程中,以限制自由基带来的伤害。总的来说,细胞抗氧化剂的主要功能是消灭或中和自由基。

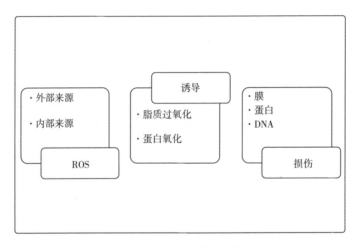

图8.2 不含抗氧化剂的人体细胞

几种抗氧化酶的共同作用可维持氧化还原的稳定,从自然状态下收集的鞘丝藻粗提取物中发现有5种超氧化物歧化酶(SOD)、两种抗坏血酸过氧化物酶和3种过氧化氢酶蛋白异构体(Tripathi et al,2001)。另外在单歧藻中含有两种过氧化氢酶和4种SOD(Rajendran et al,2007)。念珠藻经过氧化氢酶活性染色后可以看到单一的异构体,而管链藻可以看到三种过氧化氢酶异构体。含血红素的催化剂分为3类:①单功能过氧化氢酶(Zamocky et al,2008a);②植物或原生生物中的血红素过氧化物酶(Welinder,1992;Passardi et al,2007);③过氧化物环氧合酶(Zamocky et al,2008b)。此外,古生菌中还发现少量含血红素的过氧化物酶,而存在于细菌和寄生虫中的非血红素过氧化物(Zubieta et al,2007)或细菌中的双血红素过氧化物酶(Zamocky et al,2008a),是锰过氧化氢酶、钒过氧化氢酶和硫醇过氧化物酶,它们可作为还原剂催化半胱氨酸残基和含硫醇的蛋白质以减少过氧化物(Rouhier et al,2005)。

蓝藻能适应紫外线照射,主要是通过紫外吸收或筛选化合物,例如类菌胞素氨基酸(MAAs)和伪枝藻素是其特有的光保护剂。

2.1　抗氧化剂(AOS)

抗氧化剂(antioxidants,AOS)也可以用作食品添加剂以防止食品变质。暴露在氧气和阳光下会导致食品氧化,因此可以将食物放在黑暗中,并密封在适当的容器中,甚至用蜡涂层密封以防止食物变质(如黄瓜),从而达到保存的目的。这些防腐剂包括天然抗氧化剂如抗坏血酸(AA,E300)和生育酚(E306)以及合成抗氧化剂如没食子酸丙酯(PG,E310)。工业界经常将抗氧化剂添加到产品中达到特殊的目的,例如在燃料和润滑剂中用作稳定剂以抑制氧化和聚合,用于汽油中可以避免聚合产生引擎结垢残留物。大脑对氧化损伤很敏感,因为它具有高代谢率和高水平的多不饱和脂质(脂质过氧化的目标)。因此,抗氧化剂通常像药物一样用于治疗不同类型的脑损伤。例如,超氧化物歧化酶模拟物、硫喷妥钠和丙泊酚用于治疗再灌注损伤和脑损伤。抗氧化剂同样被认为是治疗神经衰退性疾病的有效药物,例如痴呆病和帕金森氏病。

2.2　活性氧(ROS)

在与还原和氧化等过程相关的细胞功能中,叶绿体进行光合作用时能够产生活性氧。在非应激条件下,这些生命形式的活性氧的生成和终止处于平衡状态。在污染、温度、过度光照和营养约束等各种不利因子下都可能促使活性氧产生,其氧化特性与这些反应活泼的自由基密切相关(Borowitzka,1995)。当氧气与代谢系统相互作用时,氧气很可能会转变为反应性强、致命的超氧化物粒子、过氧化氢、羟基自由基和单线态氧。单线态氧(O^2)会刺激其他活性氧如过氧化氢(H_2O_2)、超氧阴离子(O^{2-})、羟基(OH^-)和过羟基(O^2H)的产生。

2.2.1　活性氧(ROS)的作用

紫外线辐射产生的活性氧很容易破坏蛋白质、DNA 和其他生物分子(Douglas,1994)。活性氧和可产生氧自由基的物质(如电离辐射)可以在 DNA 中诱导产生各种损伤,这些损伤会引起 DNA 缺失、转化或突变以及其他致命的遗传影响。此类 DNA 损伤的特征表明,糖和碱基无法被氧化,但是可以导致碱基降解、单链断裂和蛋白质交联(Echalier et al,2006)。ROS 对蛋白质的氧化攻击导致位点特异性的氨基酸的改变,进而使肽链不连续,交联的、电荷改变的和扩展的蛋白反应产物的积累。在正常代谢过程中,天然构架中形成的活性氧具有潜在破坏性,因为它们会攻击细胞膜、蛋白质和DNA分子。如图8.3所示活性氧也是皮肤老化的主要原因。在铁或其他过渡金属离子和金属螯合剂的存在下,也会增加活性氧形成的概率(Chen et al,2010)。

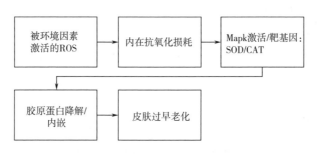

图8.3　皮肤老化与ROS机制

2.2.2　对活性氧造成伤害的保护

微藻可以通过内源性机制耐受氧气含量的增加,该内源性机制可在细胞发生任何损害之前有效清除和消除有毒产物,其中超氧化物歧化酶(SOD)能够在过氧化氢酶过氧化之前起作用,如图8.4所示。

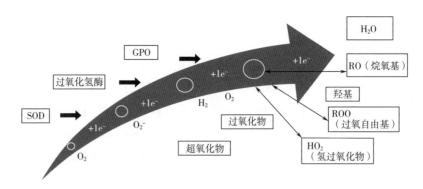

图8.4　酶促抗氧化剂的级联作用

2.3　抗氧化酶系

2.3.1　过氧化氢酶

在已知的最有效的催化剂中过氧化氢酶脱颖而出,它催化的反应对生命至关重要,它是一种典型的蛋白质,几乎存在于任何一种暴露于氧气下的生命形式中。过氧化氢酶(EC 1.11.1.6)催化过氧化氢反应变成水和分子氧,是一种潜在的、安全的氧化剂。人体过氧化氢酶的最适 pH 值约为 7。一个过氧化氢酶分子每秒可以分解约十万个过氧化氢颗粒。在 1818 年,H_2O_2 被发现能分解。1900年,过氧化氢酶被命名,并在众多植物和生物中发现了它的存在。1937 年发现了牛肝过氧化氢酶结晶,并在 1938 年确定了其原子量大小。1969 年,研究了牛肝过氧化氢酶的氨基酸序列。1981 年,打开了蛋白质的 3D 结构。过氧化氢酶是四个多肽链的四聚体,每个多肽链的长度超过 500 个氨基酸。它包含的四个卟啉血红素(铁)束,使化合物能够与过氧化氢发生反应(Regelsberger et al,2002)。过氧化氢酶的模型呈球状结构,像缠结的线。

活性位点可以通过蛋白质折叠自身形成三级结构的方式在催化剂表面上形成裂口或凹陷。具有适宜性状和大小的分子可以很容易地装配到活性位点中。基本上,过氧化氢酶可以通过单功能血红素和锰反应的活性点位上完成分离。锰过氧化氢酶结构适合形成小的基团(Allgood et al,1986)。到目前为止,在蓝细菌中,过氧化物酶(KatG)在单细胞如聚球藻 PCC 7942,聚球藻 6301(组囊藻)和聚球藻 PCC6803 中被识别出来。生化和基因检查显示,仅存在一种多功能过氧化氢酶-过氧化物酶(KatG)的单一异构体,是清除过氧化氢的血红蛋白胞质(Obinger et al,1997)。在项圈藻 PCC 7120,点状念珠藻,聚球藻 WH8102,海洋原绿球藻 MED4 和原绿球藻 MIT 9313 的基因组中未发现 KatG。

抗氧化酶也包括过氧化氢酶,是抵抗自由基的主要保护手段,其作用的发挥原则上取决于细胞的氧化状态。尽管如此,有不同的成分与其作用的调节有关,也包括不同激素酶的调节作用,例如生长激素、催乳激素和褪黑激素。褪黑激素是氨基酸色氨酸的衍生物,在哺乳动物中起神经激素的作用,但同时又被许多不同的物种所吸收,包括植物、绿色植物和微生物。褪黑激素似乎能非常有效保护脂质膜和 DNA 不受氧化伤害。褪黑激素可以直接中和 ROS,包括过氧化氢。它同样可以促进不同的氧化酶,包括过氧化氢酶,通过扩大它们的作用或促进这些催化剂的基因表达来促进不同的抗氧化酶的作用。随着年龄的增长,褪黑激素水平的降低与神经生成紊乱有关如帕金森氏病、痴呆症、亨廷顿氏病和中风,所有这些都可能与氧化有关。通常 ROS 的形成随着 DNA和细胞的成熟而增加,并对组织有损害。另外,发育激素(包括催乳激素)可以减少小鼠不同组织中的过氧化氢酶和其他抗氧化剂,表明该激素可以抑制关键的抗氧化剂成分。

氧气在我们的细胞中有一项特殊的任务,为细胞提供活力。然而,氧是一种反应性分子,如果其含量增加并且不被控制则会引起严重的问题。其结果是导致活性氧的生成,这些活性氧通过载体(例如核黄素和烟酸衍生的载体)的帮助,在氧发生电子交换时产生自由基,例如超氧化物自由基和过氧化氢,它们可以通过攻击蛋白质的离子来降解蛋白质,细胞中的游离铁粒子有时会将过氧化氢转化为羟基自由基。所有这些事件的发生都会导致 DNA 转化,而关于这种氧化损伤会导致衰老的假说仍然存在争议(Tiwari,2014)。

2.3.2　超氧化物歧化酶(SOD)

超氧化物歧化酶(SOD,E. C. 1. 15. 1. 1)在保护好氧细胞免受氧化损伤中方面发挥着重要作用。像所有其他好氧生物一样,微藻利用 SOD 分离活性氧产生的超氧阴离子(Herbert et al,1992)。

SOD 是金属蛋白,属于一种氧化还原酶(Li et al,2002b)。在细胞内,SOD 构成了抵抗 ROS 的第一道防线,并负责去除超氧自由基。

2.3.2.1　超氧化物歧化酶种类

通常带电的 O^{2-} 粒子不能透过磷脂双层。而 SOD 可在隔室中将形成的超氧化物自由基排出。微藻有三种 SOD,具有不同的金属基团辅基:

1. Fe-SOD

Fe-SOD 的位置在叶绿体。Fe-SOD 有两个不同的类型。第一种由同源二聚体组成(Thomas et al,1999)。第二种存在于高级植物中,是一种四亚基四聚体(Shirkey et al,2000),是最悠久的一种 SOD。过氧化氢可导致 Fe-SOD 失活,并且可抑制 KCN 的作用。

2. Mn-SOD

线粒体和过氧化物酶体是 Mn-SOD 存在的位置。每个亚基只携带一个金属原子。它们是同型二聚体或同型四聚体蛋白,每个亚基只有 Mn(Ⅲ)颗粒。Mn-SOD 的分子量通常为 40000~46000。较高的亚原子质量的 Mn-SOD 在少数几种亚原子质量为 110~140 kDa 的微生物中被发现。氰化钾(KCN)不能阻碍该化合物,H_2O_2 不能使其失活。

3. Cu-SOD

Cu/Zn SOD 具有与其他种类不同的电学性能,并且在整个微藻或植物中均普遍存在。它们包含两种类型的 Cu/Zn SOD。第一种是同型二聚体,第二种是同型四聚体(Bradford,1976)。Cu/Zn SOD 是一种可溶性的酶,分子量为 32000,包含两个不可区分的亚基。

2.3.2.2　超氧化物歧化酶基因

蓝藻集胞藻(Synechocystis sp.)中的 SOD 基因仅由 SODB 基因组成

（Beauchamp et al,1971），而大多数微藻 SOD 基因由两种组成：编码 Mn-SOD 的 SODA 和编码 Fe-SOD 的 SODB。固氮型蓝藻项圈藻（*Anabaena* sp.）PCC 7120 具有两种 SOD 编码基因：SODB 和 SODA。在蓝藻中，编码 Mn-SOD 的 SODA 数量不同。*Anabaena* sp. PCC 7120 的主体由膜系统组成：等离子体层和类囊体层。考虑到 *Anabaena* sp. PCC 7120 中 SODA 的分布，等离子体膜和类囊体层可通过两阶段进行分离（Sambrook et al,2001；Chen et al,1996）。在大多数蓝藻中，存在两种有利于适应环境中金属浓度波动的 SOD。在螺旋藻中，藻蓝蛋白已被证明具有抗氧化活性，因此对于人类来说可以作为一种有效的抗氧化剂，并且已被证明具有免疫调节活性和抗癌活性，具有治疗价值。在蓝藻螺旋藻中发现的 C-藻蓝蛋白（一种蓝色色素蛋白）是一种有效的过氧自由基清除剂。从念珠藻菌种中分离得到的藻红蛋白被用作电泳技术的蛋白质标记。藻红蛋白（红色素）被证明可以保护大鼠免受 CCl_4 诱导产生的毒性和糖尿病并发症的影响，还能保护肾脏免受高锰酸盐介导的 DNA 损伤、$HgCl^{2-}$ 引起的氧化应激和肾脏细胞损伤。藻胆蛋白可作为食品中的着色剂（口香糖、乳制品、胶凝体等）和化妆品中的显色成分，包括日本、泰国和中国的口红和眼线笔。

SOD 的存在有助于保护多种细胞免受自由基的极端伤害，这对于细胞的成熟、衰老和组织损伤至关重要。SOD 还可以保护细胞免受 DNA 损伤、脂质过氧化、电离辐射损伤、蛋白质变性以及许多不同类型的动态细胞变质。用于修复作用的护肤品中的 SOD 可以减少对皮肤的极端伤害，例如减轻恶性肿瘤放射后的纤维化（Obinger et al,1998）。

2.4　酪氨酸酶抑制剂和微藻

在东亚通常用作食品的微藻是生物活性代谢物的潜在来源，例如萜类化合物、多酚和卤代化合物（Mikami et al,2016）。自由基可在人体中持续产生，并导致脂质、蛋白质、化合物、DNA 和 RNA 分解，可能会导致多种疾病，例如动脉粥样硬化、心血管疾病和癌症（Li et al,2012）。通常人造的抗氧化剂能够解决这些问题，但是它们的使用会有毒性和致癌的影响（Javan et al,2013）。需要无副作用的抗氧化剂来发挥自由基清除作用，保证对抗氧化应激的安全性（Reyes et al,2013）。酪氨酸酶抑制剂的活性是皮肤美白的参数之一。酪氨酸酶抑制剂的作用过程是通过抑制黑色素生成途径中与黑色素生成有关的色素积累的催化作用来减少皮肤色素淀积。其作为皮肤保护剂的作用与抗氧化活动有关，可确保皮肤免受由于紫外线辐射引起的氧化性化合物的损伤（Park et al,2012）。强烈不断地暴露于紫外线下的皮肤会引起细胞发生不同的变化,例如 DNA 损伤、体内稳态和细胞功能丧失、因黑色素变化而造成的色素淀积不规律、免疫抑制和恶化,从而导致皮肤问题,例如光老化和非阻塞性皮肤肿瘤,即非黑色素瘤或黑色素瘤。红藻通过溴酚诱导而增强导致自由基产生(Li et al,2012)、蛋白质阻碍(Kurihara et al,1999)、营养障碍、细胞安全性、抗菌、抗癌、对糖尿病患者有害(Kim et al,2008a,b)和抗病毒作用(Park et al,2012)。酪氨酸酶对黑色素的合成具有重要价值(Wang et al,2005),并且是黑色素生物合成(sautéing)的关键化合物(Chang,2009)。但它也会引起色素淀积的问题(Tan et al,2016)。更多的自由基或活性氧(ROS)可能会引起 α-黑素细胞刺激激素(α-MSH)分泌,并导致色素淀积,例如形成老年斑、斑点、皮肤老化和黄褐斑等(Lan et al,2013)。许多常规酪氨酸酶抑制剂已被鉴定为多酚类和脂类。

3　微藻药妆品

紧贴表皮(皮肤浅层)而不会改变皮肤生理状态的产品是美容产品或称为化妆品。实际上,它们不需要合乎逻辑的调查来证明其可行性就可以被推广,例如乳液。药妆品包括天然动态成分,例如植物化学物质、基础油、营养素和抗氧化剂等(Cannell,2006)。药妆品的效果可能类似于药物、化妆品或两者兼而有之。

药妆品旨在改善、提高吸引力并清洁皮肤,尽管它们并未获得 FDA 的认可也可以购买。其产品范围较广,从控油乳液到芳香剂、护发产品、去黑头产品和沐浴露(Pereira,2018)。每个人都表现出对任何可以改善他们生活方式的东西感兴趣,并坚信许多问题的答案都是在自然中找到的,因此对使用自然资源获得产品的兴趣就扩大了,其中微藻是不错的选择。例如在欧洲,作为食物消耗的绿藻,主要为褐藻和爱尔兰红藻,大约为 70000 t/年(Mafinowska,2011)。

大约有 221 种微藻被用于食品、制药和化妆品行业(见表 8.1),并且还有大约 10 种微藻被培育,例如褐藻(*Saccharina japonica*)、红藻(*Gracilaria* sp.)和绿藻(*Monostroma nitidum*)。另外许多生产商还开发了微藻(*Spirulina/Arthrospira* spp.),主要生产商来自澳大利亚、印度、以色列、日本、马来西亚和缅甸等地。如今,全球微藻产业的价值每年超过 60 亿美元,其中 85% 为用于人类使用的营养品。像卡拉胶和藻酸盐之类的微藻提取物在化妆品中必不可少,占全球市场的 40%。

表 8.1　市面上出售的部分微藻化妆品

公司	产品名称
Aquarev industries	基于红藻的产品
Algatech	绿藻虾青素
Nykaa	血清
L' Oreal Paris	面罩
La Prairie	冰晶干油
Shiseido	Stemlan-173（WO2018074606A1）
AlgEternal Technologies	花皮
Algenist	铝酸（专利）
Repêchage Professional	海藻蜡
Greenaltech	ALGAKTIV® LightSKN™
Innisfree	爱茉莉
Revlon Professional	Eksperience™

最近申请的专利

（1）巴斯夫公司的专利 US9717932B2,标题为"用于化妆品的海洋提取物和生物发酵剂",揭示了微藻例如高迪氏缝藻以及其生物活性成分作为抗衰老化妆品应用中的皮肤护理活性成分,也可与红藻（*Chondrus crispus*）提取物一起使用。

（2）Amorepacific 公司公开了两项有关掺入微藻提取物的专利（KR1972071B1, KR1901859B1）,例如化妆品中的绿藻、红藻、棕藻和其他微藻提取物,可改善皮肤质量、抑制皮肤衰老和增强皮肤弹性以及掩盖皮肤皱纹和保护皮肤免受紫外线伤害。

（3）独立发明人 Chung Heon 开发出基于岩藻依聚糖的面膜（KR1841099B1）。首先从褐藻中提取岩藻低聚糖,然后进行发酵、干燥和粉碎。

3.1　药妆品来源

微藻是一种非常特殊的微生物,在地球上几乎随处可见。它们是水生生物链的基础,我们吸入的 70% 空气都是由它们产生,此外,它们也是抗氧化剂的主要来源。由于这些抗氧化特性,它们已被应用于制药、农业、医药和药妆领域。微藻中含有的天然抗氧化剂是具有生物活性的化合物,具有抵抗各种疾病和衰老的潜能。尽管紫外线通过阳光形成了活性氧和自由基,但是微藻的细胞成分中却没有氧化应激反应,这表明微藻细胞中存在着防御系统或者说存在着抗氧化保护系统。

微藻具有化学多样性,也具有非常独特的特性。微藻在许多研究中得到了应用,并且在药妆品中具有广泛的应用(见表8.2)。微藻由不同的生化或生物活性化合物组成,例如色素、蛋白质、脂质、维生素、酚类化合物、多糖等(Paul et al,2011),包括大量和微量元素(Majmudar,2012)。微藻可产生初级代谢产物和次级代谢产物。初级代谢产物负责基本的生长或繁殖,以便可以正常发挥各种功能,而次级代谢产物则是在各种不利条件下发挥作用的物质或化合物,例如紫外线辐射产生的压力、碱度、温度、pH值或环境毒素的变化(Thalgo La,2008)。

表8.2 药妆品中的微藻种类及其生物活性化合物

微藻种类	生物活性化合物	化妆品属性	参考文献
刚毛藻	叶绿素(a,d,c,d)	抗菌、抗氧化	Lanfer-Marquez 等(2005)
蕨藻	主要成分:类固醇、黄酮类化合物、对苯二酚、皂素	酪氨酸酶抑制剂	Demais 等(2007)
杜氏藻	酚类化合物	抗衰老	NorzagarayValenzuela 等(2017)
雨生红球藻	虾青素	抗衰老	Huangfu 等(2013)
孔石莼藻	类胡萝卜素(墨角藻黄素、叶黄素)	抗炎,抗氧化剂,酪氨酸酶抑制剂,抗衰老	Christaki 等(2013)
网村枝管藻	提取物	润肤膏	Wang 等(2013a,b)
褐藻	褐藻多酚化合物:二鹅掌菜酚	促进毛发生长	Kang 等(2012)

微藻次级代谢产物有色素、固醇和其他生物活性剂。微藻通常分为:

(1)红藻门,包括红藻,由叶绿素a、藻胆素和类胡萝卜素等色素组成。

(2)黄藻门,包括含有叶绿素a、叶绿素c和类胡萝卜素组成的棕色微藻。

(3)绿藻门,包括含有叶绿素a、叶绿素b和类胡萝卜素的绿藻。

由于成分的多样性,微藻在化妆品、药品和食品补充剂中都有广泛的应用。它们是许多高质量的生物活性化合物的来源,包含基本的氨基酸、ω-3家族以及其他脂肪酸和营养物质。

3.2 微藻作为药妆品的来源

由于微藻具有抗氧化作用,具有对抗粉刺和活性氧的能力,因此微藻的价值在皮肤治疗或药妆中具有很高的意义。它们可被用作抗衰老和消炎药(Berthon et al,2017)并抑制黑色素生成,还具有紫外线光保护和抗黑素瘤的作用(C. Corinaldesi et al,2017)。大量的研究表明,微藻生物活性化合物具有适当下调金属蛋白酶和酪氨酸酶抑制剂活性中的作用。

从微藻获得的化合物在皮肤的健康和护理方面具有多种有益作用(表8.3)。褐藻来源的褐藻酚和各种多糖在化妆品中有许多应用(Choi et al,2018)。由于其收获简单和生长速度快,微藻还有许多其他应用。

表8.3　微藻种类及其在化妆品中的应用

微藻种类	类型	色素	代谢物	应用
孔石莼藻	绿藻	叶绿素(a,b),β-胡萝卜素	油酸和亚麻酸	抗氧化、抗炎、抗皱、保湿(2017)
海棕榈	褐藻	叶绿素 c,墨角藻黄素	—	皮肤软化、抗皱、抗炎(2017)
脐形紫菜	红藻	藻红蛋白	亚麻酸	皮肤护理剂(2017)
螺旋藻	蓝藻	藻蓝蛋白	亚麻酸、藻蓝素、藻红素	抗衰老、胶原合成、抗炎症、抗氧化(2013)
杜氏盐藻	绿藻	叶绿素(a,b),β-胡萝卜素	棕榈酸、亚麻酸、β-隐黄质	抗氧化剂、润滑剂(2017)

微藻在化妆品中的一些具体应用如下所述。

3.2.1　微藻作为防晒和保湿剂

黑色素是存在皮肤中的一种色素,当皮肤直接暴露在紫外线辐射下时会吸收紫外线(Gong et al,2007),黑色素是一种复杂的聚合物,可以使人的皮肤变色并且可以保护人的皮肤细胞。不断增加日光照射量会增加黑色素水平,导致晒黑(Park,2006)。酪氨酸酶可由阳光辐射激活,经阳光催化反应并合成黑色素体,然后成熟并变成黑色素。如果进一步发生分化则会形成角质细胞从而加剧了皮肤的恶化(Silab,2018)。黑色素的过量生产会导致色素淀积过度,因此酪氨酸酶抑制剂可用于改善色素淀积(Dae et al,2007)。像褐藻中的褐藻黄质这样的色素也可以抑制黑色素生成。黑色素是由位于基底表皮层的黑色素细胞细胞传递的(Solano et al,2006)。酪氨酸酶抑制剂在脱色和增白过程中发挥着重要作用(Liang et al,2012)。

化学酪氨酸酶抑制剂可能导致曲酸产生副作用如色素接触性皮炎(García-Gavín et al,2010)以及熊果苷带来的遗传毒性的影响。为了使皮肤表皮更柔软,需要在皮肤上涂抹保湿剂,该保湿剂由一些化学混合物组成。不湿润的皮肤容易出现各种皮肤问题,例如痤疮甚至湿疹。因此,保湿剂可帮助皮肤保持水分,并防止瘀伤、皱纹和干燥。某些酸(如透明质酸)和微藻中的各种多糖(如琼脂、藻酸盐、卡拉胶和岩藻素)可与水一起帮助保持皮肤保持水分。来自某些微藻的多糖可以吸收水分起到舒缓的作用,例如褐藻和软毛松藻有助于水分的适宜分配。即使在不利的气候条件下(例如炎热和干燥的环境),这也可以使皮肤保持水分和湿润(Wang et al,2013a,b)。

3.2.2 微藻作为抗衰老剂

皮肤缺乏弹性出现皱纹,包括皮肤的变色或失去光泽,都是老化的迹象。皮肤随着年龄的增长会慢慢老化。造成这种状况的因素不仅是年龄,还包括恶劣的环境因素。恶劣的环境条件会导致皮肤干燥、变薄、松弛和毛孔扩大等,从而导致过早产生皱纹和皮肤衰老。引发这种现象的主要因素包括皮肤表皮层中金属元素的持续损失、营养缺乏和水分缺乏。其实皮肤衰老最常见的原因是活性氧。许多研究人员已经得出有关微藻产品及其抗衰老特性的结论。例如,维生素 E 和胡萝卜素可滋养皮肤,使皮肤恢复活力并保持皮肤年轻的状态,同时还降低了皮肤癌和恶性毒瘤的几率。微藻如囊藻、火焰藻、扇藻和多管藻等被用作抗衰老剂。紫外线会损害皮肤并加剧皮肤衰老,而菌孢素类氨基酸可以保护皮肤免紫外线的损害(Christaki et al,2013)。

弹性蛋白酶和基质金属蛋白酶(MMP)可引起弹性纤维的降解和胶原蛋白的分解。当暴露在辐射下时,皮肤开始失去弹性和出现皱纹。此时较多的 MMP 对皮肤的危害比较大。海洋中的一些生物组织,特别是大型微藻,会产生多种可防御老化的化合物(Pallela et al,2010)。具有这种生物活性化合物的大型微藻可以吸收两种类型的紫外线辐射,即紫外线–A(UV–A)和紫外线–B(UV–B),其中一些可以抑制 ROS 和基质金属蛋白酶的形成。天然存在的产量较高的一种有机化合物菌孢素类氨基酸(MAA)能够抵御 UV–A 对于皮肤的损害。MAA 的特征之一是具有水溶性,可以各种生物形式存在于微藻以及许多海洋生物中,例如珊瑚。MMA 红毛藻–334 可以从红藻脐形紫菜中获得,其在 334 nm 处的保留系数为 42300,表明其防晒能力类似于人工合成的 UV–A 防晒霜(Ryu et al,2014)如丁基甲氧基二苯甲酰甲烷(Daniel et al,2004)。

3.2.3 微藻作为皮肤愈合剂和抗菌剂

微藻酸可以抑制疤痕的形成(Borowitzka,2013),不仅如此它还可充当物理屏障以侵袭纤维母细胞从而帮助伤口愈合。微藻酸盐在组织工程和临床试验领域有着广泛的应用。基于可溶性微藻提取物的敷料有助于伤口愈合。长心卡帕藻(一种红藻)的乙醇提取物可促进伤口愈合和头发生长(Lanfer-Marquez et al, 2005)。

微藻可以防治皮肤发炎引起的寻常性痤疮。寻常性痤疮是一种典型的皮肤病或皮肤状态,会影响许多青少年和成年人。皮肤性疾病主要包括毛孔堵塞或者所说的白头、粉刺、油性皮肤和皮肤疤痕。皮肤长痘会持续相当长的时间并导致疤痕和皮肤变形,并影响身体中正常的生理进程(Leyden,1995)。皮肤长痘的发病机理具有一定的复杂性,在大多数情况下,它被认为是具有不同因素的暴发性疾病,这些因素包括毛囊角蛋白的产生、皮脂分泌和引起皮肤发炎的微生物等(Farrar 和 Ingham,2004)。表皮葡萄球菌、铜绿假单胞菌和金黄色葡萄球菌通常与痤疮发生有关(Yamaguchi et al,2009)。具体来说,厌氧微生物(革兰氏阳性)的感染被认为是常规痤疮形成的原因。寻常性痤疮可以通过抗毒素治疗(如克林霉素和红霉素)从而对抗微生物的生长。然而抗感染化合物的广泛使用也会引起细菌阻塞毛孔。另外,抗菌药物可能会引起皮肤过敏和皮肤恶化。因此,从微藻中提取的生物活性化合物可能是最好的选择。微藻提取物已被发现具有抗菌和抗真菌特性(Pérez et al,2016)。同样,某些微藻的提取物不仅有抗菌作用,并且还可以调节皮肤,促进胶原蛋白的形成,以改善皮肤发炎并加速皮肤营养。

3.2.4　微藻作为头发生长促进剂

脱发是困扰数百万人的主要问题,其背后有很多原因,其中包括衰老。许多研究都是为了防止脱发和促进头发生长,例如,从褐藻的提取物中分离出来的二鹅掌菜酚可进一步用于解决头发问题(Kang et al,2012)。

3.3　微藻产品优势

从微藻中提取的一些化合物在化妆品工业中可用作增稠剂、阻水剂和癌症预防剂,并用于面部和健康的护肤产品。其在美容护理产品和药品中,天然类胡萝卜素比合成类胡萝卜素更受青睐,在营养和饲料行业中也有广泛的应用。值得注意的是,微藻含有的蛋白质、β-胡萝卜素、叶黄素、糖、酚类和类黄酮化合物具有不同的应用。来自微藻的类胡萝卜素是基本的癌症预防剂,在抑制光合作用过程中产生的活性氧方面起重要作用。微藻产品具有许多优势,如图8.5所示,都是基于如上所述的具有独特、新颖和潜在的有益特性的生物活性化合物。

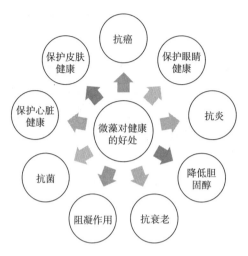

图 8.5 微藻对健康的好处

4 展望与建议

从对类胡萝卜素、酚类、类黄酮、蛋白质和淀粉等生物活性化合物的研究可以看出微藻是很有前途的物质。从微藻中分离和鉴定新的代谢产物将有助于改善新疗法、药妆、营养保健品和食品。其中一些研究热点产物正在美容护理产品、药品、食品和饲料企业中发挥一定程度的作用。类胡萝卜素、酚类和类黄酮是一种固体防癌剂,适合搜寻因羟基聚集的氧。目前,一些微藻作为一种自然固定剂被有效地用于各种修复项目,进一步增加了这些产品的价值。一些微藻产品的主要成分是一些从微藻中提取的颜料。各种生物活性化合物的代谢产物构成了不同的特性和价值例如多糖或蛋白质等。这些代谢物可通过对抗皮肤衰老、癌症、缓解皱纹从而来改善皮肤质量。微藻还可有不同的用途例如生物能源、生物肥料、补充剂等方面。

然而,目前对于微藻化合物知之甚少,需要进行更多的探索以获得在化妆品方面更多的价值。幸运的是,最近的研究表明许多微藻衍生品可以在不久的将来带动化妆品行业的发展。随着人们对抗衰老化妆品的好奇心和需求的增加,大量微藻的特性值得进一步研究。

延伸阅读

第9章 微藻提取物及其生物活性物质：新一代化妆品的机遇与挑战

Lorenzo Zanella 和 Md. Asraful Alam

摘要 在过去的几十年中,化妆品行业的目标是不断开发能影响人体外观、防止衰老并促进皮肤和头发健康的产品。随着消费者对绿色经济意识的增强,微藻作为新型活性成分的来源引起了业界的关注。微藻是能够合成影响人体新陈代谢的生物活性分子的真核微生物。

可以采用可持续和环境友好的技术培养微藻,并从中获得多种有益的化合物,包括类胡萝卜素、多酚、维生素和多糖。目前微藻提取物产品已经商业化,这些产品具有多种生物活性,例如促进头发生长、减轻太阳辐射损害、调节皮肤色素沉积、紧致皮肤和抗衰老。然而它们的作用机理和代谢作用尚未完全了解,有可能低估了其有益的作用。本章旨在总结微藻在化妆品工业的最新应用,并对采用的实验方法和潜在的前景进行了讨论。

关键词 微藻;天然提取物;化妆品;皮肤;色素沉积;真皮;角质细胞;黑色素合成;皮脂生成;毛囊;生物活性;氧化应激;透皮给药

缩略语

1 前言

在生物界,所有生物都具有细胞代谢过程所需的酶,但有些生物还具生成次级代谢产物的特性,尤其是在原核生物、植物和真菌中。这些代谢物通常可防止生物受到外部环境的潜在损害包括抗氧化剂或毒素。在自养生物中,次级代谢

产物包括维生素、特殊的大分子(如长链不饱和脂肪酸)和一些用于光合作用的
辅助色素如类胡萝卜素(CTs)。类胡萝卜素在人体中可以作为自由基清除剂
(Zhang et al,2014),其中一些化合物是动物和人类不可替代的膳食维生素和微
量营养素来源。化妆品行业越来越意识到微生物、生物化学能够提供许多化合
物来保持青春和美丽。在最丰富的活性成分来源中,微藻已成为特别关注的对
象,因为它们具有合成和储存生物活性物质的非凡能力(Plaza et al,2009)。在这
方面,有一些特别的说明,微藻(MAs)一词通常指很多类型的微生物(系统概述
请参阅 Andersen,2013),例如属于蓝藻菌群(也称为蓝藻)的原核生物也包括在
内。蓝藻具有典型的细菌生物学特性,包括其细胞壁中的原核多糖和具有高生
物活性的特殊色素(藻蓝素)。然而严格意义上的 MAs 有一个核,属于真核生物
并具有自己的生化成分,有时还包括与大型微藻或高等植物共有的分子。本文
涉及微藻是狭义上的微藻(图 9.1 显示了具有美容价值的绿球藻)。

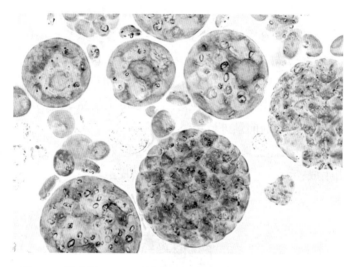

图 9.1　绿球藻(*Chlorococcum minutum*)(来源:Cutech Srl 提供)

1.1　微藻在化妆品中的研究进展

由于海洋水产养殖,MAs 的工业开发利用已变得非常重要,因此大量的近代
研究得以开展。在 20 世纪初,为了给无脊椎动物提供营养物质开始出现了单一
培养 MAs 的情况(Allen et al,1910)。当培养的 MAs 供人类食用时,商业化的应
用也开始了(Bruce et al,1940;Rhyter et al,1975)。

在随后的几十年中取得了许多进展,例如选择单种藻株为双壳类和虾的幼

虫期提供营养(De Pauw et al,1984)。但是,在这些开创性的研究中,微藻旨在用于为动物提供食物。MAs 常用作食物,其生化成分在其他应用中的生物学价值是后来才发现的。在 20 世纪 70 年代,由于以浮游动物为食的幼体海鱼早期阶段存活率低,并且幼鱼的畸形发生率高,首次尝试繁殖珍贵的海水鱼收效甚微。当一些研究人员通过喂食"浓缩的"轮虫(即饲喂某些微藻)来满足许多海鱼幼鱼的高营养要求时,才能解决了这些问题,MAs 中多不饱和脂肪酸(PUFA)和其他高含量的必需营养素被认为是成功的关键因素。在此方面日本水产养殖业做出了重大贡献(Watanabe et al,1983),并取得初步成功。自 70 年代以来,养殖户选择了许多具有生物价值高的次级代谢产物、无毒、适应集约养殖条件等基本特性的 MAs 品种进行养殖,它们可用于化妆品的开发,甚至,这三个要素使微藻成为化妆品工业理想的天然成分来源。

创新的另一个关键要素是光生物反应器中集约化微藻培养的发展,该技术可在不使用杀虫剂的情况下进行集约化生产,具有生态可持续性并可进一步扩大到工业化。然而,尽管现代光生物反应器的使用降低了生产成本(Molina Grima et al,2003;Tredici et al,2016),但 MAs 生物质的最终价格仍然相对较高(Barsanti et al,2018)。

化妆品行业是可以利用 MAs 生化特性的行业之一,可以使用相对少量的生物质来开发增值产品。

1.2　基于生物活性物质的美容治疗新概念

化妆品传统上分为皮肤护理、化妆、身体和头发护理、口腔化妆品和香水(Mitsui,1997)。在 20 世纪 80 年代之前,化妆品主要用于美化或覆盖轻微可见的皮肤瑕疵,或者用于改善皮肤及其附属结构。其生物活性主要是由于某些成分的理化特性,例如润肤剂和保湿剂。化妆品中一直存在着有益的天然成分,但是随着环境敏感性的发展,直到最近这一方面才成为主流,并设计出了一系列具有天然活性物质的新化妆品(Kumar,2005;Paye et al,2009)。药妆品概念的诞生,是由皮肤科医生阿尔伯特·克里格曼将"化妆品"和"药物"两词融合而成的新词(Tsai et al,2008)。药妆品被定义为"既不是口红或胭脂等纯化妆品,也不是皮质类固醇等纯药物,而是位于两个点之间构成的一个广泛的中间群体"(Kligman,2005)。

寻找适合化妆品行业的活性成分的研究得到了极大的推动,从天然提取物中获取活性成分是发展的主要方向,因为其丰富的分子都是已知的传统草药的成分。由于其丰富的活性化合物和强大的商业吸引力,微藻化妆品的开发是社会文化和工业发展趋势的一部分。

2 微藻生物活性及其在化妆品中的应用

2.1 微藻是活性化合物新来源

自远古时代以来,传统医学以及化妆品就利用了植物的生物特性,以获取含有对人类健康有益的活性分子的天然提取物。在陆生植物中,许多代谢物根据其特定功能聚集或存储在不同的器官(例如根、叶、花和果实)中,因此只有该部分可用于制备化妆品成分。而 MAs 是单细胞生物,整个酶库和代谢物都集中在同一细胞中。有时细胞以群体的形式组织起来,例如许多硅藻门类。然而,在每个细胞中代谢能够维持自给自足。因此,生物质微藻是均质的,并可全部用于提取活性成分,其组成取决于细胞特性、使用的溶剂和提取过程(Chojnacka et al,2015)。

一些菌株被鉴定为特定化合物的来源,尤其是在适当的环境条件下培养时能够累积大量的特定化合物。利用 MAs 的主流方法是将其用作生物工厂来生产有益特性的化合物(Barclay et al,1994;Jin et al,2003;Spolaore et al,2006;Catalina Adarme-Vega et al,2012;Priyadarshani et al,2012;Guarnieri et al,2015;Guedes et al,2011;Koller et al,2014;Wobbe et al,2015;Singh et al,2017;Islam et al,2017)。代表性的例子是从雨生红球藻(*Haematococcus pluvialis*)中提取虾青素(ATX)(Guerin et al,2003),从杜氏盐藻(*Dunaliella salina*)中提取 CTs(Jin et al,2003;Pisal et al,2005;Del Campo et al,2007)和从三角褐指藻(*Phaeodactylum tricornutum*)(Reis et al,1996)、紫球藻(*Porphyridium cruentum*)(Asgharpour et al,2015)、隐甲藻(*Crypthecodinium cohnii*)(Mendes et al,2009)和微绿球藻(*Nannochloropsis* spp.)(ForjánLozano et al,2007;Chini Zittelli et al,1999)中提取 ω-3脂肪酸。

不幸的是,这种方法受到与鱼油和化学工业等能够产生相同分子的传统来源竞争的影响。然而,利用 MAs 的丰富性去开发更多功能的提取物,并通过处理组织的各种代谢过程获取有益效果是一种良好的替代方式。该方式将在下面进行更详细的讨论,但值得注意的是,从生物质中提取特定生物活性物质涉及相关的纯化成本,而多功能处理方法则利用了简化的提取过程。具有广泛作用的提取物需要更多的研究工作来表征其对组织或器官的影响,并且具有工业生产价格较低、其成分不能被商业竞争者复制的优点。

2.2　对皮肤及附属结构的影响

历史上,最多的应用研究是在防止衰老和减少皱纹方面。衰老会导致皮肤结构组织的整体丧失,特别是在真皮层中产生明显的影响,其生物力学特性可归因于由蛋白质、蛋白聚糖和糖胺聚糖(GAGs)组成的纤维状和无定形的结缔组织(细胞外基质,ECM)的变化。因此,许多化妆品声称有能力刺激真皮层 ECM 的合成并保护其免受降解过程的影响。

为了延缓衰老,现代化妆品科学还开发了多种活性产品,旨在改善皮肤新陈代谢的其他方面,例如水化状态、角质层(SC)的光滑度、皮脂的调节和黑色素的生成,甚至扩展到与病理性疾病相关的治疗例如黄褐斑、痤疮、脂溢性皮炎、各种形式的皮炎或牛皮癣和日光性红斑。迄今为止,从微藻中获得的制剂在皮肤及其附属结构上显示出各种活性,这证实了它们是具有高美容价值的活性化合物的宝贵来源。然而,对它们的适度开发需要对皮肤生物学和调节其新陈代谢的分子信号有更深刻的理解。

2.2.1　皮肤解剖学

皮肤是人体最大的器官(1.5~2 m^2),平均厚度为 1~2 mm,各部位从眼睑的 0.5 mm 到肩胛骨超过 6 mm 的范围之间不等(Saladin,2007)(图 9.2)。

皮肤由表皮和真皮组成,在解剖学上,下面的脂肪层(称为皮下组织)虽然与皮肤紧密相连,但通常被认为是不一样的,因为一些脂肪细胞可以分散在真皮深处,并且通过细胞因子的持续交换而发挥功能。表皮是表层,由基底层与真皮分开,基底层是致密的平面网状结构,主要由糖蛋白(如纤连蛋白和层粘连蛋白)和 IV 型胶原蛋白(COL-IV)组成。表皮是一种密集细胞化的上皮组织,由约占 95%的角质细胞(KCs)组成(McGrath et al,2010),并从初级基底层开始增殖。在基底层的 KCs 中有黑色素细胞,起源于神经外胚层的特化色素细胞。黑色素细胞可以呈现树突状并形成临时的细胞突起,即所谓的伪足,将黑素体带离细胞中心。KCs 可以通过吞噬作用吞噬黑色素细胞伪足的尖端,从而获得一定量的黑色素(Nordlund et al,1989)。该过程调节皮肤色素淀积,并受阳光辐射(皮肤晒黑)的影响。

在基底层中重要的细胞相互作用之后,KCs 移向表皮表面,经历分化过程,从而导致 SC 的形成。

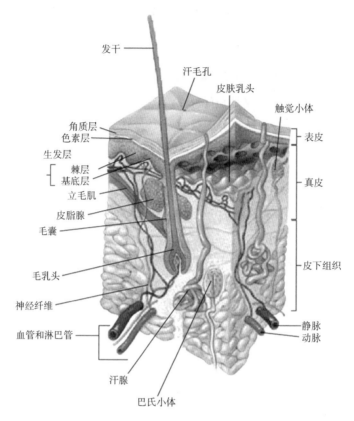

发干

汗毛孔

皮肤乳头

触觉小体

角质层
色素层

表皮

生发层

棘层
基底层

真皮

立毛肌

皮脂腺

毛囊

毛乳头

皮下组织

神经纤维

静脉
动脉

血管和淋巴管

汗腺

巴氏小体

图9.2　皮肤及其底层结构的横截面[图片由维基媒体、USGOV
（公共领域）提供]

1. 角质细胞的分化

KCs 从基底层扩散并分化，从而形成：基底层或生发层、棘层、颗粒层和角质层（见图 9.3）。在掌跖皮肤中观察到介于颗粒层和角质层之间的另一个电透明层称为透明层（McGrath et al,2010）。分化过程称为角质化，并受 Ca^{2+} 浓度的调节，Ca^{2+} 的浓度从基底层到 SC 都有所增加（Eckhart et al,2013）。角质细胞分化导致细胞骨架硬化蛋白的合成，在角质化膜（CE）和脂质中形成，并被限制于层状体中（Candi et al,2005；Eckhart et al,2013）。CE 的主要蛋白质是兜甲蛋白（含量最高的蛋白质）、内被蛋白、丝聚蛋白（将角蛋白丝聚集成紧密的束）、弹力素（丝氨酸蛋白酶抑制剂）和具有抗氧化特性的富脯蛋白（SPRs）（Steinert, 1995；Rinnerthaler et al,2015）。这些蛋白质约占表皮质量的 7% ~ 10%（Candi et al,2005），在 KCs 分化的不同阶段被合成，并通过转谷氨酰胺酶（尤其是转谷氨酰胺酶 1 和转谷氨酰胺酶 3）交联，这些酶依赖 Ca^{2+}，并能催化 ε-（γ-谷氨酰基）赖氨酸的交联反应(Terazawa et al,2015)。

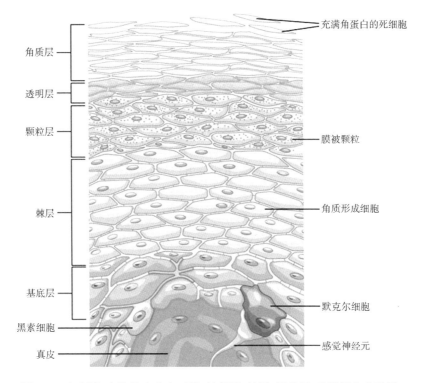

图 9.3　表皮层(皮肤的表皮有五层:基底层、棘层、颗粒层、透明层和角质层)

在颗粒层中,KCs 形成了层状体,该层状体源自高尔基体,并充满了磷脂、葡萄糖基神经酰胺、鞘磷脂和胆固醇(Feingold,2007;Rinnerthaler et al,2015)。在分化的最后阶段,KCs 坍塌成角质细胞的死亡细胞,这些细胞通过角蛋白桥连接,而层状体被分泌在细胞外空间,在那里完成角膜基质的成熟过程。部分聚丝蛋白被半胱天冬酶(Casp-14)降解为氨基酸,其中一些可作为天然保湿因子(NMF)。丝聚蛋白也是组氨酸的主要来源,其在代谢层中被进一步代谢为有效的 UV-B 清除剂尿刊酸(UCA)(Eckhart et al,2013)。

成熟的 SC 是被称为"砖和灰浆屏障"的复杂结构模型,其中脂质基质是灰浆,而角质细胞是砖(Nemes et al,1999)。有趣的是,角质层的固缩细胞质被天然保湿因子占据即氨基酸及其衍生物和盐,有助于 SC 的水化和弹性。表皮表面被皮脂润滑形成蛋白质脂质屏障,可与微生物相互作用并调节 SC 的脱落。

2. 真皮

真皮位于基底膜之下,真皮由 ECM 的蛋白质和多糖构成,并且其中分散了纤维母细胞(FBs)和免疫系统的细胞。在蛋白质中,(人源)天然蛋白占干重的70%~80%,赋予皮肤弹性,紧随其后的是弹性蛋白(占真皮体积的2%~4%),提供弹性和柔软性(Waller et al,2006)。含量最多的GAG为透明质酸(HA),其次是硫酸软骨素的衍生物。尽管GAG仅占皮肤干重的0.1%~0.3%,但它们可以与水结合达到自身体积的1000倍(Bernstein et al,1996),从而调节器官的水合作用和饱满状态。内在和光诱导的衰老过程决定了所有这些结构分子的变化,从而损害了皮肤的机械性能,并降低了其结合水的能力(Waller et al,2006)。FBs负责ECM的合成,但它们也与免疫细胞一起参与细胞外基质的降解,释放出基质金属蛋白酶(MMPs)、透明质酸酶和其他蛋白酶(Pittayapruek et al,2016)。

3. 皮肤的附属结构

皮肤的主要附属结构是皮脂腺(SGs)、汗腺、毛囊(HFs)和指甲。这些器官与周围的皮肤环境紧密结合,并具有自身的新陈代谢。SGs是由皮脂细胞组成的全脂腺,这些皮脂细胞由未分化的基底层细胞转变为脂质生成细胞,最终死亡并分泌油脂和皮脂(Mitsui,1997)。皮脂由角鲨烯、甘油酯、蜡、游离脂肪酸以及游离酯化的胆固醇组成(Picardo et al,2009;Wertz,2009)。它通过SG导管(或者几乎都是通过HF导管或排泄管)排泄到皮肤表面,因为HFs和SGs在解剖上均与所谓的毛囊皮脂腺单位相关。

头皮和身体的HFs对外表和相关的心理、社会和文化内涵具有巨大影响。因此,护发市场具有巨大的商业价值。HF是一个复杂的器官,其特征是在生长期(发育期)之间持续不断的周期性循环转变:在生长阶段可观察到生长的头发;消退阶段(退化阶段),其中大部分HF细胞发生凋亡;最后是静止期(休止期),随后HF随着新毛干的形成返回至生长期。这个生命周期会随着时间的推移以不同的节奏重复,具体取决于身体的区域(Paus和Peker,2003),并受到真皮乳头(DP)控制,真皮乳头是基底球的内部区域由特化的FBs组成。DP与基质紧密接触,基质是一种特殊的具有高增殖活性的KCs,占据了基部鳞茎的上部并从中发育出毛发。

在静止期,DP进入休止期,基底鳞茎退化,并且发干保留在头皮中,直到被新的生长期毛发(外源性生发)推出为止。当DP释放激活卵泡再生的信号时,静止期结束,这一过程开始于存储在特殊卵泡区中的干细胞,而这个卵泡区域被称为突起区域。

2.2.2　微藻提取物对表皮的影响

利用标记蛋白指示CE的发育来研究MA提取物对于KC分化的影响,所得结果被认为代表了整个分化过程,包括层状体的形成。KC的分化已成为化妆品行业的关注点,因为它的异常会影响蛋白脂质屏障,从而影响表皮的柔软度和平滑度。

在体外培养的人皮肤上进行的测试表明,浮游生物(*Tetraselmis suecica*)的某些提取物可以刺激 KCs 中整合素和丝聚蛋白的合成(Pertile et al,2010)。在相同的实验模型上,用单胞藻和绿球藻的提取物处理可对内被蛋白进行调节,但制备提取物所用的溶剂不同,其结果也不同(Zanella et al,2012)。小球藻(*Chlorella vulgaris*)的水溶性萃取物(Dermochlorella,Codif)可刺激 CE 蛋白、SPRs 和弹性蛋白酶抑制剂化产生(Morvan et al,2007)。迄今为止,关于 MA 对 SC 的脂质组成的影响知之甚少。

化妆品行业也对防止或修复由 UV 引起的光老化损害十分关注。Nizard 等(2004)通过在活体内研究表明,三角褐指藻提取物刺激了在 KCs 中 20S 蛋白酶的抗损伤活性,防止氧化蛋白的增加,提高了细胞免 UVB 损害的保护作用。其他具有相同应用价值的分子还有类菌胞素类氨基酸(MAAs),这是一种次生代谢产物,其特征是环己烯酮或环己烯亚胺发色团与一个或两个氨基酸发生共轭(Cardozo et al,2007)。虽然这些化合物不调节表皮代谢,但在 309~360 nm 的吸收范围内具有屏蔽作用,因此可抵御紫外线对于表皮的伤害(Hartmann et al,2015)。在表 9.1 中,列出了 MAA 的一些潜在微藻源,但研究人员需要注意,此列表还包括一些不适合化妆品使用的有毒物种(例如 *Alexandrium tamarense*)。

表 9.1 含有具有紫外线屏蔽特性的类菌孢素氨基酸的微藻种类

[命名规则根据 www. algaebase. org(Llewellyn et al,2010;

Priyadarshani et al,2012;Flaim et al,2014;Suh et al,2014)]

化合物	微藻
Sporopollenin	*Characium terrestre*, *Coelastrum microporum*, *Enallax coelastroides*, *Scenedesmus sp.*, *Scotiella chlorelloidea*, *Scotiellopsis rubescens*, *Spongiochloris spongiosa*, *Dunaliella salina*, *Chlorella fusca*
Mycosporine glycine	*Chlamydomonas hedleyi*, *Alexandrium tamarense*, *Karlodinium venificum*, *Gymnodinium galatheanum*, *Prorocentrum lima*, *P. micans*, *P. cordatum*, *Scrippsiella trochoidea* and *Oxyrrhis marina*
Shinorine	*Chlamydomonas hedleyi*, *Peridinium aciculiferum*, *Chlorarachnion reptans*, *Alexandrium tamarense*, *Karlodinium venificum*, *Gymnodinium galatheanum*, *Kryptoperidinium foliaceum*, *Prorocentrum lima*, *P. micans*, *P. cordatum*, *Scrippsiella trochoidea* and *Oxyrrhis marina*
Porphyra-334	*Chlamydomonas hedleyi*, *Peridinium aciculiferum*, *Thalassiosira weissflogii*, *Alexandrium tamarense*, *Karlodinium venificum*, *Gymnodinium galatheanum*, *Prorocentrum micans*, *P. cordatum* and *Scrippsiella trochoidea*

化合物	微藻
Palythene	*Peridinium aciculiferum*, *Alexandrium tamarense*, *Karlodinium venificum*, *Prorocentrum lima*, *P. micans*, *P. cordatum and Scrippsiella trochoidea*
Palythine	*Peridinium aciculiferum*, *Alexandrium tamarense*, *Karlodinium venificum*, *Gymnodinium galatheanum*, *Prorocentrum lima*, *P. cordatum and Scrippsiella trochoidea*
Palythic acid	*Karlodinium venificum*, *Gymnodinium galatheanum*, *Kryptoperidinium foliaceum*, *Prorocentrum lima*, *P. micans*, *P. cordatum and Scrippsiella trochoidea*
Asterina-330	*Peridinium aciculiferum and Heterosigma akashiwo*
未确定的类霉菌素氨基酸	*Ankistrodesmus spiralis*, *Chlorella minutissima*, *Chlorella sorokiniana*, *Dunaliella tertiolecta*, *Pelagococcus subviridis*, *Porphyridium purpureum*, *Rhodomonas maculata*, *R. salina*, *Cryptomonas reticulata*, *Cryptomonas baltica*, *Scotiella chlorelloidea*, *Isochrysis sp.*, *I. galbana*, *Pavlova gyrans*, *Emiliania huxleyi*, *Corethron criophilum*, *Thalassiosira tumida*, *T. weissflogii*, *Porosira pseudodenticulata*, *Stellarima microtrias*, *Alexandrium catenella*, *Euglena gracilis*, *Nannochloropsis oculata and Nephroselmis rotunda*

2.2.3 微藻提取物生物活性对真皮的影响

真皮是化妆品领域中特别关注的对象,因为它的结构在决定皮肤的拉伸特性和丰满度方面起着主要作用。与衰老相关的一些变化决定了皮肤松弛和皱纹的形成程度。由太阳辐射(光老化)引起的氧化应激、生活方式和与环境有关的其他因素会加速生理上的内在衰老。

Chung 等(2001)通过体内分析表明,内在衰老导致 FBs 减少对 COL 的合成,而慢性光老化持续增加,因此由同一细胞分泌的胶原酶(MMP1 和 MMP2)也不能弥补持续的衰退。在这两个过程中,真皮中的 COL 随着年龄的增长发生质和量的下降(Waller et al,2006)。这无疑使化妆品的研究方向向寻找适合促进 COL 产生的天然制剂发展,尤其是 I 型(该蛋白的 85%~90%)和 III 型(10%~15%)(Cheng et al,2011)。从杜氏微藻中获取制剂具有一定的优势,例如 *Nannochloropsis oculata* 的水提取物对氧化应激具有很强的保护作用,并刺激了 FBs 合成 COL(Stolz et al,2005)。从杜氏盐藻(*D. salina*)中获得的类似制剂也刺激了 COL 的产生和细胞的增殖(Stolz et al,2005)。将小球藻(*C. vulgaris*)的提取剂和市场上的绿藻(*Dermochlorella*)提取物应用于 FBs 和 KCs 的培养及临床试验,产生了以下抗衰老和抗炎作用(Morvan et al,2007):

(1)刺激胶原蛋白-I、胶原蛋白-III、弹性蛋白、胶原酶抑制剂和纤溶酶原激活物抑制剂-2 的合成。

（2）抑制胶原酶激活剂的表达：包含组织纤溶酶原激活物和尿激酶纤溶酶原激活物；

（3）增加抗氧化酶硫氧还蛋白-2 的合成。

绿球藻、角毛藻和单胞藻的提取物刺激了 FB 培养物中的 COL-1 的产生（Zanella et al，2012）。透明质酸酶是 ECM 多糖组分降解酶紫色小球藻、海洋红藻、蛋白核小球藻和杜氏盐藻的提取物对透明质酸酶具有很高的抑制作用（Fujitani et al，2001）。

2.2.4　微藻提取物对色素淀积的影响

微藻为开发针对皮肤色素淀积的新型化妆品提供了契机。抑制黑色素生成（皮肤美白）和刺激黑色素生成（皮肤增黑）的产品均受到人们的欢迎。皮肤美白剂用于获得更亮的肤色或治疗多余的色素淀积（如日光性黑斑和黄褐斑），而皮肤增黑剂可在不暴露于太阳辐射或者皮肤不受到阳光照射时而促进形成棕褐色皮肤，防止因阳光产生的红斑或烧伤。

许多微藻化合物对酪氨酸酶具有活性，而酪氨酸酶是控制黑色素合成的关键酶（Nordlund et al，1989）。酪氨酸酶通过将 1-酪氨酸羟基化为 3,4-二羟基-1-苯丙氨酸（L-DOPA）并通过将 L-DOPA 氧化成多巴醌，然后进一步转化为黑色素来催化黑色素的合成（Godin et al，2007）。一些微藻化合物，特别是脂肪酸和 CTs，已显示出对酪氨酸酶的活性。有趣的是，尽管饱和脂肪酸通常通过延缓酪氨酸酶的降解来刺激黑色素生成，但 PUFAs 可下调酶的活性和加速酪氨酸氨酸的降解，具有显著的抑制黑色素形成的作用（见表 9.2）（Ando et al，1998；Chiang et al，2011）。由于微藻是多不饱和脂肪酸的主要生产来源，因此从其提取物中获得的大多数制剂被认为可以作为皮肤美白剂。事实上，加迪塔南氯球藻的提取物显示出对酪氨酸酶的抑制作用（Letsiou et al，2017），以及扁藻（Pertile et al，2010）、短小角毛藻、单胞藻、微小绿球藻、假海链藻（Zanella et al，2012）和微拟球藻（Zanella et al，2016）的提取物在体外皮肤培养物中可充当皮肤美白剂。Kurfurst 等（2010）研究表明，假微型海链藻（*T. pseudonana*）可通过下调 *Myosin-X* 蛋白（一种参与该过程的蛋白质）的表达来减少黑色素的合成，并抑制其向 KC 的传递。莱茵衣藻（*Chlamydomonas reinhardtii*）的水醇提取物在黑色素瘤细胞培养物和 3D 人皮肤等效物（hSE）中抑制了黑色素生成（Lee et al，2018）。

表 9.2　不同脂肪酸对酪氨酸酶的活性作用

化合物	活性	参考文献
棕榈酸(C16∶0)	促进	Ando 等(1998,1999)
硬脂酸(C18∶0)	促进	Ando 等(1998)
十八烯酸(C18∶1 n-9)	抑制	Ando 等(1998)
亚油酸(C18∶2 n-6)	抑制	Ando 等(1998,1999)
α-亚麻酸(C18∶3 n-3)	抑制	Ando 等(1998)
花生四烯酸(C20∶4)	抑制	Mishima 等(1993)
二十碳五烯酸(C20∶5 n-3)	抑制	Mishima 等(1993)
二十二碳六烯酸(C22∶6 n-3)	抑制	Balcos 等(2014)

　　然而,有研究认为高浓度的 PUFAs 可以促进皮肤增白的想法是错误的,因为微藻提取物是生物活性物质的复杂混合物,其最终作用取决于其综合作用的总体平衡。例如,基于等鞭金藻(T-Iso)的乙酸乙酯提取物,一种以商品名 *BIO*1659(Symrise AG)出售的化妆品制剂,可以刺激皮肤和头发的黑色素生成(Herrmann et al,2012a,2013)。定鞭藻是 PUFAs 的优质生产者(Mishra et al,2018)。

　　CTs 是显示对皮肤黑色素生成有活性的微藻化合物。据报道,岩藻黄质(FXT)可以降低受 UV-B 辐射豚鼠的酪氨酸酶活性、UV-B 辐射的小鼠黑色素生成以及皮肤细胞中与黑色素生成相关的蛋白质的 mRNA 水平(Sathasivam et al,2018)。此外,在一项涉及 46 位健康受试者的临床试验中,口服叶黄素和玉米黄质可促进皮肤增白(Juturu et al,2016)。从眼点拟微绿球藻纯化的玉米黄质显示出抗酪氨酸酶的作用(Shen et al,2011),从而证实了这种 MA 有助于皮肤美白的特性。ATX 则可以通过干扰控制 KCs 释放的干细胞因子的信号传导来抑制皮肤色素淀积,这些干细胞因子能够调节不同阶段活性的黑色素细胞,包括增殖、分化和黑色素生成(Pillaiyar et al,2017)。

2.2.5　微藻活性物质影响周围神经系统释放信号的初步证据

　　对于皮肤的稳态和健康应该考虑神经源性炎症的影响,尤其是对刺激和瘙痒的影响,这对于美容行业具有一定的挑战性。在体内,皮肤会对压力诱导的脑神经刺激产生反应,产生许多局部信号。角质细胞和黑色素细胞分泌促肾上腺皮质激素释放激素(CRH),促肾上腺皮质激素(ACTH)和儿茶酚胺。皮肤中的 KCs 分泌促肾上腺皮质激素、皮质醇和催乳激素。皮肤神经末梢分泌肾上腺素、去甲肾上腺素和皮脂腺素(Zmijewski et al,2011;Alexopoulos et al,2016)。此外,皮肤神经末梢和几乎所有皮肤细胞都具有以旁分泌和自分泌方式产生一种叫作神经营养蛋白(NTs)的特殊细胞因子的能力。这些情况会影响皮肤的许多代谢过程,例如 FB 的迁移、黑色素细胞对 UV 应力的反应和表皮分化,并刺激神经末梢的发育(Borroni et al,2009;Truzzi et al,2011)。NT 信号网络在某些炎症发生时非常重要,例如特应性皮炎和牛皮癣,其中神经压力扮演了重要角色。神经营养蛋白可以诱导皮肤神经末梢的增殖,对瘙痒和疼痛等症状产生重要影响(Grewe et al,2000;Pavlovic et al,2008)。虽然针对 MAs 提取物对神经营养蛋白引起的皮肤疾病的活性研究有限,但是有关 MAs 化合物的一些重要证据表明它们可能非常有效。Horváth 等(2015)验证了 βC 和叶黄素可有效治疗用芥子油刺激小鼠耳诱发的神经源性炎症。这两种 CTs(而不是番茄红素)对肽敏感神经末梢中的瞬时受体芥子油潜在锚蛋白 1(*transient receptor mustard oil potential ankyrin 1*)的表达产生负调节作用。Sharma 等(2018)表明 ATX 抑制了遭受热损伤和机械损伤的大鼠的神经性疼痛。这与 ATX 抑制 *N*-甲基-d-天冬氨酸受体的功效相一致,而 *N*-甲基-d-天冬氨酸受体与神经源性炎症引起的疼痛的作用机制有关(Kinkelin et al,2000)。

Scandolera 等(2018)最近测试了一种红酵母(*Rhodosorus marinus*)提取物对人类(h)KC、星形胶质细胞和 hSE 的体外培养的影响,从而证明了其在肉豆蔻酸酯(PMA)炎症刺激下减少白细胞介素 1α(IL-1α)和神经生长因子分泌的有效性。相同的制剂抑制了 PMA 诱导的瞬时受体芥子油潜在锚蛋白 1 的过表达,这是另一种与芥子油诱导炎症有关的受体。这些活性归因于所测试的微藻中含有的 γ-氨基丁酸(GABA)和 GABA-丙氨酸衍生物。

2.2.6　微藻活性物质对皮肤附属结构的作用

化妆品行业对调节皮脂产生的活性物质非常感兴趣,因为过量的皮脂会影响皮肤和头发的外观,使它们变得发亮而油腻。皮脂在皮肤健康中很重要,因为来自皮脂腺和汗腺分泌物的水脂膜有助于调节水分流失,并保护皮肤免受机械损伤和 UV 的侵害。因为存在油酸等不饱和脂肪酸会刺激敏感受试者(DeAngelis et al,2005;Schwartz et al,2012),微藻成分与紫外线诱导光氧化过程和皮肤炎症相关(Oyewole et al,2015)。此外,微藻是生育酚(Mackenna et al,1950;Thiele et al,1999)和 CTs(Darvin et al,2011a)的主要来源之一。

皮脂分泌过多也会导致皮肤疾病,例如脂溢性皮炎、痤疮和头皮屑。尽管导致这些疾病的因素有很多,这些因素通常会涉及皮肤微生物群,但皮脂过多是发病的一个重要条件(DeAngelis et al,2005;Schwartz et al,2012)。利用 MAs 来治疗皮肤附属结构的研究相对较少,但早期的发现表明有希望利用微藻来治疗皮肤疾病。嗜硫原始红藻的水溶性提取物降低了参与睾酮代谢的 5α-还原酶 1 型(5α-R1)的表达,导致 hFBs 和 hKCs 的新陈代谢保持长期活跃状态,(Bimonte et al,2016)。通过活体实验表明 5α-R1 的减少被认为是导致皮脂生成下降的原因。实际上,皮脂腺的活性在很大程度上受雄性激素的影响(Mitsui,1997)。

短小角毛藻、假单胞藻、单胞藻、小型小球藻和微拟球藻的提取物可减少在体外培养的人类皮脂腺中皮脂的产生,同时其结果与对照物(如辣椒素)的处理相媲美或更优(Zanella 和 Pertile,2016;Zanella et al,2016)。MA 的提取物可以调节皮脂的产生,但是到目前为止,尚无其对皮脂成分影响的有关信息(DeAngelis et al,2005;Byrd et al,2018)。能够导致头皮屑的两种酵母(*Malassezia globosa* 和 *M. restricta*)都生长在头皮皮脂过多的地方(Schwartz et al,2012)。而痤疮丙酸杆菌(*Propionibacterium acnes*)是一种在皮脂囊中占主导地位的细菌,它能将某些脂质代谢为具有抗菌剂作用的短链脂肪酸(Christensen et al,2013)。由于 MAs 可以调节 SGs 对皮脂的定量生产,因此其可能也会影响皮脂的成分,但尚未找到这方面的研究。

在化妆品工业中,HF 是另一个备受关注的皮肤附属结构,但是令人惊讶的是,从 MAs 中提取的活性成分至今很少有可研究的案例文献。其中,以商品名为 BIO1631(Symrise AG)的 T-Iso 甲醇提取物通过延长 HF 的生长期以及降低 KCs 凋亡和增殖的比率显示出了抗脱发的作用(Herrmann et al,2012b,2013)。用角毛藻、绿球藻和单胞藻的乙醇提取物在体外培养 HF 的实验中获得了相似的结果(Zanella et al,2012),然而扁藻的一些提取物已被证明可以减少头发的生长(Pertile et al,2010)。针对 MA 护理头发的方案已经申请了许多专利,MA 可使头发免受环境因素(如 UV 和污染)的干扰并提高机械强度(表 9.3)。

表 9.3 涉及使用从微藻中提取的制剂对头发治疗的一些已批准和正在申请的专利

微藻种类	声称	申请人	编号	参考文献
紫球藻、红藻、小球藻、杜氏藻属、新月球藻、棕囊藻、侧耳藻属、三毛金藻、裸藻	5α-还原酶抑制剂和含有该物质的毛发生长剂	Microalgae Corp	JP2002068943(A)	Fujitani 等(2002)
细角毛藻	预防和改善头皮脱发	Park SH	KR20140062249(A)	Park 等(2014)

续表

微藻种类	声称	申请人	编号	参考文献
小球藻	防治白头发试剂	Shiseido Co. Ltd	JP2002212039（A）	Suzuki 等（2002）
普通小球藻	毛乳头细胞生长剂和血管内皮生长因子的产生促进剂	Naris Cosmetics Co. Ltd	JP2006282597（A）	Megata（2006）
四列藻	改善头皮,防止脱发	Park SH	KR20150100302（A）	Park 等（2015）
桑葚藻、原壳小球藻	增加头发光泽、强度,防止紫外线和污染损害,水分流失	Solazyme Inc.	US20150352034（A1）	Schiff-Deb 和 Sharma（2015）
小球藻	头发的生长和护理	Nakano Seiyaku KK, Chlorella Ind	JPS63135315（A）	Katsuyama 和 Obata（1988）
紫球藻	增强-连环蛋白活性和皮肤乳头细胞分化	Radiant Co Ltd.（KR）,Seoul Cosmetics Ltd.（KR）	KR101856480(B1)	Kee 等（2018）
雨生红球藻	ATX 的来源保护 HF 减少氧化应激和抗脱发	Cognis Deutschland GmbH & Co. KG.	WO03105791（A1）	Eisfeld 和 Mehling（2003）
等鞭金藻	提高强度、体积和抗应力,减少卷曲和断裂	Symrise AG	WO2019037843（A1）	Nakano 等（2019）

2.3 氧化应激在皮肤光老化和炎症中的作用

老化过程与高反应性化合物产生的氧化应激紧密相关,这些化合物是一些自由基,或更正确地说,是活性氧（ROS）和活性氮（RNS）。这些高反应性化合物包括一组不均一的分子,其中一些带电而另一些是中性的,其特征是在最外层的原子轨道中存在具有不成对电子（Halliwell,2006）。这种情况使它们极不稳定,因为它们试图失去或增加电子来恢复轨道的平衡,在细胞环境中会与葡萄糖、蛋白质、脂质和 DNA 等分子接触并对不同的分子进行反应和修饰。一些活性氧是通过细胞质内细胞器的生理代谢产生的,如线粒体、内质网和过氧化物酶体（Rinnerthaler et al,2015）。例如,过氧化氢通常是由线粒体呼吸链或免疫防御过程的淋巴细胞的某些反应产生。因此,细胞中也有酶可以中和 ROS,从而保护自身免受损害。

不利的外部因素也可能会产生活性氧,并使其增加到可以克服细胞防御能力而导致细胞损伤的水平,这些外部因素包含暴露于 UV、化学或生物来源的侵蚀性物质、炎性因子和大气污染。这些情况与皮肤老化密切相关。因此,活性氧毒理学已成为化妆品行业的核心问题。尽管许多被氧化的分子可以被修复或分解代谢和替换,但某些损伤是永久性的,并且随着时间的流逝而积累,从而导致我们能够观察到活性氧对组织老化的影响。

有几种环境因素会产生慢性氧化应激,例如空气污染和腐蚀性清洁剂,但太阳辐射的相关性最大,被研究的也最多。与太阳辐射相关的紫外线包括 UV-C(100~280 nm),UV-B(280~315 nm)和 UV-A(315~400 nm)。UV-C 被大气中的臭氧层所阻挡,而 UV-B(小于射线的 5%)能够穿透到表皮,产生 DNA 损伤、烧伤和红斑(Svobodova et al,2006)。如前所述,UV-B 主要导致密集的表皮细胞氧化损伤(Van Laethem et al,2005)。大部分紫外线由 UV-A 组成,UV-A 的能量比 UV-B 低,需要 600~800 倍剂量才能产生红斑,但它们能够深入真皮层(Gilchrest,1996)。活性氧的毒理学极其复杂,在细胞环境中可能产生的后果在很大程度上取决于多种因素,包括辐射光谱的总能量剂量、皮肤个体特征(如色素淀积和表皮厚度)、饮食和生活方式。

重要的是,对于低剂量的太阳辐射,机体会通过激活转录因子来促进自我防御,O 类家族成员蛋白(FoxOs)能够促进抗氧化酶基因的转录,例如超氧化物歧化酶-2(SOD2)、过氧化物酶 3 和 5 以及过氧化氢酶(CAT)(Klotz et al,2015)。

2.3.1 氧化应激引起的皮肤炎症

图 9.4 总结并简化了活性氧诱导氧化损伤的一些生化途径。UVB 的活性主要表现在表皮的角质细胞上,而对真皮的影响很小。细胞吸收能量形成嘧啶二聚体导致 DNA 变性,并激活 p53 蛋白,最终导致细胞凋亡(Van Laethem et al,2005)。该信号激活细胞质蛋白 Bcl-2 缔合的 X 蛋白(Bax),该蛋白质受到通过 ROS 激活的丝裂原活化蛋白激酶(MAPKs),特别是 p38MAPK 的刺激激活。在激活状态下,Bax 移动到线粒体外膜,并产生两种作用:①抑制 B 细胞淋巴瘤-2(Bcl-2),这是一种通过激活线粒体完整性保护机制来促进细胞存活的拮抗信号(Dewson et al,2010);②释放细胞色素-c(cyt-c),它是细胞凋亡的主要信号(Van Laethem et al,2005)。

cyt-c 可激活 Casp-9,后者又激活 Casp-3,Casp-3 直接导致了细胞凋亡(Brentnall et al,2013)。Casp-3 裂解并激活被称为蛋白激酶 C-δ 型(PKC-δ)的促凋亡因子,可通过下调诱导的髓系细胞分化蛋白(Mcl-1)来协同激活 Bcl-2 缔合的 X 蛋白,而诱导的 Mcl-1 是一种有效的抗凋亡因子(D'Costa 和 Denning 2005)。这种级联反应触发了自我放大的循环机制,导致促发炎信号白介素(IL)-

1α 和白介素-6 的表达(见图 9.4)。IL-1α 作出自分泌信号,刺激相同的角质细胞释放粒细胞-巨噬细胞集落刺激性因子(GM-CSF)(Yano et al,2008;Imokawa et al,2015)。GM-CSF 和 IL-1α 释放到周围组织中并穿透真皮层,刺激 FBs 释放脑啡肽酶(也称为中性内肽酶,NEP),这是一种可以降解弹性蛋白的蛋白酶,从而促进皱纹的形成(Imokawa et al,2015)。同时,IL-6 促进纤维原细胞(特别是 MMP1)释放胶原酶,它通过促进皮肤松弛而作用于 COL-1 和 COL-Ⅲ (Ittayapruek et al,2016)。

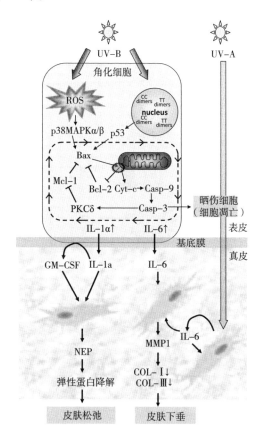

图 9.4　皮肤表皮的一些主要炎症和凋亡途径

注　UV-B 诱导 DNA 变性而释放 p53,以及激活 p38MAPKs。这些效应激活 Bax,进而促进信号和效应蛋白的自我放大的促凋亡级联(虚线图示)。此外,Bax 通过抑制一些抗凋亡蛋白(Bcl-2 和 Mcl-1)而持续扩增。这种情况导致 KC 死亡和炎症信号的释放,引起真皮 ECM 降解,尤其是弹性蛋白的溶解。UV-A 到达真皮 FBs,刺激炎症信号和 MMPs 的释放,主要促进 COLs 的降解[Van Laethem 等(2005)和 Imokawa 等(2015)阐述类似]。

UV-A 辐射主要作用于皮肤 FBs，诱导 IL-6 的分泌，并诱导 IL-6 以自分泌和旁分泌的方式促进基质金属蛋白酶-1 的产生和释放，而中性内肽酶的促进作用则较小（Imokawa et al，2015；Wlaschek et al，1993）。

Imokawa 等（2015）表明，UV-B 主要作用于 KCs 上，从而有利于信号级联反应，促进 FB 释放 NEP 和弹性蛋白的降解，而 UV-A 在角质细胞上的活性较低，主要会引起皮 FBs 分泌 IL-6 和 MMP1，从而使 COLs 的降解更强烈。根据这些发现可知，UV-B 会促进皱纹的形成，而 UV-A 是造成皮肤下垂的主要因素。

2.3.2 氧化应激激活丝裂原活化蛋白激酶/激活蛋白-1 和磷酸肌醇-3 激酶/蛋白激酶 B 的途径

图 9.5 显示了通过活性氧促进的两条生物化学途径，其信号和转录因子的选择性组合如下所示。

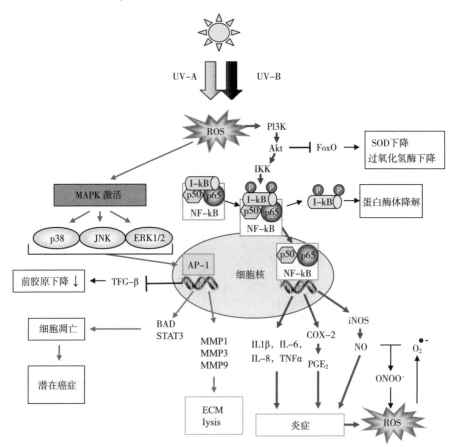

图 9.5　关键核转录因子 AP-1 和 NF-kB 调整的生化途径
［在 Chiou 等（2011）、Zhang 等（2014）和 Berthon 等（2017）中均有阐述］

218

1. 激活蛋白-1 的途径

ROS 激活多种 MAPKs,包括 p38、细胞外信号调节激酶(ERK)和 N-氨基末端激酶(JNK)。MAPKs 通过激活核转录因子 AP-1 与其发生协同作用(Berthon et al,2017)。后者会抑制可刺激胶原产生的转化生长因子-β(TGF-β),TGF-β(Pittayapruek et al,2016)和促进促凋亡因子的表达,例如 B 细胞淋巴瘤 2-细胞死亡拮抗剂(BAD)、信号转导和转录激活因子 3(STAT3)。此外,AP-1 还会通过诱导 MMPs 的分泌促进 ECM 的降解(Akhalaya et al,2014;Berthon et al,2017)。

2. 活化 B 细胞的核因子——卡帕轻链增强子(NF-kB)途径

ROS 可以通过触发蛋白激酶 B(Akt)、IkB 激酶(IKK)和 kB 抑制剂(I-kB)的顺序磷酸化来激活磷酸肌醇 3-激酶(PI3K)。Akt 还抑制 FoxO 的转录功能,从而降低抗氧化剂因子(如 CAT 和 SOD)的表达(Berthon et al,2017)。I-kB 对 NF-kB(由两种蛋白质组成,即 p50 和 p65)失去抑制功能。在没有抑制作用的情况下,NF-kB 从细胞质进入细胞核,并刺激各种促炎分子的表达,即 IL-1β、IL-6、IL-8、肿瘤坏死因子-α(TNFα)的表达,同时还促进诱导型一氧化氮合酶(iNOS)和环氧合酶 2(COX-2)的表达(Zhang et al,2014;Berthon et al,2017)。这些信号和酶一起参与促进炎症和 RNS 的产生(见图 9.5),导致氧化应激增强,受 IL 和 TNFα 刺激的免疫细胞也参与其中。

2.3.3　涉及 Keap1/Nrf2 途径的细胞保护反应

细胞通过激活增强抗氧化剂防御能力并修复或降解功能障碍分子的信号来对 ROS 的形成做出反应。重点归功于调控因子 NF-E2 p45 相关因子 2(Nrf2),它控制抗氧化反应元件(AREs)的基因表达以及与细胞保护功能相关的其他多种蛋白质(Baird 和 Dinkova-Kostova,2011)。

在稳态条件下,Nrf2 在细胞质中处于抑制状态,并与富含半胱氨酸的二聚体蛋白 Kelch ECH 相关蛋白 1(Keap1)结合。Keap1 充当了 cullin 3(Cul3)的衔接子,cullin 3 是一种与 E3 连接酶相互作用的蛋白质,可通过多泛素化作用导致 Nrf2 的蛋白酶体降解(Kobayashi et al,2004)。NH$_2$ 同时被 Keap1 抑制和蛋白酶体降解,因此,Nrf2 具有快速周转和不断被合成的特点。由于其具有较高的半胱氨酸含量,Keap1 可作为细胞氧化还原环境改变的传感器(Baird 和 Dinkova-Kostova,2011)。在存在 ROS 的情况下,Keap1 半胱氨酸基团被氧化为胱氨酸,并且通过构象变化和尚不清楚的相互作用,Nrf2 被迅速释放并脱泛素化,从而逃避降解并转移到细胞核中(见图 9.6)。此外,只要细胞环境使 Keap1 保持氧化状态,新合成的 Nrf2 就会继续向核内移动(Baird et al,2011;Kansanen et al,2013)。

在细胞核中,Nrf2 与小 *Maf* 蛋白(sMaf)协同作用,从而促进了 600 多个靶基因的表达(Baird et al,2011)。在这些基因中,AREs 的表达会产生具有相关保护作用的蛋白质,例如 $NAD(P)H$ 醌脱氢酶 1(NQO-1),血红素加氧酶 1(HO-1),谷氨酸-半胱氨酸连接酶(GCL),谷胱甘肽-二硫化物还原酶(GSR),白三烯 $B4$ 12-羟基脱氢酶($LB4DH$)和铁蛋白(FT)(Baird et al,2011;Kansanen et al,2013)。在细胞核中,Nrf2 由于非蛋白酶体变性而经历缓慢的转换(Kobayashi et al,2004)。

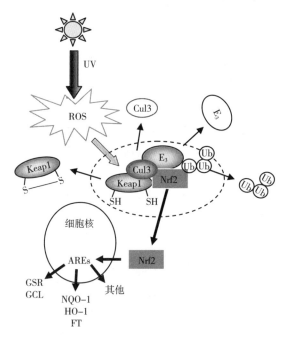

图 9.6   Nrf2/Keap1 复合物控制的信号通路

注   Nrf2 的基本抑制条件取决于虚线内的分子复合物。胞质溶胶的氧化还原触发 Keap1 的分离,从而触发 Cul3 和连接酶 E3 的分离(Kobayashi et al,2004;Baird et al,2011;Kansanen et al,2013)。

2.3.4   氧化应激对人类皮肤的永久性损伤

在前面的段落中,关注点在控制氧化应激反应的信号上。在这里,关注细胞酶和结构成分的一些氧化损伤。细胞可以通过修复或循环过程抵御氧化损伤,但是一些受损的分子会持续存在并随着时间的推移而积累。

氧化应激通常导致蛋白质羰基化和膜脂质过氧化,形成丙二醛和 4-羟基-2-壬烯醛(4HNE)。过氧化脂质的 4HNE 基团可引起非酶促反应并与羰基化蛋白交联,而羰基化蛋白又含有脯氨酸和赖氨酸,被分别修饰成谷氨酸半醛和氨基己二醛(Castro et al,2017)。这种在蛋白质和脂质之间建立共价键的反应可以防止分子展开,这对于酶的降解是必要的,同时在逐渐增加维度的聚集群上促进聚合。由此形成了异聚体的大聚集体,除了不受细胞质蛋白酶的影响外,还干扰溶酶体功能(Terman et al,2004)并不可逆地与蛋白酶体结合,从而阻断了细胞器的活性(Höhn et al,2011)。溶酶体和蛋白酶体的失活剥夺了细胞回收功能异常分子的主要工具,从而引发了恶性循环,这种恶性循环有利于将其他氧化分子掺入这些被称为"脂褐质"(LF)的"蜡样质"大分子聚集体中。LF 有多种成分,包括蛋白质(30%~58%)、脂质(19%~51%)、碳水化合物(4%~7%)以及金属离子和矿物质,如铁、铜、铝、锌、锰和钙所占比例不到2%(Terman et al,2004;Jung et al,2007)。由于其不可降解,会在有丝分裂后的细胞中无限期地积累,占据运动神经元细胞体积的75%(Rinnerthaler et al,2015)。在表皮 KCs 等增殖性细胞中,在细胞死亡后最终积累在细胞间隙中。手背上老年斑的形成就是其积累的常见现象。皮肤老年斑可能有不同的来源,例如黑色素分泌过剩,但老年性黑斑或肝斑主要是由于 LF 导致的(Skoczyńska et al,2017),其褐色由脂质和金属离子氧化所致。Wang-Michelitsch 和 Michelitsch(2015)报道了观察结果和假设模型,可以解释随着时间的推移在细胞外纤维囊中分离出的 LF 尺寸增加、形状发生改变的现象。

2.3.5　预防和治疗皮肤氧化应激的微藻产品

上述的生化场景并没有详细说明由 ROS 可能引发的反应,而是提供了其复杂性的概念,并强调了这些事件是如何与炎症过程和皮肤衰老紧密相关的。理解这些途径对于正确解释 MA 抗氧化活性十分重要。因此一些 MA 代谢产物除了能够清除 ROS 的化学活性外,还是调节影响皮肤细胞炎症体的关键因素。

在这方面,最近有一些综述报道了微藻化合物在化妆品中的广泛应用(Ariede et al,2017;Mourelle et al,2017),并列出了一些化妆品活性化合物的微藻来源(Berthon et al,2017;Brunt et al,2018;García et al,2017)。即使 MA 提取物或制备物的案例研究具有重要意义,但是目前研究依然不足。

除了上述眼点拟微绿球藻的抗氧化活性(参见第 2.2.3 节)外,扁藻的水醇提取物通过调节参与抗氧化损伤保护的基因也显示出抗氧化应激特性(Sansone et al,2017 年)。栅藻的水提取物在原代皮肤细胞和体外全层皮肤(hFTS)上进行了体外测试,显示对 UVR 损伤有保护作用,并刺激 COL 和减少的 DNA 损伤(晒伤的细胞),还增加了线粒体效率和细胞增殖(Campiche et al,2018)。

蛋白核小球藻的水提取物显示出对培养的 FBs 中强烈的 UVC 损伤保护活性,减少了促凋亡蛋白的表达,特别是 Fas 相关死亡结构域蛋白和活化的 Casp-3

的表达(Shih et al,2012)。从商业小球藻中获得的类似制剂可以抑制用 UVB 处理的 FBs 培养物中 MMP1 和富含半胱氨酸的血管生成诱导剂 61 的表达,从而阻止了 pro-COL 的降低(Chen et al,2011)。最后,关于抑制炎症信号,通过微拟球藻亲脂性和亲水性提取物的处理能够抑制刺激物 SDS 体外诱导 hFTS 释放的 IL-1α,此作用效果与地塞米松处理相当或程度更强(Zanella et al,2016)。

但是,有关 MAs 潜在抗氧化能力的大多数信息都是从被作为重要来源的分离化合物的研究中推断出来的。随后讨论一些相关的案例研究。

1. 类胡萝卜素(CTs)

类胡萝卜素是具有不饱和双键或酚环的黄色至红棕色色素,容易被 ROS 氧化,从而可以保护细胞免受氧化损伤。它们是具有异戊二烯衍生物的聚合物分子,分为胡萝卜素和叶黄素。胡萝卜素不含氧,例如 β-胡萝卜素(βC)和番茄红素。而叶黄素含有氧如叶黄素、玉米黄质、紫黄质、角黄素(CTX)和 ATX。酮类胡萝卜素(如 CTX 和 ATX)是在 MA 和其他微生物中合成的,但它们在高等植物中普遍缺乏(Zhang et al,2014;Safafar et al,2015)。许多绿色的 MA 能够合成混合的 CT,它们是复杂生物合成途径的中间或最终化合物,并且根据不同的酶促机制决定其产生不同的种类(Jin et al,2003;Sathasivam et al,2018)。但是,每个种类一般都可以用普通的 CT 进行表征。例如,巴氏杜氏藻和杜氏盐藻主要生产 βC(Jin et al,2003),而河口扁藻是 ATX 最丰富的来源(Guerin et al,2003)。微拟球藻能合成多种叶黄素,其中紫黄质和薄曲黄素最为普遍,并伴有花药黄质、玉米黄质和其他含量较低的 CT(Antia et al,1982;Lubián et al,2000;FaéNeto et al,2018)。

CT 具有化学亲脂性,就像生育酚一样适合保护细胞膜的完整性。Aboul-Enein 等(2003)量化了杜氏藻、小球藻和栅藻等 7 种菌株含有的 CTs、维生素 E 和维生素 C,并测试了它们的提取物对小鼠肝微粒体脂质过氧化的作用。在这种情况下,抗氧化剂效果与微藻活性分子的浓度成正比。但是,抗氧化剂的功效取决于与之反应的 ROS 的化学结构。因此,不同 MA 提取物强度的排序可以根据抗氧化剂的性质而改变(Safafar et al,2015)。在表 9.4 中,显示了一些 CT 的清除效率,并与一些基准抗氧化剂(水溶性维生素 E,抗坏血酸和半胱氨酸)相比估算了它们的相对强度(Rodrigues et al,2012)。每个 CT 的效率取决于所进行的测试(即参与反应的 ROS),这解释了引入不同抗氧化剂分子的混合物而不是大量单一化合物重要性的原因。除了对 ROS 具体特定的光化学保护作用外,许多 CT 还是 NF-kB 的天然抑制剂(见 2.3.2 节),可控制大多数由于氧化应激引起的炎症反应(Zhang et al,2014)。

表 9.4　七种类胡萝卜素等脂质体对过氧自由基、羟基自由基(HO·)、次氯酸(HOCl)和过氧亚硝酸盐阴离子(ONOO⁻)的清除能力

化合物	清除能力[a]			
	ROO·	HO·	HOCl	ONOO⁻
β-胡萝卜素	0.14	0.71	NAb	1.02
玉米黄质	0.56	1.41	3.87	0.77
叶黄素	0.6	0.97	4.81	0.78
番茄红素	0.08	0.35	0.4	0.31
岩藻黄质	0.43	1.18	6.26	NA
角黄素	0.04	0.28	0.1	NA
虾青素	0.64	1.66	9.4	0.73
α-维生素 E	0.48	1.77	NA	0.37
槲皮素	0.84	1.42	5.63	0.97
水溶性维生素 E	**1.00**	**1.00**	NA	NA
抗坏血酸	NA	NA	0.41	**1.00**
半胱氨酸	**0.04**	NA	**1.00**	0.02

注　这些值是两个独立实验的平均值(来自 Rodrigues et al,2012,省去了原始表的一列)。

[a]清除能力计算参考如下(粗体部分):水溶性维生素 E 用于 ROO·和 HO·,半胱氨酸用于 HOCl,抗坏血酸用于 ONOO—。

[b]NA:在测试的浓度中没有发现活性。

体内研究表明,在皮肤老化的情况下,CTs 中的皮肤含量与水果和蔬菜的摄入量成正比,与压力因素成反比(Darvin et al,2011a)。βC 和胡萝卜素是人类中最丰富的 CTs,约占皮肤中 CTs 的 70%(Choi et al,2018),而叶黄素在人类饮食中不那么常见。研究重点一直放在 ATX 上,ATX 是为数不多的可进行工业规模生产的微藻产物之一(Spolaore et al,2006)。这种强大的超氧化物阴离子清除剂在低浓度 UV-A 辐射后可抑制 MMP1 和 NEP 的释放(Imokawa,2019)。它的抗炎活性对光氧化以外的其他刺激也有效,例如在邻苯二甲酸酐诱导的特应性皮炎动物模型中,ATX 抑制 NF-kB 活性、iNOS 和 COX-2 的表达以及 TNF-α、IL-1β、IL-6 和 IgE 的释放(Park et al,2018)。Camera 等(2009)比较了 βC、CTX 和 ATX 对经过 UVA 处理的 FBs 的保护活性,发现尽管 βC 是强力的 $^1O_2$ 淬灭剂,但其保护作用有限,并在浓度大于 2μmol/L 时会产生光毒性。CTX 虽然不能防止氧化损伤,但会增加抗氧化酶 HO-1,而 ATX 则显示出最大的保护活性,例如减少 Casp-3、保留膜的完整性和增加抗氧化酶(过氧化氢酶和 SOD)。在临床试验中,βC 显示出对红外辐射损伤的有效保护(Darvin et al,2011b),从而揭示了植物化学物质引起的生物相互作用的复杂性。FXT 是存在 MAs 中的一种 CT,它通过刺激 Nrf2 转录因子来促进 ARE 基因的表达(见图 9.6)(Berthon et al,2017)。总体而言,这些数据表明 CT 表现出新陈代谢的相互作用不能通过单纯的 ROS 清除来解释,有时需要直接或间接的调节基因表达来表现。更重要的是,抗氧化化合物的化学反应性与异构体无关,但是调节分子间相互作用的基因表达则可能需要依赖异构体。在这种情况下,合成异构体可能会产生与天然共混物不同的效果。尽管已经报道了一些有价值的发现,但是关于该主题的研究仍然有限。例如 Sun 等(2016)研究表明,异构体(3S,3'S)-反式-ATX(在雨生红球藻中普遍存在)作为小鼠免疫细胞的刺激剂,比其他两种立体异构体(3R,3'R)-反式和中-反式 ATX 更有效,这两种异构体占合成 ATX 的 75%。类似地,βC 天然异构体的生物活性优于合成的全反式异构体(Spolaore et al,2006)。

生育酚和多酚对皮肤的保护很重要。多酚包括一大类分子,例如类黄酮、黄酮、花青素、单宁和褐藻多酚。Safafar 等(2015)研究表明用甲醇可以有效萃取生育酚和多酚,其在褐指藻、微拟球藻、小球藻、盐藻和栅藻中含量丰富。

生育酚是一类抗氧化剂分子,最具生物活性的是 α-生育酚,即维生素 E,对预防细胞膜氧化特别有效(Marquardt et al,2013)。

在高等植物的组成中普遍存在的多酚包含多种类型的水溶性化合物,这些化合物可以以某种方式起到与 CT 和生育酚互补的作用。Goiris 等(2014)研究了来自不同类别的 6 种 MA,并表明它们可以合成多种多酚,包括间苯三酚(39~81μg/g DW)、对香豆酸(540~7000 ng/g DW)和芹黄素(7.3~13.6 ng/g DW)。然而,这些浓度值与许多优良植物中检测到的含量相比依然较低。Goiris 等(2012 年)分析了部分 MAs 水醇提取物的 CTs 和多酚含量,然后通过三种不同的测定方法测量了它们各自的抗氧化能力:维生素 E 等效的抗氧化能力、铁离子还原抗氧化能力和 AAPH 诱导的亚油酸氧化。研究结果分析表明,提取物的抗氧化强度并不总是与 CT 或多酚的总含量成比例,并且会随所测试的进行而变化。由于抗氧化剂化合物无法确认定量关系,因此对于研究微藻制剂的功效是不充分的,同时每种物种都会产生具有其自身特性的化合物的组合。离体器官培养或临床生物学试验是必要的,以提供可靠的天然提取物的疗效的评估。

2. 多糖,半乳糖脂和脂类

微藻多糖提供了一些抗氧化剂活性和其他有益作用的例子(Raposo et al,2013)。紫球藻(Rhodophyta,红藻门)产生磺基糖脂具有重要的抗凝血、抗病毒、抗氧化和抗炎活性(Plaza et al,2009)。该种 MA 产生的硫酸胞外多糖(SEP)可抑制 NF-kB 活性和促炎性细胞因子的释放(Berthon et al,2017)。生化技术也被提出用于提高这些多糖的硫酸盐化及其生物活性(Gersh et al,2002)。

在硅藻门中,β-D-葡聚糖的抗氧化活性得到了证明。这种葡萄糖聚合物包含 β-1∶3′-键和 β-1∶6′-键,比例为 11∶1(Beattie et al,1961)。它作为一种能量储备积累在金色奥杜藻中,但也表现出强大的清除羟基自由基的活性(Xia et al,2014)。这种多糖在小环藻(Roessler,1987),三角褐指藻(Caballero et al,2016)和假单胞藻(Hildebrand et al,2017)中均得到了分离和定量,并且它可能存在于所有硅藻科物种以及其他微藻中。

与消炎作用有关的化妆品应用也可归因于半乳糖脂(见图 9.7)。在动物模型试验中,由单半乳糖基二酰基甘油(MGDG)和二半乳糖基二酰基甘油(DGDG)组成的 MA 提取物显示出了强烈的抗炎活性,可减少巴豆油刺激后产生的耳部水肿,特别是当这些化合物具有两个酯化的二十碳五烯酸(EPA)残基(MGDG-EPA 和 DGDG-EPA)时(Winget,1994)。采用微小小球藻的提取物的研究也显示了抗炎活性,但其他几种 MAs 也被认为是该活性化合物的潜在来源,包括毛藻、环藻、椭圆藻、等鞭金藻、微绿藻、微拟球藻、菱形藻、褐指藻、紫藻属、骨架藻、海链藻、单胞藻和单甲藻。

Bruno 等(2005)研究表明 MGDG 的活性取决于剂量,高于 DGDG 且其抗炎功效成分中的 EPA 的抗炎效果,比对照处理的吲哚美辛(10 mg/kg)高 20 mg/kg。从周氏扁藻中分离出来的 MGDGs 显示出对 RAW264.7 巨噬细胞释放 NO 具有强烈抑制作用(Banskota et al,2013)。

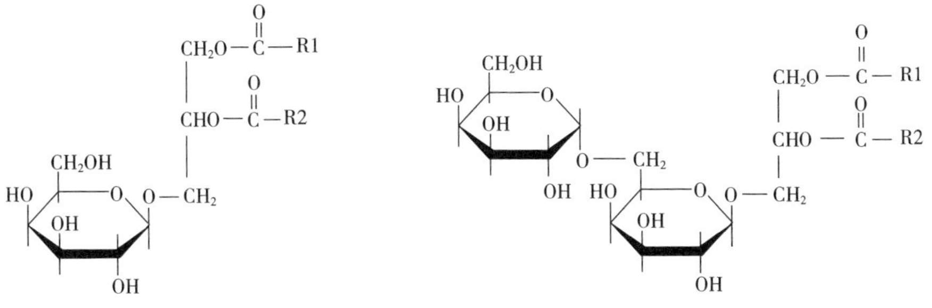

图 9.7　单乳糖二酰基甘油(左)和双乳糖二酰基甘油(右)(R1 和 R2 是多不饱和脂肪酸)

MAs 是 PUFAs 的一种可选择的来源,可以通过代谢生成在皮肤中表现出抗炎作用的单羟基酸(Ziboh et al,2000)。被称为脂质调节剂(E 和 D 系列)的脂质介体具有抗炎特性,其来自长链 PUFA 的细胞代谢,例如 EPA 和二十二碳六烯酸(Calder,2009;Weylandt et al,2012)。

2.4 提取物多功能生物活性物有关的问题

多功能性是微藻提取物的典型特征,但尚未得到充分重视。其组成中含有大量的活性化合物,使它们能够与控制细胞和组织代谢的不同生化途径同时发生相互作用。例如,利用角毛藻乙醇提取物对体外培养的人体器官模型培养物进行处理,表现出促进毛囊生长、调节色素淀积、调节皮肤 ECM 组成和细胞增殖、增强脂肪细胞的脂溶性和减少 SGs 中的皮脂生成(Zanella et al,2012,2016)。这种活性物质的丰富的特性可以方便地应用于化妆品中,特别是在衰老和其他皮肤问题的基础上治疗多因素炎症过程。尽管 MAs 和其他海洋生物是生物活性化合物的最佳来源(Pulz,2004;Spolaore et al,2006;Kim 2014;Balboa et al,2015),但其附加值仍然在很大程度上被低估。

2.4.1 化学抗氧化活性与信号调节

一些 MA 提取物的作用机制尚不清楚。许多实验结果不能仅用化学抗氧化活性的影响来解释。例如,在极低浓度体外培养条件下,等鞭金藻、角毛藻、单胞藻和绿球藻的提取物可以刺激毛囊的生长,并延长毛囊的生长期(Herrmann et al,2012b;Zanella 等),抗氧化活性可以忽略不计。此外,考虑到在标准培养条件下不存在氧化应激,上述提取物或许可能通过调节细胞质或信号等不同的机制影响头发代谢。其他案例研究表明,同样在没有氧化应激的情况下,MAs 中的化合物可以调节人类和动物细胞的基因表达。局部给予 1% FXT 可抑制 COX-2、内皮素受体 A、p75 神经营养素受体、前列腺素 E 受体 1、黑素皮质素 1 受体和酪氨酸酶相关蛋白 1 的 mRNA 表达(Muthuirulappan et al,2013)。*C. vulgaris* 的水溶性提取物可调节 IL-12 和干扰素-γ 的表达来调节小鼠的一些免疫细胞,在抗过敏方面具有潜在的美容价值(Hasegawa et al,1999 年)。一种类似的制剂促进了暴露于铅后小鼠的杀伤细胞中 IL-1α,TNF-α,IFN-c,IL-10 和 IL-6 的产生,从而将这种污染物造成的免疫伤害降至最低(Queiroz et al,2011)。一种蛋白核小球藻的提取物采用过敏刺激治疗的处理方式可以抑制小鼠肥大细胞中 IL-5 和 GM-CSF 的释放(Kralovec et al,2005)。

这些数据表明 MA 的活性化合物可以调节多种免疫系统信号。这些特性值得深入研究,因为它们可以缓解过敏、刺激和皮肤接触过敏的问题,而且能提高免疫防御能力。

2.4.2　脂肪代谢的调节

另一个关于 MA 的化妆品研究的主题是脂肪代谢的调节。皮下组织、皮肤及其附属结构具有三种专门从事脂质代谢的细胞,它们具有不同的功能:KC(表皮)、皮脂细胞(SGs)和脂肪细胞(皮下组织)。前两种细胞类型分别参与皮肤屏障和皮脂的合成,见第2.2.1节所述。脂肪细胞不仅有助于皮肤丰满、提供脂质储备和保温,同时也是脂肪因子的来源,而且调节皮肤生物学的许多方面。脂肪组织是旁分泌和内分泌信号的主要来源,其潜在的分泌组估计有600多种蛋白质(Fasshauer 和 Blüher,2015)。脂肪分泌对皮肤健康和美丽的影响已成为化妆品中一个日益重要的问题。

皮下组织与真皮层在解剖上非常接近,使脂肪细胞可对真皮和表皮组织发挥相关的旁分泌作用,从而影响愈合过程、毛囊周期和体温调节(Kruglikov et al,2016)。长期暴露于紫外线下会抑制某些脂肪因子的释放,如脂联素和瘦素,从而增加了光氧化性皮肤损害(Kim et al,2016)。瘦素通过膜受体 JAK 激酶 2 作用于皮肤细胞,将信号转导至不同的次级信使,从而影响皮肤和其他皮肤附件的保持和再生过程(Poeggeler et al,2010)。考虑到这一背景,初步数据表明 MA 已被作为脂肪细胞活性化合物的来源而被关注。从铬藻、海星藻和四列藻微藻培养物中获得的制剂可抑制参与脂肪代谢的各种酶,包括乙酰辅酶 A 羧化酶、磷酸二酯酶、3-磷酸甘油醛脱氢酶、脂肪酸合酶和脂蛋白脂肪酶(Hugues et al,2012)。角毛藻、绿球藻、单胞藻和微绿球藻的提取物可刺激 hFTS 皮下组织的脂质分解(Zanella et al,2012;Zanella et al,2016)。

此外,一些通常包含在几种 MA 藻株组成中的 CTs 可影响脂肪细胞代谢。FXT 被代谢为岩藻黄素和苋菜黄质-A,抑制脂肪细胞的分化和发育(Muthuirulappan et al,2013)。另一种 CT 新黄素显示出类似的特性,而 FXT 通过腹部脂肪组织中解偶联蛋白 1 和 3-肾上腺素能受体的高表达水平促进脂肪损失(Sathasivam et al,2018)。

3　实验模型在多功能化妆品开发中的应用

前面的章节已经强调了皮肤器官的高度复杂性和组织结构,并且与上皮和间充质组织紧密接触,交换适合调节各自细胞活动的信号。从这种环境中分离出一种细胞类型,就可以研究在与体内不同的条件下对刺激的反应。此外,皮肤附属构件在信号相互作用的动态中起着相关的作用。这些器官暴露于相同的皮肤美容治疗中,可以产生特定的反应并产生能够影响皮肤细胞新陈代谢的进一步信号。

在解释使用不同实验模型获得的结果时,应考虑所有这些因素,以实现化妆品活性成分的适当表征。培养中的细胞、三维人体皮肤等效物(hSE)和离体或活体动物的人体组织培养物,能够反应与人体相似的细胞和组织之间相互作用的结果的能力日益增强。每个模型都可以适当地提供有用的信息来描述分子和制剂的生物学特性,但对体内效应的预测值不同。欧洲是化妆品行业的主要市场之一,这个问题特别值得研究,因为当地不允许对活体动物进行实验(欧盟第1223/2009 号法规)。

3.1 细胞培养与器官培养和3D 人体皮肤等效物对比

皮肤细胞的体外培养是筛选和表征活性成分最广泛使用的工具,因为它们易于管理且相对便宜。一般来说,通常使用hFBs、hKCs 和不太常见的黑素细胞。应明确区分原代细胞和永生化系细胞。原代细胞是从移植的人体组织中分离得到的。它们可以在培养过程中存活有限的几代,并在一段时间内保留供体的某些特征。例如,hKCs 和hFBs 在体外的增殖能力随着供体年龄的增长而降低,这也影响了培养过程中的最大世代数(Martin et al,1970;Gilchrest,1983)。此外,与从年轻供体分离的细胞相比,从老年受试者分离的hFBs 会显示出氧化失衡(Boraldi et al,2010)。然而,原代细胞在培养过程中会经历各种表型变化,然后完全丧失其复制能力(Martin et al,1970;Boraldi et al,2010)。因此,在第一代培养中使用的细胞是很重要的。培养细胞中的细胞变化有时被用作"体外衰老模型",但也存在一些重要的局限性,因为这些变化涉及各种细胞机制,而不是体内衰老的典型损伤(Boraldi et al,2010)。

永生化细胞(系细胞)来源于原代培养物的转化,原代培养物可以是自发的或由病毒感染诱导的,但更常见的是通过分离肿瘤细胞获得的。通常情况下,这些细胞缺乏接触抑制,并具有各种改变的生物学特性,同时保持其所属细胞类型的一些基本特征(Jedrzejczak-Silicka,2017),染色体异常和p53 促凋亡信号的功能丧失是一些最重要的异常(Oh et al,2007)。

在离体细胞上进行的活性化合物的表征受细胞因子的缺乏或次级代谢物的影响,这些细胞因子或次级代谢物在体内可从暴露于相同刺激的不同细胞类型释放。这种限制在 MA 提取物的情况下尤其相关,因为单个细胞类型不适合揭示由几种活性化合物的联合作用触发的信号串扰(有关细胞信号的更多信息,请参阅 Vert et al,2011)。

为了克服这些问题,研究人员开发了各种不同细胞类型的共培养方案,并提供了交互作用对其各自代谢产生相关影响的重要证据(Maas Szabowski et al,1999;Ghahary,2007;Singh et al,2008;Hirobe,2014)。这种技术方法导致了各种 hSE 的发展,包括简单表皮或全层皮肤,带或不带用于真皮基质工程的聚合物支架(Stark et al,2004,2006;Griffith et al,2006;Poumay et al,2007;Li et al,2009;Canton et al,2010)。越来越先进的技术发展极大地改善了 hSE 的机会,并导致了为不同应用设计的 3D 模型的商业化,如 Episkin SA(de Brugerolle,2007;Alépée et al,2017),MatTek 公司(Danilenko et al,2016)和汉高股份公司 KGaA(Phenionfi 品牌,Mewes Etfail,2017)。这些 hSE 的使用对于针对欧洲市场的成分和化妆品产品进行一些安全测试也很重要,因为他们不能在活动物上进行(Nakamura et al,2018)。

作为一种替代方法,化妆品的活性化合物可以在离体器官型培养物上进行测试,例如皮肤、HFs、SGs 和皮下脂肪的培养物。这些生物材料大多是从整容或重建手术中获得的废组织,可以在培养基中保存几天(图 9.8)。离体培养的优势在于呈现组织在体内的解剖组织,包括神经末梢、朗格汉斯细胞和默克尔细胞,并能够保留供体的一些个体特征(如性别、年龄和敏感性)。Xu 等(2012)对人体皮肤样本进行了伤口愈合研究,并验证其在 6 d 内保持了与体内皮肤相似的生物学性能。体外培养对于复杂附属器官(如 HFs)的研究几乎是不可替代的,因为体外重建模型的例子有限(Havlickova et al,2009)。迄今为止,研究结果远没有达到人体器官的复杂性。

HSE 易于处理且适合提供可复制的数据(Danilenko et al,2016),但离体皮肤在许多方面更能代表体内状况以及局部给药后的过程(Reus et al,2012;Andrade et al,2015;Sidgwick et al,2016)。

有关微藻提取物或其所含单一化合物的生物学特性的大部分信息是通过培养细胞或 hSEs 实验获得的。然而在离体器官(人体皮肤、皮下组织、皮脂腺和毛囊)上使用微绿球藻乙醇提取物进行的实验表明,它们在大多数皮肤隔室和附件中都很活跃(Zanella et al,2016)。例如在体外 hFTS 提取物的局部应用减少了 IL-1α 的释放,其程度与地塞米松相当,抑制黑色素生成的程度与维甲酸相当。此外皮肤附属物对上述相同提取物的全身治疗也有反应,离体 SGs 中的诱导皮

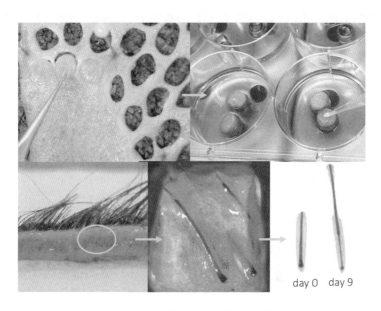

图 9.8　人体皮肤和相关附件的离体模型

注　解剖皮肤样本和培养(上)、解剖过程中的头皮样本、组织细节和毛囊,然后分别在培养第 0 d 和第 10 d 分离出的毛囊(下)(资料来源:Cutech Srl 提供)。

脂生成量可与基准化合物(如 Asebiolfi、5-Avocutafi 和辣椒素)相比或优于基准化合物,可刺激体外 HF 的生长和体外皮下脂肪的分解。这种生物活性的组合也不例外,是许多微藻提取物复杂成分共同作用的结果,这使它们适用于影响不同皮肤隔室的新陈代谢。

3.2　与体内效果相关的问题

虽然 hESs 和离体器官型培养是进行临床研究前的合适工具,但它们仍然缺乏动物模型的一些相关特性。血液和淋巴循环完全缺失,微生群组被改变,缺乏由于环境条件引起的机械诱导和变化引起的刺激(如温度和太阳辐射)。

因此,临床前研究和体内发现之间可能存在显著差异。临床试验是验证简化实验模型结果的必要手段。

通过饮食或局部给药获得的活性化合物以及生活方式产生的压力因素影响皮肤代谢(Choi et al,2018;Darvin et al,2011)。因此,在临床试验中观察到的美容相关活性将取决于许多与受试者表现出的个体敏感性相互作用的变量。在体内应用的活性化合物可能对某些受试者无效,这些受试者由于未知原因没有反应。一般来说,这种情况不会发生在分离的细胞中,但有时可以在离体组织中观察到(一位作者的个人经验)。有趣的是,一些受试者对被视为黄金标准的化合物(如皮肤美白剂 β-熊果苷或曲酸)的治疗也可能没有反应(Curto et al,1999;Solano et al,2003)。在这方面,使用具有协同作用的活性成分混合物可能有利于稳定受试者的反应。这一策略与微藻提取物的使用完美结合。事实上,对特定活性成分的不良反应性或敏感性可以通过提取物中存在的其他化合物来补偿。

作为这种方法有效性的证据,皮肤科医生通常用几种活性成分的混合物治疗某些皮肤疾病,如黄褐斑或痤疮(Kligman et al,1975;Lim,1999;Fabbrocini et al,2014;Shankar et al,2014),以解决单一药物在一定数量受试者中的无效性的问题或开发其协同效应。皮肤疾病往往是多因素的,多功能产品可以带来很大的好处。

最后,即使是最先进的体外模型也缺乏神经和血管成分,这些成分会影响 NTs 的释放和激素的作用,这些激素与皮肤内稳态和一些重要的炎症形式密切相关(见第2.2.5节)。由于免疫系统和神经系统的某些部分(神经末梢、默克尔细胞和朗格汉斯细胞)的部分保护,离体皮肤可以允许一些选择性实验。然而,在体外实验模型研究神经系统而不是在体内是困难的。

3.3　产品配方和主动透皮给药

利用分离的细胞或组织,研究人员可以在规定的时间内以所需的浓度进行治疗。培养条件允许细胞与任何适合补充到培养基中的化合物接触,而不考虑分子量。然而,在体内获得相同的效果是困难的,至少有两个原因:①目标物质不一定穿过 SC 的蛋白质-脂质屏障;②如果发生这种情况,目标物质的浓度将随着通过组织的扩散程度和给药后的时间而降低。透皮吸收是影响局部治疗方案的最复杂问题之一,只有少数实验模型可用作体内试验的替代品。这个过程包括以下3个步骤:①将化妆品载体中的活性物质分配到 SC 中;②通过 SC 的分子扩散并分配到表皮活细胞中;③通过表皮和真皮扩散,直到最终到达血管(Pillai et al,2016),通过系统的方式扩散化合物。进入的主要途径是通过跨细胞或细胞间途径穿过 SC。然而,也有一些便于进入的途径如毛囊漏斗和汗腺(亲水物质首选后者)(Abd et al,2016;Pillai et al,2016)。

一般来说,化合物的吸收与其分子量和电荷成反比。化合物不应超过 500(Pillai et al,2016),但这一范围并不代表不可逾越的限制,尤其是在老年人或非常干燥的皮肤中(Fields et al,2009)。

对 hSE 进行的研究虽然有用,但其提供的结果在体内条件下无法复制。在一些测试中,亲水性化合物的吸收与人体皮肤相似,但亲脂性化合物的吸收速度要快800 倍(Godin et al,2007)。在另一个 hSE 中,拉曼光谱分析显示神经酰胺、脂肪酸和胆固醇的连续性和分布存在 SC 异常,对渗透率有重要影响(Tfayli et al,2014)。甚至在动物模型上进行的研究也表明,SC 的通透性因物种而异,同一物种的同一部位,其皮肤厚度、蛋白质脂质基质组成和毛囊密度一致(Godin et al,2007)。

最可靠的模型可能是体外人体皮肤(Abd et al,2016),但该模型缺乏血液循环和淋巴管网络,而这对于评估内分泌反应和清除目标化合物是必不可少的。遗憾的是在人体皮肤上进行的体内或体外 MA 制剂的研究仍然有限。

3.3.1 脂溶性提取物

考虑到 SC 是一个富含脂质和皮脂的屏障,亲油分子通常比亲水分子更容易被吸收。众所周知,许多 MAs 能够大量积累 CTs 和脂质,包括长链 PUFAs,因此用非极性溶剂获得的提取物通常含有非常丰富的化妆品活性化合物。

一些研究证实,许多亲脂性化合物能被有效吸收,但其分子结构有重要变化。例如,通过将粗棕榈油局部应用于体外人体皮肤,证明了甘油三酯和 CTs($\beta C \geqslant \alpha$-胡萝卜素)可以被很好地吸收(Sri et al,2013)。

FXT 的制剂局部应用在无毛小鼠体内外,结果表明该化合物被吸附并具有抗炎症和抗增生活性(Rodríguez-Luna et al,2018)。

所给实例中的所有化合物通常存在于亲脂性 MA 提取物中,并且假定它们以相同的效率被吸附。

3.3.2 亲水提取物

MAs 水提物中含有大量的小分子亲水性化合物,如维生素和多酚以及大量的多糖和高分子量多肽。考虑到某些植物蛋白的高抗原性,大的多肽保持不被吸收,这可能是有利的。目前设计和合成的用于调节皮肤代谢的活性肽通常由3~6 个氨基酸组成,通常采用与棕榈酸酯化得到的脂氨基酸的方式来制备以改善其吸附能力(Fields et al,2009)。

在亲水性微藻提取物中,可能存在小肽,但它们可能以脂氨基酸的形式出现,并且其序列不太可能适合作为人类表皮细胞的信号。陈以飞等(2011)发现,含有分子量为 $4.3 \times 10^4 \sim 1.35 \times 10^6$ 肽的小球藻亲水性提取物对 FB 培养中 UV-B诱导的损伤具有保护作用。

在亲水性化合物中,重要的活性可能来自小分子,如谷胱甘肽可能具有局部活性(Kopal et al,2007)以及改性氨基酸如 MAA 的特征与抑制紫外线辐射的特性有关(见第 2.2.2 节)。

MA 的亲水性提取物还包括维生素、多酚、类黄酮、单一氨基酸和小胶质酸,与经皮吸收相容。其中糖脂 MGDG 和 DGDG 具有抗炎活性,值得特别关注。用富含 MGDG 的等鞭金藻提取物进行小鼠体内试验,证实了其通过 SC 渗透并在皮肤内扩散,具有很强的抗炎作用(Rodríguez-Luna et al,2017)。通过从可可中提取的天然非微藻提取物证明了多酚的体外吸收,可刺激皮肤真皮中的 GAGs 和 COL 合成(Gasser et al,2008)。

Matsui 等(2003)将经皮给药的原则与从紫球藻中获得的高分子量 SEP[(5~7)×10^6]的抗炎活性相协调,并在一项临床试验中使用该 SEP 治疗秘鲁香脂引起的刺激。然而,在这种情况下,通过超声处理获得的分子碎裂后 SEP 活性显著增加,从而证明分子量和治疗效果直接相关。在另一个实验中,Zhang 等(2011)通过酒渣鼻小鼠模型研究了分子量为 5500 半合成糖胺聚糖醚(SAGEs)的抗炎活性,SAGEs 是从发酵的分子量为 53000HA 衍生物中通过硫酸化获得的,用 SAGEs 局部治疗能有效地抑制巴豆诱导的皮肤损伤,而天然的分子量为 53000 HA 则无效。这些数据证实一些大尺寸的多糖吸收受到阻碍。强效吸收促进剂可用于改善某些化合物的吸收,但价格昂贵且不一定能被分解。关于所报告的实例,应该考虑炎症皮肤对于大分子的吸收可能是由于 SC 的完整性被破坏(至少部分被破坏),而反过来又归因于刺激物和溶剂载体的应用。例如巴豆油会对皮肤产生重要的组织学改变(Moon et al,2001)。

4 结论

在过去的二十年中,MA 提取物和制剂的美容应用取得了很大的发展和进步,这得益于其在皮肤上活性数据的可用性。一些产品已经上市,但与其作为活性成分来源的潜力相比要少得多(表9.5)。一些作用机制已被证明,特别是与抗氧化活性和保护免受光老化相关的过程。仍有许多工作要做,特别是在治疗皮肤附属物、调节脂肪的脂肪因子和对皮肤微生物群的影响方面的应用。

表 9.5 从微藻中获取的商业化妆品成分或产品

种类	在化妆品工业的应用	活性成分	商业名称	公司	参考文献
紫球藻属	皮肤抗皱,保护皮肤免受紫外线伤害	硫酸多糖	Alguard®	Frutarom	Ryu 等(2015);Guillerme 等(2017)

种类	在化妆品工业的应用	活性成分	商业名称	公司	参考文献
紫球藻	血管滋补,改善皮肤面貌,帮助减少酒渣鼻和红肿	提取物	SILIDINE®	Greentech	Mourelle 等(2017)
紫球藻	抗氧化、抗衰老,促进愈合	提取物	Cicatrol®	Greensea	Mourelle 等(2017)
等鞭金藻	预防皮肤晒黑	乙酸乙酯提取物	BIO1659	Symrise AG	Herrmann 等(2012a)
等鞭金藻	抗脱发和头发促进剂	甲醇提取物	BIO1631	Symrise AG	Herrmann 等(2012b)
苏西四角藻	抗炎和风湿性关节炎	含金提取物	O⁺ Gold Microalgae Extract®	Greensea	Maiz(2007)
栅藻	皮肤抗光老化和前胶原蛋白的生成	水提取物	Pepha®-Age	DSM Nutritional Products	Campiche 等(2018)
眼点拟微球藻	防止氧化应激Col刺激皮肤收紧	水提取物	Pepha®-Tight	DSM Nutritional Products (Pentapharm)	Stolz 和 Obermayer (2005)
杜氏盐藻	促进皮肤能量代谢,促进细胞增殖和周转,促进胶原蛋白合成	水提取物	Pepha®-Ctive	DSM Nutritional Products (Pentapharm)	Stolz 和 Obermayer (2005)
杜氏盐藻、雨生红球藻	对于明亮的肤色,它可以治疗不均匀和暗沉的皮肤,以及黑眼圈	提取物	REVEAL Color Correcting Eye Serum Brightener	Algenist	Joshi 等(2018)
小球藻	抗衰老、抗皱、抗脂肪团、抗妊娠纹、抗血管缺陷、抗黑眼圈	碱水解提取物	Dermochlorella	CODIF Recherche & Nature	Morvan 和 Vallee (2007)
小球藻	中和炎症,提高皮肤的自然保护作用	提取物	Phytomer	Phytomer	Ryu 等(2015)
小球藻属	滋润和美化皮肤和头发	微藻油脂	Golden Chlorella™	Terravia Holdings	Mourelle 等(2017)
微藻	对皮肤和头发有益处	微藻油脂	AlgaPür™	Terravia Holdings	Mourelle 等(2017)
微藻	皮肤抗衰老,焕发青春	多糖	Alguronic Acid®	Terravia Holdings	Martins 等(2014)

在这篇综述中讨论的主题强调了在单个细胞中许多活性化合物的浓度,根据不同物种的不同组合,应考虑多功能提取物的制备。这种特性在其他天然成分中没有发现,值得进一步研究。与传统的或人工合成的替代品相比,利用 MAs 作为分离活性化合物的来源在经济上往往是不利的[见 Spolaore 等(2006)中类胡萝卜素的成本,Molina Grima 等(2003)和 Koller 等(2014)的 EPA 成本;综合分析见 Barsanti,2018]。这种情况是由于生物质成本较高,尽管取得了重大进展,但其生产成本和纯化成本仍然相对较高(Molina Grima et al,2003;Tredici et al, 2016)。建议使用微藻提取物作为开发完全天然的多功能成分,实现生态高度可持续(Feandez et al,2017)。它们的开发有利于治疗多种原因引起的皮肤疾病,如痤疮、皮炎和银屑病,也可作为抗衰老制剂和内稳态保护剂,发挥其充分作用需要长期应用。

此外,生物质的成本可通过使用某些溶剂获得的高提取率来部分分摊(表9.6),并且由于其在极低浓度下就具有一定的生物活性,可以最终获得大量产品(Pertile et al,2010;Zanella et al,2012)。因此,这些成分对高附加值产品(如化妆品)生产成本的影响在许多情况下是可接受的。

表 9.6　不同溶剂对不同微藻的萃取率

菌株	亲水性	溶剂				亲脂性
	水	甲醇	乙醇	异丙醇	乙酸乙酯	乙烷
肩突四鞭藻	32%	17%	15%	3%	7%	5%
短小角毛藻	64%	54%	22%	10%	9%~12%	
假微型海链藻	22%	39%	27%	15%	18%	
单胞藻	20%	20%	7%~9%	2%	4%	
红球藻	22%	24%	16%	10%	5%~8%	

数值表示为干燥生物量的百分比[数据来自 Pertil 等(2010)和 Zanella 等(2016)]。

与合成的成分不同,天然提取物的成分部分未知,并且会随着季节、培养技术和提取方法的变化而变化(Chojnacka et al,2015)。这一条件不符合化妆品行业在产品标准化和质量控制方面的要求。然而,为了不降低微藻提取物的多功能成分的优势,可以采用基于质谱技术获得的代谢物指纹的特征描述,正如已经提出的用于营养和植物药剂学用途的天然制剂(Mattoli et al,2006,2011)。

从一种单一活性成分到天然植物复合物的转变,产生一种理想效果的组合,会引发成分功能特性的问题。在生物效应和相关活性剂之间建立定量关联是困难的,有时甚至是不可能的,因为成分配方没有标准化。如前所述,为了确定活性复杂混合物的优点,应制定不同的产品特性标准。例如,每一种提取物都可以通过与对照化合物的比较,根据功效比来评估其浓度和活性,这些参考化合物被选为每种应用的黄金标准。图9.9显示了针对特定应用进行的一系列比较测试

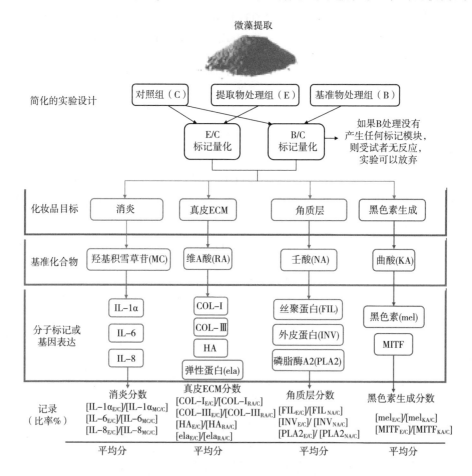

图9.9　MA萃取物功能特征的测试面板示例

注　提取物(E)在先进的实验模型(例如 HSE 或 HFTs)上与黄金标准活性物质[即基准(B)]进行比较,在此随机选择作为例证。"简化"实验需要比较 E 和 B 两种治疗方法的效果。与 C 相比,对 B 处理的反应定义了受试者的反应,在没有标记变化的情况下,实验应该放弃。在实验设计下面,列出了可能的标记和基准(整容操作员应该以共享的方式定义)。对于每个应用,将标记对处理 E 和 B 的响应的变化估计为样本 C 上的比率,然后使用所获得的值来计算处理 E 产生的标记变化与处理 B 产生的标记变化之间的百分比比率(即标记量化$_{E/C}$/标记量化$_{B/C}$×100)。这种方法将允许使用对 B 的反应作为归一化因子来表征多功能提取物,从而使具有不同敏感性的不同受试者之间的结果具有可比性(由此取决于对处理的反应的变化范围)。对于每个应用程序,至少需要测试三个响应对象(MITF:小眼症相关转录因子)。

结果的功能量化示例图(与化妆品类别的目标不同)。在对离体人体皮肤培养物进行试验并对至少三名有反应的受试者的结果求平均值,就可以编写一份类似的"报告表"。这种方法可以确定在哪个应用中提取物更活跃和相关的有效性排名。

上述提议意味着化妆品目前的商业模式将发生重大变化。然而,这一问题应该放在发达经济体人口迅速老龄化的背景下讨论。在此背景下,医疗费用将以不可持续的速度增长。因此,化妆品和营养科学可以且应该在促进健康和预防代谢紊乱方面发挥越来越重要的作用。多功能化妆品的开发也应遵循此方法,应考虑节约相关的大量医疗保健费用来评估相关成本。

延伸阅读

第四部分　其他高价值应用

第10章　微藻作为水生生物疫苗传递系统

Aisamuddin Ardi Zainal Abidin,Mohanrajh Suntarajh,

Zetty Norhana Balia Yusof

摘要　水产养殖业是增长最快的食品生产部门之一,全球水产养殖业每年生产约 6500 万 t 海产品,价值超过 780 亿美元,供应全世界 50% 的鱼类消费(Turchini et al,2010)。除此之外,水产养殖业与其他食品生产部门相比年增长率(APR)为 9.4%,如养猪业(3.1%)、家禽业(5.1%)、牛肉业(1.2%)以及羊肉(1.0%)。水产养殖业特别是鱼类养殖业,占全世界动物蛋白消费量的 17%,在一些国家可达到 50%。据报道,2002 年世界水产养殖总产值为 600 亿美元。水产养殖系统生产的主要制约因素之一是暴发性疾病,可能由细菌、病毒、寄生虫和真菌引起。在鲶鱼行业,致病菌叉尾鮰爱德华菌和丘状黄杆菌造成的损失高达 6000 万~8000 万美元。除此之外,据报道,寄生虱子每年给鲑鱼业造成损失5000 万~1 亿欧元。已经尝试了许多策略来衡量和控制这种情况,但目前仍然迫切需要更好的替代品,并探索转基因生物替代抗生素和化学控制的潜在用途。在这一章中,重点讨论了转基因微藻在水产养殖中的潜力和应用,因为其实用性、灵活性以及最重要的可持续性被称为未来生物。

关键词　微藻;疫苗;表达系统;转化;水产养殖

1　前言

　　水产养殖部门高度依赖微藻作为水生生物和浮游动物的天然饲料。然而,对于大型孵化场来说,微藻的大规模养殖是一个很大的制约因素,因此需要开发一种替代饲料。鱼粉是利用率最高的饲料之一,因为它价格低廉,并且能为水生生物提供充足的营养。随着水产养殖的增长,鱼粉产量和价格也在不断上涨(Tacon et al,2009)。除此之外,鱼类孵化场的疾病预防措施也需要很高的成本。由于需求的原因,养鱼户总是倾向于廉价和简单的措施,而不考虑这些措施可能带来的不利影响。本章旨在探讨转基因微藻作为水产养殖业饲料的潜在利用。

随着微藻生物技术的进步,微藻商业化培养得到了很好的建立和发展。随着大规模光生物反应器的发展,微藻种类已被广泛用于食品卫生部门(螺旋藻属)和类胡萝卜素的生产(杜氏盐藻和雨生红球藻)(Carvalho et al,;Lee,1997)。除此之外,本章还讨论了微藻基因改造在生产天然产品或其他新产品方面的进展。这些技术将被进一步讨论,以突出转基因微藻在水产养殖领域的重要性和潜力。

2 微藻——多功能微生物

微藻是单细胞或简单的多细胞生物,包括蓝藻(蓝绿藻)等原核生物和广泛的真核微藻。它们是在淡水和海洋栖息地中发现的自养和异养微生物的群体(Alam et al,2019;Gangl et al,2015)。微藻是一个多样化的生物体群,据估计有200000~800000种;其中只有大约35000种被分类和描述(Ebenezer et al,2012)。微藻也被视为植物的单细胞模型(Ball,2005)。与植物相比,微藻的生长速率和生物量更高(Lu et al,2014)。此外,微藻可以在高盐条件下生长,从而降低了污染风险(Bacellar Mendes et al,2013)。图 10.1 显示了微藻的多功能性。

在水产养殖业中,微藻主要作为鱼、甲壳动物和鲍鱼早期或幼体的活饲料。除此之外,也是浮游动物的主要食物。它们还是软体动物在所有生长阶段的主要食物(Brown,2002)。因为它们的营养价值在物种之间可能存在显著差异,通常,微藻被作为单一物种或混合物种被喂养给水产养殖生物。微藻中有营养价值的生化成分包括多不饱和脂肪酸(PUFAs)[如二十二碳六烯酸(DHA)、二十碳五烯酸(EPA)和花生四烯酸(AA)]、维生素(如硫胺、核糖酸、泛酸、吡哆醇、钴胺素等)、甾醇、矿物质如二氧化硅(甲壳类动物的主要食物)和色素(Brown et al,1999;Knauer et al,1999;Brown,2002)。

随着对微藻研究兴趣的增加,发现了许多新的微藻物种,并突出了作为饲料、食品、营养品、化妆品和制药行业各种化合物来源的潜力(Gong et al,2011)。大多数研究在一定程度上控制不同的参数(环境)在微藻中诱导应激,以增加生物量但并不致命(Bjerkeng,2008;Fern et al,2017;Azim et al,2018)。最近的大多数研究都集中在微藻基因工程上,通过代谢工程(Steinbrenner et al,2006)和表达有用的外源基因生产重组蛋白(Doron et al,2006)来提高天然化合物产量。

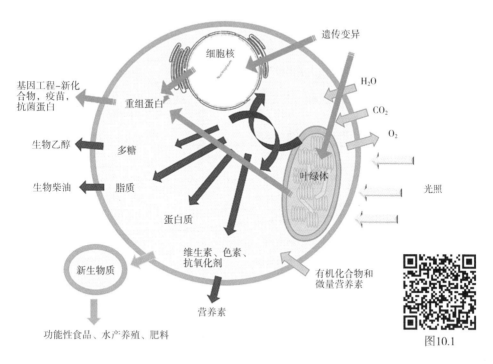

图 10.1　具有遗传修饰潜力的微藻自然过程概述(红色箭头)

3　微藻转化

先前的研究表明,微藻的叶绿体和基因组的转化都是可以实现的(Coll 2006)。将外源基因导入微藻的方法有酶介导法、电穿孔法、PEG 介导法、农杆菌介导法、玻璃珠法、碳化硅纤维法和微弹轰击法。转化微藻的过程是触发细胞膜的暂时通透性,使 DNA 分子进入细胞,同时保持活力(León and Fernández,2007)。表 10.1 总结了微藻转化中常用的方法。

表 10.1　微藻的转化简史

转化方法	微藻种类	参考文献
电穿孔法	小球藻	He 等(2018)
	莱因哈特藻	Dong 等(2018)
	眼点拟微绿藻	Ma 等(2016)

转化方法	微藻种类	参考文献
PEG介导法	颗石藻	Endo 等(2016)
	普通梭子藻	Yang 等(2015)
	杜氏盐藻	Chai 等(2013)
农杆菌介导法	普通梭子藻	Lau 等(2017)
	雨生红球藻	Kathiresan 等(2015)
	微拟球藻	Cha 等(2011)
玻璃珠法	杜氏盐藻	Feng 等(2014)
	莱因哈特藻	Sizova 等(2013)
	心形下扁藻	Cui 等(2012)
碳化硅纤维法	前沟藻	Te and Miller(1998)
	莱因哈特藻	Dunahay(1993)
微弹轰击法	条斑小球藻	Liu 等(2014)
	角毛藻	Miyagawa 等(2001)
	三角褐指藻	Hempel 等(2011)

3.1 酶介导转化法

微藻细胞壁是影响转化效率的屏障。因此大多数微藻的转化方案涉及原生质体形成或酶处理细胞。微藻细胞壁的不同组成使得原生质体的产生具有挑战性和复杂性(Popper 和 Tuohy,2010)。Chen 等(2008)描述了4%半纤维素酶和2%崩溃酶的混合物可以有效消化眼点拟微球藻的细胞壁。4.0%(w/v)纤维素酶 R-10、2%(w/v)糜蛋白酶和0.1%(w/v)果胶酶的混合酶被证明可以有效消化普通梭子藻细胞壁(Yang et al,2015)。

3.2 电穿孔法

电穿孔是一种通过质膜上的临时孔发射电脉冲将 DNA 导入细胞的方法。对温度、渗透压、电场和强度、放电时间、DNA 浓度和酶处理进行优化可获得高转化效率(Len et al,2007)。这种方法的优点是适用于所有类型的细胞,但缺点是非特异性运输和错误的脉冲会导致膜脉冲变得过大而损害细胞(Chow et al,1999)。该方法还可以与酶介导的转化法相结合,在电穿孔前去除细胞壁从而有效地传递遗传物质(Yang et al,2015)。

3.3　PEG 介导法

PEG 被描述为原生质体聚集和融合的一种试剂,有助于将 DNA 捕获到细胞中(Fincham,1989)。然而 PEG 的确切作用仍不清楚。一项研究表明,PEG 可能诱导 DNA 与细胞表面的相互作用,而原生质体的融合不是 DNA 摄取的直接原因(Kuwano et al,2008)。除此之外,PEG 介导的转化涉及简单且廉价的设备,并且能够产生高度转化细胞(Potrykus,1991)。这种方法也有助于克服农杆菌介导转化的宿主范围的限制,PEG 介导转化可以很容易地适应广泛的种类和组织来源(Mathur et al,1998)。

3.4　农杆菌介导法

农杆菌介导转化是一种独特的遗传修饰工具,可将质粒 DNA(Ti 质粒)导入宿主细胞(通常是植物细胞)的核基因组。农杆菌(*Agrobacterium tumefaciens*)是一种常用的质粒载体和转移方式。由于 Ti 质粒的大尺寸和低拷贝数,导致质粒分离和操作困难,并且只能应用于某些物种宿主,因此这是一种技术上具有挑战性的方法(Meyers et al,2010;Mathur et al,1998)。它在植物遗传转化中具有很高的应用价值。在雨生红球藻、小球藻和裂壶藻中已成功地进行了转化(Kathiresan et al,2009;Cheng et al,2012;San Cha et al,2012)。与其他转化方法不同,这种方法的优点是不需要渗透步骤(Kim et al,2014)。

3.5　玻璃珠法

玻璃珠法通过玻璃珠、PEG 和外源 DNA 搅拌细胞,将外源基因导入细胞。由玻璃珠引起的细胞破裂使外源 DNA 在渗透支持下进入细胞(Costanzo 和 Fox,1988)。与粒子轰击相比,这是一种成本效益高的方法,利用非特殊设备,在莱因哈特藻中能够产生更高的转化效率(Kindle et al,1989)。该方法的缺点是需要无壁细胞,因为在具有完整细胞壁的衣藻中观察到的转化效率(Quesada et al,1994)。

3.6　碳化硅纤维法

碳化硅纤维(SiC)作为针状物起着促进基因传递的作用,这是由于自身负电荷导致带负电荷的 DNA 分子之间的低亲和力(Asad 和 Arshad,2011)。与玻璃珠法相比它克服了细胞壁的限制,而且价格廉价。研究表明,SiC 方法在前沟藻和莱茵衣藻中是成功的(Te et al,1998;Dunahay,1993),但是它需要严格的防护措施来避免吸入危害,从而导致人类永久性呼吸功能障碍和肺癌(Qin et al,2012)。

3.7 微弹轰击法

微弹轰击也被称为微粒子轰击或简单的基因枪转化(Gong et al,2011)。它利用一种基因枪,将一个包裹着 DNA 的致密小颗粒(通常是金或钨)射入宿主细胞(León et al,2007)。它能够穿透完整的细胞壁而不需要原生质体再生系统,这也使载体的使用多样化,并且与微藻中的其他转化方法相比是比较成功的(Qin et al,2012)。然而,由于需要专门的和高成本的设备,它应用并不广泛(Heiser,1992)。尽管有报道称,粒子轰击是微藻转化的一种有效方法,但它不利于产生大量的核转化体,因为这种技术非常苛刻,会打破坚硬的硅细胞壁从而损害微藻的生存能力(Kindle et al,1989)。

4 转基因微藻在水产养殖中的应用潜力

目前,重组蛋白的主要生产者是细菌,它们可以以相对较低的成本和较快的速度用于工业酶或其他形式的重组蛋白生产(Demain et al,2009;Corchero et al,2013)。此外,蛋白质合成的翻译后加工过程低,这使其非常适合于工业重组蛋白生产。Ferrer Mirales 和 Villaverde(2013)综述了细菌作为重组蛋白细胞工厂的重要性和意义。与成熟的细胞工厂相比,微藻也具有优势和潜力,可以成为一个具有更绿色的重组蛋白工厂。微藻以太阳能为能量来源、生长迅速、培养经济和具有基因操纵能力等特点,使其在生物技术领域具有广阔的应用前景。目前,绿色微藻被认为是一种高潜力的工业菌株,可用于农业、营养品、生物能源甚至化妆品等行业生物制造高价值分子和重组蛋白(Rasala et al,2015)。

微藻已经转化并表达了大量的重组蛋白,有着广泛的应用前景。研究最广泛的遗传修饰微藻是莱茵衣藻,也称为模式生物体。该物种已被广泛改造,并成功表达了 20 多种不同的重组蛋白(Rasala et al,2015)。目前,莱茵衣藻已成功表达抗体和免疫毒素(Rasala et al,2010)、肠道活性生物制剂(Manuell et al,2007)、疫苗亚单位(Sun et al,2003;He et al,2007)、工业酶和饲料添加剂(Georgianna et al,2013;Rasala et al,2012)以及硒等营养补充剂(Hou et al,2013)。这是微藻与细菌相似具有可作为重组蛋白细胞工厂的潜力的重要证据。

微藻在工业中的利用一直受到较高的能源和材料成本的制约(Vo et al,

2018）。然而微藻一直被认为是生产重组蛋白的细胞工厂，因为它可利用环境中的二氧化碳并产生氧气是纯环境友好型的（图 10.1）。与细菌相比，微藻产生的蛋白质、碳水化合物、脂肪酸、色素等化合物具有很高的价值，可以从重组蛋白中回收和分离而不受成本的限制。在水产养殖方面，这些分子有助于水产养殖饲料的营养均衡。此外，封闭式生物反应器类似于工业细菌重组生产者，在防止转基因微藻释放到环境方面提高了安全性。封闭式生物反应器还通过回收介质和水来提高生物质产量，具有较高的成本效益（Franconi et al，2010）。许多微藻也被普遍认为对于人类和动物食用相对安全（GRAS），因此安全性不是一个问题（Rasala et al，2015）。转基因微藻也没有交叉污染，且全年无生长季节限制（Specht et al，2014）。

4.1 通过代谢工程培养转基因微藻

如前所述，微藻在水产养殖中发挥着重要作用。脂类是水产养殖生长发育的主要营养来源。微藻在水产养殖中的潜在应用之一对脂肪含量较高的微藻，特别是多不饱和脂肪酸的利用。然而大多数研究涉及增加微藻脂质产量的主要用于生产生物柴油（Radakovits et al，2010）。莱因哈特藻和蛋白核小球藻可通过代谢淀粉来增加脂质的产生，这种方法将产生无淀粉的突变微藻，但其脂质成分会增加（Zabawinski et al，2001；Posewitz et al，2004）。大多数通过代谢工程提高脂质代谢的研究在拟南芥、烟草、大豆和油菜等植物上取得了成功，这些植物的含油量和脂肪酸含量都有显著增加（Nikolau et al，2003；Stournas et al，1995；Lardizabal et al，2006；Dehesh et al，2001）。除此之外，微藻脂肪酸生物合成的代谢工程还存在许多问题，包括外源序列的自动衰减、密码子使用偏差、GC 含量和蛋白酶体介导的降解等（León-Bañares et al，2004）。目前，大多数饲料是用鱼油配制的，这增加了饲料的成本，降低了农民的利润（Kim et al，2012）。据估计，全球鱼油供应的 90% 用于生产水产养殖饲料（Turchini et al，2010）。脂肪含量增加的转基因微藻可以通过替代鱼油来降低饲料成本。

类胡萝卜素色素有助于光收集、光合作用过程中的能量转移和清除活性氧（ROS）（Li et al，2009）。有各种不同颜色的类胡萝卜素。动物和人类不能合成类胡萝卜素，因此必须从饮食中获取。类胡萝卜素是一种常见的添加剂，作为食用色素被纳入动物饲料甚至人类食品中（Bjerkeng，2008），并被皮肤护理行业用作紫外线吸收剂（Sies et al，1997），食用色素如人造黄油的黄色，鳞片、羽毛或鸟类、鱼类、两栖动物和爬行动物皮肤中的色素（Blount et al，2008），吸引传粉者或用于植物繁殖（Blount et al, 2008），抗氧化剂和营养品应用（lvarez et al, 2014）。在水产养殖中，类胡萝卜素主要用于使饲料更具吸引力，因为大多数水生生物具有趋光性，同时它们还能增强生物体的外观从而提高产品的市场价值（水生生物，如鲑鱼和龙虾，其市场价值取决于红色程度）（Goodwin, 1984）。微藻是类胡萝卜素的天然资源。在全球市场上两种微藻（杜氏盐藻和雨生红球藻）是类胡萝卜素的主要来源，能产生和积累大量的 β-胡萝卜素（ $D.\ salina$ ）和虾青素（ $H.\ pluvialis$ ）（Lorenz 和 Cysewski, 2000 年）。在微藻莱因哈特藻和雨生红球藻上利用转基因产生更多类胡萝卜素取得了成功。在莱因哈特藻和雨生红球藻中涉及类胡萝卜素生物合成调控基因的缺失，表现出类胡萝卜素积累的增加（Liu et al, 2013；Steinbrenner, 2006）。来自雨生红球藻类胡萝卜素生物合成基因即 BKT 和 PSY 的插入，在莱因哈特藻中实现了类胡萝卜素的积累（Couso et al, 2011）。然而，这两种微藻并不主要用作水产养殖饲料。更多的研究利用转基因微藻株系用于水产养殖饲料，例如钙化角毛藻、普通小球藻和微绿球藻等来提高类胡萝卜素产量，因为这不仅可以提供营养饲料，而且可以提高水产产品的市场价值。此外，目前面向全球市场的类胡萝卜素是人工合成的（Bjerkeng, 2008），这引起了许多关注。2010 年市场价值为 12 亿美元，年增长率为 2.3%，天然合成的类胡萝卜素（特别是微藻合成的类胡萝卜素）可能会渗透到全球类胡萝卜素市场（Cutzu et al, 2013）。

4.2 转基因微藻表达的重组蛋白用于水产养殖

重组蛋白是由在宿主或外来生物体中引入和表达的重组 DNA 编码的。大多数重组蛋白是外源的，细菌和酵母菌是迄今为止重组蛋白生产中的关键宿主。微藻作为宿主表达重组蛋白的潜力是非常重要的，因为它的应用将非常广泛，尤其是在水产养殖业中。除了作为表达重组蛋白的宿主外，转基因微藻保留其原本有用的特性，这将增强其功能性和广泛性。研究表明，微藻具有广泛的被修饰能力，可用于生产各种有用的化合物如食品添加剂和水产养殖口服疫苗。

疾病是水产养殖的一个主要制约因素（Meyer, 1991），必须在孵化场采取预防措施以防止疾病暴发。这可以通过：①防止来自环境或养殖动物的潜在病原体污染；②保持良好的水质；③避免或减少环境压力，如低溶解氧、温度控制和密度控制；④提供充足的营养；⑤将野生动物与养殖动物隔离；⑥免疫防治。接种疫苗是增强或刺激免疫系统最有效的方法，而目前实用的接种方法是注射。然而它是一种劳动密集型的方法，并且在注射前要求鱼苗达到一定大小，这使鱼苗接种困难（Sommerset et al，2005）。除此之外，它对动物带来影响，降低了疫苗的效率，并可能导致动物组织粘连（Specht et al，2014）。口服疫苗是给水生动物接种疫苗的另一种方法，通过将疫苗加入饲料或水中来实现。然而，传统口服疫苗被认为是无效的，因为它们需要大量的抗原，如果被引入水体系统则需要一个保护层，因为它们通常很容易降解。关于口服疫苗无效的报告也与鱼类肠道的破坏有关（Nakanishi et al，1997）。因此，利用转基因微藻来实现这一目的的想法应运而生，因为可以克服注射和口服疫苗的缺点，以便向水产养殖生物提供疫苗。微藻作为载体的主要特点是具有细胞壁和细胞膜形式的保护层，可以阻止抗原降解，从而将需要引入水体系统的抗原数量显著减少几倍。此外，微藻本身是提供营养的主要饲料，这使其成为具有免疫刺激能力的活营养饲料。产生抗原或疫苗的转基因微藻也可以制成粉末，作为固体饲料施用，几乎不需要纯化（Walker et al，2005）。

　　如前所述，莱因哈特藻是最具重组蛋白表达潜力的微藻之一。在疫苗表达方面所做的研究主要用于生产针对人类相关疾病的疫苗（Rasala 和 Maield，2015）。白斑病（WSD）疫苗已经成功地从莱因哈特藻和杜氏盐藻中生产出来（Surzycki et al，2009；Feng et al，2014）。结果表明，施用转基因杜氏盐藻的小龙虾和未接种疫苗的小龙虾相比，存活率提高了 59%。这一发现可能是水产养殖疾病管理的一场革命，因为它可能会防止因白斑病造成的损失，可能高达 3500多万美元（Yang et al，1999；Subasinghe et al，2000）。

　　除了免疫之外，转基因微藻还可以用于水产养殖系统中其他重组蛋白的生产。Kim 等于 2002 年进行的一项研究成功地生产出能够产生浓缩生长激素的小球藻（*Chlorella ellipsoidea*）。将生产生长激素的转基因 *C. ellipsoidea* 饲喂沼虾和轮虫，然后将浮游动物饲喂龙利鱼，因为龙利鱼是严格的肉食性鱼类。研究表明，龙利鱼用浮游动物喂养（浮游动物用转基因 *C. ellipsoidea* 喂养）与用野生的 *C. ellipsoidea* 喂养的浮游动物然后再喂养龙利鱼相比，鱼类的总长度和体重增加了 25%。这项研究表明，重组蛋白可以在保持功能的前提下向食物链上游转移。

　　转基因微藻也被用于生产饲料添加剂。莱茵衣藻和杜氏藻成功地通过基因改造产生了一种名为植酸酶的工业酶，能降解植酸。植酸是一种在植物中天然存在的磷结合蛋白（Yoon et al，2011；Georgianna et al，2013）。如前所述，鱼粉富含氨基酸和脂肪酸，是水产养殖业的主要饲料来源。然而其成本很高，因此在数百万美元的水产养殖业中不可持续。因此，出现了具有较低成本的替代蛋白质来源的研究，如植物，以替代鱼粉作为水产养殖业的主要饲料（Gatlin et al，

2007)。然而,大多数来源于植物的植酸等蛋白质对动物来说是抗营养的,因为它们不易消化(Kumar et al,2012)。在这种情况下,对表达植酸酶的转基因微藻的研究可以克服这一限制,如 Jackson 等(1996)早期的研究,将纯化的微生物植酸酶作为饲料添加剂应用于植物性饲料中,结果表明,鲶鱼的鱼骨中对磷的生物累积量增加,粪便中磷的生物累积量减少。

5 展望和建议

转基因微藻在水产养殖领域有着广泛的应用前景。此外,微藻是水产养殖的主要组成部分,尤其是作为软体动物的饲料,目前还没有替代产品。因此,将微藻应用于水产养殖中,可以通过基因改造进一步提高微藻的质量。如前所述,疾病是水产养殖业的主要制约因素。应更多地研究利用微藻改善水产养殖业的疾病问题和健康管理,从而减少损失,提高水产养殖业的经济效益。表 10.2 列出了在没有疫苗情况下水产养殖行业发生的主要疾病,应开展更多的研究以开发针对这些疾病的转基因微藻表达疫苗,作为替代预防措施。

表 10.2　在没有疫苗的情况下水产养殖行业发生的主要疾病

(Sommerset et al,2005;Flegel et al,2008)

病原体/疾病名称	病原体类型	主要受感染的水生生物
气单胞菌(非典型疾病)	细菌	各种淡水和海水鱼类
鳃黄杆菌(鳃细菌病)	细菌	鲑鱼、鲤鱼及各种淡水鱼
嗜冷黄杆菌(虹鳟鱼苗综合征病)	细菌	鲑鱼,淡水鱼
艾氏爱德华氏菌(鲶鱼病肠败血症)	细菌	鲶鱼
迟缓爱德华氏菌(爱德华氏菌败血症)	细菌	鲶鱼、鳗鱼、比目鱼
沙门氏菌肾细菌(细菌性肾病)	细菌	鲑鱼
雀斑光杆菌亚种(出血性败血病疾病)	细菌	海鲷/海鲈鱼、琥珀鱼/黄尾鱼
弧菌(弧菌病)	细菌	石斑鱼、各种海水鱼、对虾
海豚链球菌/链球菌(链球菌球虫病)	细菌	罗非鱼、亚洲鲈鱼、鲑鱼
传染性胰腺坏死病毒(IPNV)	病毒	鲑鱼,各种海水物种
感染性皮下和造血坏死病毒(IHHNV)	病毒	各种虾类
病毒性出血性败血症病毒(VHSV)	病毒	虹鳟、棕鳟、大菱鲆、比目鱼

续表

病原体/疾病名称	病原体类型	主要受感染的水生生物
黄头病毒(YHV)	病毒	对虾
病毒性神经坏死病毒(病毒性神经坏死病)	病毒	海鲈鱼,石斑鱼,澳洲梭鱼,大比目鱼
斑点叉尾鮰病毒(CCV)	病毒	斑点叉尾鮰
桃拉综合症病毒(TSV)(红尾病)	病毒	对虾
鲤鱼病春病毒血症(SVCV)	病毒	鲤鱼
阿米巴原虫(阿米巴鳃病)	原生生物	鲑鱼
隐鞭虫(隐孢子虫病)	原生生物	鲑鱼
多裂鱼绦虫,隐核虫,赤霉病(白斑病)	原生生物	各种淡水和海水鱼类
脑粘连(旋转病)	原生生物	鲑鱼
苔藓虫四囊菌(增生性肾脏疾病)	原生生物	鲑鱼
疮痂鱼虱鲑疱疹病毒,鱼虱病	原生生物	鲑鱼和各种海鱼

　　生物技术的发展为基因改造创造了多种方式和成果,目前遗传修饰的技术之一是 CRISPR/Cas9 系统[聚集的规则间隔短复发重复序列(CRISPR)/CRISPR相关蛋白9(Cas9)](Doudna et al,2014)。该系统的优点是可以通过在基因组中特定位点的缺失或插入来修改基因组序列。使用这项新技术的另一个优点是,可以同时引入多达 6 种基因修饰,目前已在酵母菌中成功进行(Mans et al,2018)。此外,利用 CRISPR/Cas9 系统成功进行了莱因哈特藻、三角褐指藻和微绿球藻基因缺失的转化(Shin et al,2016;Nymark et al,2016;Wang et al,2016)。未来的研究应该考虑微藻的多种基因修饰,尤其是在水产养殖中用于表达一种以上重组蛋白或用于增强高价值生物分子积累的代谢工程组合,使其具有表达重组蛋白用于免疫或饲料添加剂的能力。Gong(2011)、Rasala 和 Mayfield(2015)等人对转基因微藻在除水产外的其他领域的应用进行了深入研究。图 10.2 概述了转基因微藻在水产养殖业中的应用思路。

　　除此之外,还应考虑对水产养殖业用作饲料的微藻进行全基因组测序,这是理解和成功启动遗传修饰的关键步骤。目前,部分微藻的基因组数据库是已知的,例如莱茵衣藻(*Chlamydomonas reinhardtii*)、橄榄肾藻(*nephronoselmis olivacea*)、球形毛球藻(*Chaetosphaeridium globosum*)、小球藻(*Chlorella vulgaris*)、绿色中柱藻(*mesospilam viride*)、绿鳃藻(*Guillardia theta*)、中华鳖藻(*Odontella*

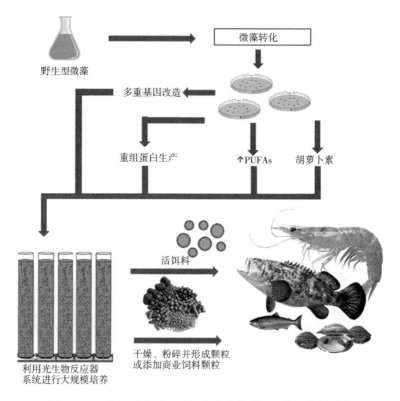

图 10.2　转基因微藻过程及其在水产养殖系统中的应用潜力

sinensis）、蓝柄藻（*Cyanophora paradoxal*）、蓝藻（*Cyanidium caldarium*）和眼虫藻
（*Euglena graci*）（Turmel et al, 1999；Turmel et al, 2002；Wakasugi et al, 1997；
Lemieux et al, 2000；Douglas et al, 2001；Tada et al, 1999；Chu et al, 2004；Stirewalt et
al, 1995；Glöckner et al, 2000；Hallick et al, 1993）。利用程度较高的物种必须具有
良好的特征，将用于各种目的遗传修饰。

6　结论

　　综上所述，高等植物和细菌在生物分子的过表达和重组蛋白的产生方面所
取得的成果也适用于微藻，微藻是适应性强且具有多功能
的生物之一，具有很高的潜力。用于各种目的的微藻遗传
修饰有待进一步探索和开发，其中水产养殖是重点之一。

延伸阅读

第11章　微藻:生物塑料的可持续生产者

D. Tharani and Muthusamy Ananthasubramanian

摘要　对各种不可再生资源产品的广泛开发已显示出其有限的可用性对环境造成的不良后果。塑料的使用对环境产生了负面影响,在很大程度上污染了陆地和海洋生物。寻找来自可再生资源的可生物降解产品是可能的替代解决方案。生物塑料是一种很有前景的替代品,其特性类似于化石燃料衍生的聚合物,具有更高的生物降解性能和混合性能。根据碳源的可用性,细菌和藻类系统可积累聚羟基链烷酸酯(PHA)作为其代谢过程的一部分,来自细菌系统的 PHA 已证明可以有效累积,但由于其高成本导致商业化具有挑战性。细菌系统需要关键的工艺参数,这使扩大规模变得昂贵。细菌 PHA 商业化的缺点可以通过使用积累 PHA 的微藻来克服。碳源利用的多功能性可以使其在不同的原料上进行培养。这消除了对单一底物的依赖,从而有助于种群混合生长。目前的研究表明,小球藻可积累27%的 PHA。综合考虑共混特性,小球藻与甘油总生物量与聚烯烃的比例为 4∶1,表现出较好的可塑性。将 50%螺旋藻生物质直接掺入聚烯烃中显示出与石油衍生塑料相当的特性。可以通过代谢工程将通量导向 PHA 积累,实现藻株的进一步发展。但是考虑到生物体的倍增时间,这对维持转基因微藻的持续生产至关重要,需采用综合生物精炼方法从微藻中可持续地回收生物塑料。

关键词　小球藻;螺旋藻;生物塑料微藻;聚羟基烷酸酯;可持续性;废水

1　前言

来自化石燃料的塑料是用于人类日常生活的多功能聚合物。塑料的物理和机械性能以及抗水解性能使其成为易弯曲、可定制的聚合物材料。今天,大多数塑料制品都是一次性的。用户视其为经济友好且触觉友好的产品,可用于电子设备、家用产品甚至医疗器械。作为一种极具优势的材料,石油基塑料仅占化石燃料衍生物的 4%(英国塑料联合会,2019)。60 年来,塑料产量从 50 万 t 猛增至

2.6亿t,显示出其应用的多样性(Hopewell et al,2009)。如果按目前的速度继续生产塑料,估计2050年将消耗20%的化石燃料(塑料污染联盟,2017)。使用过的塑料被运到垃圾场或焚化炉(Hopewell et al,2009)。除了处理塑料外,塑料材料中使用的添加剂也会对环境构成重大威胁。双酚A(BPA)和邻苯二甲酸酯通常用于聚碳酸酯塑料、聚乙烯化合物和环氧树脂中。这些化合物可以在垃圾填埋场中渗滤出来,并通过生物放大成为威胁。在人体内,双酚A类似于雌激素,而邻苯二甲酸酯的作用类似于抗雄性激素化合物,是内分泌干扰物,与改变体内内分泌平衡有直接联系。这些添加剂的副作用范围涉及从肥胖、生殖问题到癌症(Rawsthorne et al,2011;Lind et al,2011;Manikkam et al,2013)。

由于塑料毒性和添加剂渗滤液,水生生物也面临风险。毒性较小的双酚S(BPS)对海洋生物岸溪摇蚊的生物转化途径产生了有害影响(Dong et al,2018;Herrero et al,2018)。物理诱捕和摄食都会影响海洋生物,对生态系统产生负面影响。塑料在水生系统中会随着时间推移而碎裂,形成微塑料。微塑料是由合成和半合成的100 nm~5 mm颗粒或纤维组成,在捕食过程中很容易被海洋生物吸收。摄食发生率因地点和自然可利用性而各不相同。微塑料有机污染物的生物放大研究强调需要找到替代传统石油衍生的非生物降解塑料的必要性(Steer et al,2017;Bessa et al,2018)。

为了消除对化石燃料的依赖,许多生物衍生的非生物降解塑料正在商业化。生物质衍生生物塑料的一个突破是聚硫酯(Bögershausen et al,2002)。虽然是通过细菌发酵形成的,但是不可生物降解的。聚对苯二甲酸乙二酯(PET)起始原料来自可再生资源,然后经过化学转化获得(Wang et al,2016)。PET、聚苯乙烯(PS)和聚丙烯(PP)具有更广泛的市场应用范围。这些不可生物降解的生物塑料仅在原材料来源上有所不同,目前占据了整个生物塑料市场近80%的份额。包装行业是推动生物塑料商业化的主要引领者(2019年4月15日欧洲生物塑料)。不可生物降解生物塑料的主要优点是利用了可再生能源为原料,与石油衍生塑料相比其碳足迹较小。尽管资源丰富(见图11.1),但由于其生物降解性比较持久,增加了对环境的负面影响。为了克服这一缺点,研究了新聚合物的化学改性、酶法降解、热处理以及PS、PP和PET的光敏降解行为。在日常生活中对单个聚合物实施这些方案具有复杂性。在人口密集的城市,在废物产生的源头分离废物特别是塑料,仍然是一项具有挑战性的任务。作为一种替代品,生物可降解聚合物最近获得了重要的研究成果。聚乳酸(PLAs)、PHAs和各种共混物作为生物聚合物已显示出良好的生物降解性。

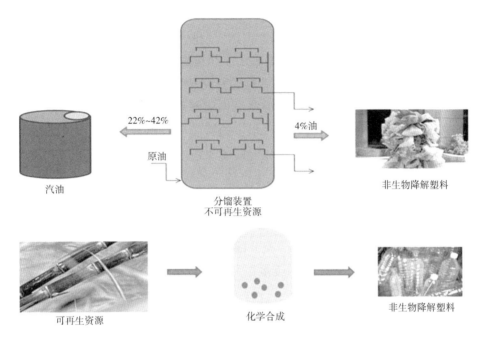

图 11.1　不可再生和可再生资源生产的非生物降解塑料

聚羟基烷酸酯是微生物代谢过程中储存能量的生物聚酯。它们是由多种微生物在营养限制条件下产生的（Anderson et al，1990；Müller et al，1993）。它们归类为可生物降解的生物塑料，需要在商业实施前对其性能进行有限的修改。作为共混物，在应用上与传统的油基塑料具有竞争力。根据碳的数量，分为短链（5个碳单体）或中链（6~14个单体）聚合物。通过甲基丙烯酸酯、聚乙二醇（PEG）和其他原料（如纤维素）等物质的嵌段共聚合作用，提高了聚合物的性能。（Li et al，2016；Chen et al，2016）。聚羟基脂肪酸酯虽然改性灵活，但由于生产成本高，市场推广仍然是一个风险因素。

微生物合成塑料需要高质量的碳基质、可控的环境和高能量的聚合物萃取。细菌如拉尔斯氏菌、假单胞菌、大肠杆菌、芽孢杆菌和盐单胞菌表现出较高的PHA 颗粒积累的能力。通常碳氮比率（C/N）、碳源单体或聚合物的类型、培养保留时间（SRT）和水力保留时间（HRT）对生物聚合物有效积累有很大影响（Johnson et al，2010）。随着生物技术的进步，PHA 的产量和生产率都有了提高。调节碳通量以储存和插入 PHA 基因是合成生物学家采用的基本策略（David et al，2014；Levin etfi et al，2018；Beckers et al，2016）。最近，PHA 生产对单一纯碳源的依赖被水解物和废水等混合碳源所取代。减少了单一碳源占主要部分的成本负担(Choi et al,2000)。除了细菌,微藻成员也被用于研究生物塑料的积累。集胞藻(Khetko et al,2016；Hellingwerf et al,2017)和小球藻(Cassuriaga et al,2018；Druzian et al,2018)两者都是调节代谢途径的模型生物。

同时将微藻作为无菌或混合培养物的研究显示了在生物塑料积累方面有潜力的结果。作为混合培养物,微藻联合体能够利用不同的碳基质。这类联合体可以富集,并用于废水处理。废水中的氮为产品积累提供了必要的限制条件(Uggetti et al,2018)。这样可以同时解决污水处理中营养物质回收和生物塑料积累的双重问题。微藻 PHA 生产的主要瓶颈是回收。下游过程包括微藻细胞分离、脱水和溶剂萃取(Fasaei et al,2018)。微藻整个细胞可以与不同的生物可降解材料形成塑料混合物,而不是使用可提取组分(Yan et al,2016)。同时,使用废水降低了碳源成本。充分的生物质的积累可以通过工业废水而不是利用淡水储备来实现。利用废水作为唯一来源的微藻生物量的优势是获得增值产品。

2　生物塑料的结构与性能

2.1　PHA 均聚体

聚羟基烷酸酯(PHA)是一种聚酯,其弹性或热塑性可与当今的油基塑料相媲美。PHA 可与均聚物、共聚物和杂聚物组合,这也决定了聚合物的材料特性(图11.2)。PHA 的一个特点是其聚合物组成的多样性,可以根据提供给微生物的碳基质进行改变。短链 PHA(如聚 $-\beta-$ 羟丁酸,PHB)是最简单的具有均匀立体结构的聚合物,能够以斜方晶系结晶。然而与合成共聚物相比,PHB 的结晶速率较低,可以通过添加晶体克服。这种方式限制了短链 PHA 的应用。为了扩大PHA 的应用范围,采用中长链 PHA,可增强弹性体性能。使用长链 PHAs 的两个主要缺点是其熔融温度在 $40\sim60\ ℃$ 之间,因此即使在 $40℃$ 和较短的结晶时间下

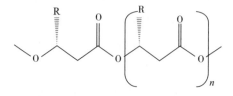

图 11.2　聚羟基烷酸酯的结构(多聚体的 n 个重复单位,R 个烷基)

也很脆弱(Koning,1995)。不同的羟基戊酸共聚物在实际应用中具有广阔的前景。为了充分利用它们的性能,人们研究了许多合成聚合物和天然聚合物的共混物,以提高刚性和弹性。

2.2　PHA 或微藻全细胞——混合物和复合物

聚合物的共混使所使用的单个聚合物的协同材料特性具有更多的优势。合成和可生物降解塑料的混合物可兼具两者特色。含有天然和合成橡胶的 mcl-PHA 显示出更高的热稳定性(Bhatt et al,2008)。随着 PHA 用量的增加,注射成型的 PHA/PLA 共混物具有较高的相容性和结晶指数(Loureiro et al,2015)。乙基纤维素可降低 PHA 混合物的结晶度,但不影响材料性能(Chan et al,2011)。同样,聚 3-羟基丁酸酯聚合物也存在较高的结晶度,使其无法用于更多的组织工程应用。为克服这一缺点,研究人员使用了一种低聚物增塑剂,也是一种 mcl-PHA。由于两者均来自微生物且具有生物相容性,因此在软组织工程中的应用将有助于降低体外增塑剂引起的毒性(Lukasiewicz et al,2018)。

Zeller 等(2013)利用螺旋藻和小球藻的全细胞生物量作为传统塑料的替代品。有研究人员研究了微藻与甘油、聚乙烯共混物的机械强度和热降解性能,所得共混物的强度由压力、温度、细胞蛋白质含量及其稳定性决定。材料的耐久性必须从细胞中获得,而不是添加增塑剂获得(Savenkova et al,2000)。Torres 等(2015)研究了生物柴油生产中残余微藻与聚己二酸丁二醇酯-共对苯二甲酸酯的生物复合材料。并对生物复合材料进行了力学研究,包括拉伸强度、弯曲模量、断裂伸长率和热稳定性。残余生物量为 20%、甘油为 30%、尿素 7.5 phr(每百份橡胶)的绿色复合材料具有优异的挤出成型性能。

相反,Bulota 和 Buttova(2015)提出,增加复合材料中的微藻浓度会降低力学性能。当微藻被用作填充剂时,对复合材料适当优化在最终应用方面是必要的。使用离子液体将残余的纳米叶绿体(80%)与纤维素(20%)混合,结果表明随着生物量的增加,膜的水解降解程度更高,但生物质含量为 20%、纤维素含量为80%的复合材料的拉伸强度和断裂伸长率均优于其他复合材料。因此,对于任何具有生物质的复合材料制备而言,细胞的性质、与混合物形成的成键类型、温度、生物质组成、处理时间和成型类型起着主要作用。Tran 等(2016)使用表面改性微藻灰作为填充剂加入聚乙烯醇(PVA)薄膜中。上述材料在灰分含量15%~20%时具有均匀的抗拉强度。Zhao(2017)提供了用 2 wt%的带状六角氮化硼改善 PHA 复合材料的例子,将其作为纳米填料添加剂改善了材料的力学性能和热性能。

微拟球藻微藻脂提物作为 PVA 复合材料的研究结果表明,较高的微藻脂提物浓度降低了复合材料的力学性能,同时提高了复合材料的热性能。为了克服力学性能下降的问题,引入了另一种高分子材料聚二烯丙基二甲基氯化铵(PD)。聚乙烯醇 68%、微藻生物质 20%、PD 12%的复合材料熔点为(216.5±1.9)℃,这些类型的复合材料具有较高的热稳定性,可用于三维打印(Tran et al,2018)。以螺旋藻(*Spirulina*)为填充剂,甘油为共填充剂浇铸 PVA 膜。结果表明,螺旋藻-PVA-甘油(SPG)-10-7-3 复合材料具有较高的拉伸强度和弹性模量,而 SPG 10-9-3 的断裂伸长率较大。甘油是一种增塑剂,有助于与螺旋藻蛋白质的分子相互作用,从而促进薄膜产生弹性。随着耐水性的提高,该方法生产的薄膜可以被用于包装行业(Shi et al,2017)。

Moghaddas Kia 等(2018)利用螺旋藻、酪蛋白酸钠和玉米胶生产了一种可食用的富含抗氧化剂的薄膜。由于其抗氧化剂的缓慢释放,测试了该膜的水溶性。结果表明,随着微藻浓度的增加水溶性也增加。微藻细胞的存在在很大程度上影响了生物塑料的性能。所使用的细胞类型(有或没有细胞壁)影响所产生的薄膜的结晶度。完整微藻细胞与破碎细胞作为玉米淀粉复合物的比较研究表明,材料在透水性和透气性方面差异很大。虽然完整细胞降低了生物复合材料的弹性,但断裂伸长率可以保持。这是因为淀粉主链的碱性聚合物结晶度在与微拟球藻结合时降低(Fabra et al,2018)。另一项关于完整或破坏的微拟球藻细胞与淀粉混合膜材料的研究表明,超声波处理对于拉伸强度和断裂伸长率有显著影响,延长处理时间对拉伸强度有负面影响,但会提高断裂伸长率。此外,用于破坏细胞壁的表面活性剂会对获得连续薄膜产生负面影响(Fabra et al,2017)。复合纳米纤维是由阿尔梅星栅藻和聚乙烯为原料制备的。放大后,纳米纤维显示出珠状结构(Sankaranarayanan et al,2018)。

为了应对压力(离心),微藻会积累三酰甘油(TAG),整个细胞可用于生物塑料的成型。衣藻(*Chlamydomonas*)被高度开发用于各种工业生产过程,也用于制造生物塑料,这使其成为石油衍生塑料的替代品。虽然其拉伸强度仅为化石燃料塑料的 14%,但使用不同的增塑剂可以提高其性能。细胞内不同交联剂的存在增强了生物质衍生品的相对强度(Kato,2019)(见表 11.1)。

表 11.1 不同 PHA 和微藻共混物、复合材料作为可生物降解塑料的性能

复合材料或共混物	成型/聚合类型	熔解温度/℃	玻璃化转变温度/℃	杨氏模量/MPa	断裂拉伸率/%	抗拉强度/MPa	参考文献
PHB	—	175	5	2950	2	40	Koning(1995)
纤维素/微藻(占19.14%)	复合薄膜	nd	nd	3300±500	3.7±0.8	117±12	Yan 等(2016)
纤维素/微藻(微藻占78.83%)	复合薄膜	nd	nd	1500±100	1.0±0.1	15±22	Yan 等(2016)
PVA/PASH	溶液浇铸	226.7~229.8	nd	940±1100	180±6.4	4.6±2.8	Tran 等(2016)
PVA/GASH	溶液浇铸	226.9~229.0	nd	980±140	240±28	40.7±1.7	Tran 等(2016)
亚麻/PHB	压缩成型	nd	nd	40,000	1.5±0.5	40	Barkoula 等(2010)
亚麻/PHB/12%HV	注射成型	nd	nd	6000	2.5	40	Barkoula 等(2010)
PLLA-PHB-PLA 共聚物(36L-28BBL-36L)	三嵌段共聚物	166.7	38.7	338±2	21±1.1	20±1.7	Aluthge 等(2013)
混合 PHB/PHHx(PHHx42 mol%)	基因工程 P. putida KTOYO6ΔC(phaPCJAc) 和 P. putida KTQQ20 代谢产生聚合物 [二嵌段共聚物]	173.8	-8.2, -27.3	80.21±5.23	10.14±1.12	4.32±0.45	Chen 等(2013)
混合 PHB-b-PHHx(PHHx42 mol%)		172.1	2.7, -16.14	7.58±2.70	207.31±15.38	1.42±0.24	Chen 等(2013)
随机 P(3HB-co-3HHx)(HHx21 mol%)		55.4	-18.1	23.58±4.10	75.29±9.25	1.84±0.36	Chen 等(2013)

续表

复合材料或共混物	成型/聚合类型	熔解温度/℃	玻璃化转变温度/℃	杨氏模量/MPa	断裂拉伸率/%	抗拉强度/MPa	参考文献
PLA-15PHA	注塑—柔性薄膜	148.9±0.7	54.7±0.2	1220±140	100±40	31±5	Armentano 等(2015)
PLA-15PHB-10Carv		149.5±0.1 168.2±0.2	54.4±0.6	1130±160	105±26	24.3±1.7	
PLA-15PHB-10Carv-15OLA		137.1±1.4 145.7±0.4 153.8±0.6 163.1±1.3	36.7±1.8	330±60	150±30	14.8±1.7	
PHB/淀粉(70/30)	薄膜(溶剂铸造)	167	7.3	949	9.4	19.23	Godbole 等(2003)
PHB/PIP-g-PVAc(80/20)	共聚物混合的薄膜	175	6	711	13	14.3	Yoon 等(1999)
PHB/PLC(77/23)	薄膜(溶剂铸造)	60；168	-60；4	730	9	21	Kumagai and Doi(1992)
PHB/PHO(75/25)	薄膜(溶剂铸造)	172	-35	370	30	6.2	Dufresne 和 Vincendon(2000)
PHB/PHBV(25/75)	电纺纤维毡	152；163	nd	150	7	2	Sombatmankhong 等(2006)
PHBV/a-PHB(50/50)	薄膜铸塑	133	2	240	33	7	Scandola 等(1997)
SPG-10-7-3	薄膜铸塑	nd	nd	25	12	15	Shi 等(2017)
SPG-10-9-3		nd	nd	880	45	12.5	

nd：未确定。
PASH：表面改性活化微藻气化灰；CASH：表面改性微藻气化灰；HV：羟基戊酸；PHH：聚羟基己酸酯

3　微藻 PHA

3.1　PHA 在微藻中的生物累积

微藻培养可以根据环境条件积累增值分子到细胞中作为正常代谢的一部分。其中 PHB 就是一种储存分子,在营养缺乏的情况下作为生物体的碳储备。小球藻、葡萄藻、螺旋藻、集胞藻和集球藻等微藻和蓝藻种类显示出良好的 PHB 储存量和较高的脂质积累量。由于 PHB 是在养分限制条件下储存的,因此在生物量产量和 PHB 生产之间应有一个平衡。细胞生长越慢,PHB 则积累越高。当小球藻(*Chlorella fusca* LEB111)在缺氮、光照时间短(6 h)的戊糖培养基上生长时,PHB 含量为 17.4%(*W/W*)。同一菌株在 12 h 光照下 PHB 的含量为 10.7%(*W/W*)。以木糖为碳源,光周期 18 h,PHB 的积累量为 16.2%(*W/W*)。光照强度、碳源和氮含量等因素决定了 PHB 的积累(Cassuriaga et al,2018)。布朗葡萄藻对 PHB 的储存能力较强,但 PHB 的产率很低,仅在第 25 d 观察到 0.382 mg/g,纯度为 16.4%(Kavitha et al,2016)。

3.1.1　用于生物塑料生产的微藻代谢工程

为了提高产量和生产率,在基因水平上进行了许多修饰,例如控制基因,引导碳通量向产品形成方向发展。许多新工具,如成簇的规则间隔的短回文重复序列(CRISPR-cas9)、转录激活因子样效应核酸酶(TALEN)和锌指核酸酶,都被用于基因修饰。利用先进的技术,细胞核和叶绿体中遗传物质的转化都是可实现的。Rochaix 和 van dillewijn(1982)首次用质粒 pYearg4 证明了莱茵衣藻遗传转化的可能性。从那时起,研究人员进行了各种各样的研究以增强藻株的优势。除了积极的一面,微藻转基因系统的一个主要问题是转基因后的遗传不稳定性。通过 DNA 转化可以看到莱茵衣藻、小球藻(Chow and Tung 1999),紫球藻(Shapira et al,2002)和眼虫藻等少数藻株的稳定生长。然而很少有藻株表现出相对稳定的性质,使它们同时易于修饰和应用。

以乙酰 co-A 为底物,在细胞质中观察转基因莱茵衣藻 849 中 PHB 的积累。这种转化需要两个基因 phaB 和 phaC,通过透射电镜(TEM)证实了 PHB 的成功积累(Chao et al,2010)。然而,这些共转化体生长速率较低,这可能与外源基因的存在有关。Hempel 等(2010)成功地将用于 PHB 合成所需的 *R. eutropha H*16 细菌酶(PhaA、PhaB、PhaC)表达到三角褐指藻中。将序列置于硝酸盐诱导启动子的控制下,当在含硝酸盐的培养基中生长时,该启动子在细胞质中显示出较大的累积颗粒,PHB 约占细胞干重的 10.6%,与基于植物的系统相比,PHB 水平增加了 100 倍(图 11.3)。

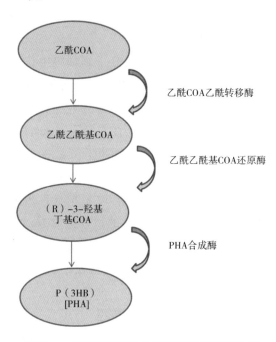

图 11.3 微生物细胞中生物聚合物的积累途径

通过基因工程的方法,在蓝藻中产生 PHB 已得到很好的证实。但是,基因组测序的必要性、基因操作的简便性、转基因藻株的稳定性以及它们的维持仍然是一个挑战。而对复杂条件和适当维护的需求都将大大增加产品的成本。在合成生物学技术起作用的藻株中,通过进一步的改进可以实现更高的二氧化碳转化率、有效的光利用、轻松的收获和产品的顺利提取。此外,在培养工程藻细胞中提供高纯度糖所产生的成本为其商业化的障碍。为了获得成功的市场价值,必须降低成本,而成本又取决于其工艺参数。

3.2 聚羟基烷酸酯的提取

PHA 是细胞内的聚合物储备,要用特殊的溶剂提取。萃取过程中涉及的技术会影响聚合物的组成、性质和纯度。一般而言,提取过程涉及生物量采集、细胞破碎、聚合物回收及其纯化(da Silva et al,2018)。PHA 的提取通过机械、化学或生物方法进行即细胞破裂,然后使用有机溶剂或超临界流体回收 PHA(见

图 11.4）。大多数 PHA 的处理涉及使用化石燃料衍生的有机溶剂。在细胞破裂的化学方法中,使用不同浓度的次氯酸钠使细胞内容物排出,同时保留聚合物的黏性生物质。用水或甲醇反复洗涤,用丙酮等溶剂处理残渣,有利于 PHA 的回收。Martins 等(2014)遵循上述方案,在 32℃ 烘箱中干燥 2 h 后获得聚合物。可以用傅里叶变换红外吸收光谱仪(FTIR)分析生物质和聚合物的含量来监测纯度。对提取后的生物质进行 FTIR 分析,验证了溶剂从生物质中提取整个聚合物的萃取效率。

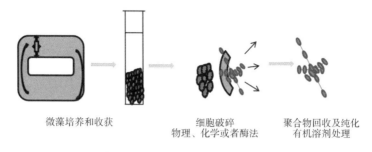

微藻培养和收获　　　　细胞破碎　　　　聚合物回收及纯化
　　　　　　　　　物理、化学或者酶法　有机溶剂处理

图 11.4　微藻细胞提取聚羟基烷酸酯的一般工艺流程

通过连续步骤获得的 PHA 在用作热塑性塑料生产的原料之前要进行纯化。不含杂质的高纯度 PHA 可提高聚合物的市场价值。医学领域的应用对聚合物质量要求较高。传统上,有机溶剂的目的是用于纯化。但这反过来又增加了纯化过程的成本。据估计,处理 1 kg 聚合物需要 50~165 L 的溶剂。替代方法包括超临界 CO_2 提取过程,其中加压的 CO_2 与聚合物反应直到达到平衡,然后回收处理过的聚合物。乙醇和 CO_2 的加入可以提高系统的效率。这些方法也有助于消除 PHBs 中的油脂(Daly et al,2018)。

3.3　微藻生产和回收 PHA 的挑战

微藻生产 PHB 的中下游加工过程存在不足,但为全细胞生物量在生物塑料中的应用铺平了道路。微藻在作为共混物和复合物方面已被证明具有商业竞争力,而不是为了制备生物塑料而提取 PHB。利用废水作为营养源可以使大量生物量的生产得以持续。在废水中生长的微藻可以被收集,然后进行 PHA 萃取,得到的剩余生物量可以作为生物塑料的复合材料。

在从微藻中回收和纯化 PHA 的过程中,需要使用大量的有机溶剂。由于存在杂质,这些溶剂不能通过再循环或再利用来使用。没有一种方法可以使 PHA 回收率和纯度达到 100%。应发展溶剂用量少、溶剂分配系数大的新提取技术。

像超临界流体萃取这样的技术应该在大规模生产系统中进行试验。只有克服这些缺点,才可以使PHA的生产成为具有成本效益和环境友好的特征。

4 利用微藻和PHA生产生物塑料的技术

聚羟基烷酸酯是短链聚合物,需要其他聚合物材料或填充剂来增强最终产品的机械和物理性能(Li et al,2016)。在将两种组分作为共聚物混合之前,应检查其相容性。聚合物的极性、组分稳定性(热稳定性和化学稳定性)、成型过程中所需溶剂以及低成本易用性是在选择生产方法之前要确定的几个特性。对于PHA,从简单的薄膜浇铸到挤压成型的各种技术均在测试中。

4.1 薄膜浇铸

薄膜浇铸是一种基本的生产工艺,便于实验室规模的实验。所研究的聚合物基本上要经过预处理,溶解在一个合适的溶剂系统中,并浇到模具上。为稳定结晶提供必要的固化时间后取出聚合物铸件。薄膜浇铸,虽然看起来很简单,但需要仔细研究每种成分的流变特性。聚合物的粒径、分子量和在溶液中的均匀分布都与聚合物有关。在选择合适的溶剂体系时,极性、最佳挥发性、较小的相分离和耐蒸汽吸收是需要注意的几个特性。对于薄膜浇铸,通常首选具有中等挥发性溶剂和高分子量聚合物(Siemann,2005)。目前铸造后溶剂回收技术已经发展起来。用于溶解PHA的常用溶剂体系是三氯甲烷(Godbole et al,2003)。三氯甲烷在PHA中的溶解度是确定的。通常通过薄膜浇铸形成的材料表现出各向同性。用溶剂溶解聚合物之前,必须对聚合物进行预处理以除去残余水分。采用热处理可使溶液均匀混合。在浇铸之后,保持在一个温度恒定的环境中将有助于形成更均匀、更灵活、结晶度更小的薄膜。

溶剂浇铸法是研究聚合物性质、表征和确定药物释放机制的最常用方法之一。Akhtar等(1991)研究表明共聚物的组成、结晶度与药物释放过程中形成的基质类型有关。实验制备了多种不同HV组成的p(HB-HV)共聚物。与纯PHB薄膜相比,含高羟基戊酸盐的共聚物显示药物释放增加。溶剂浇铸过程中的加工温度和共聚物的结晶速率对药物的捕获起主要作用。

4.2 压缩成型

热固性塑料和热塑性塑料常采用压缩成型的方法。在压缩成型中,材料可在特定的温度(通常为 87.78℃)和恒定的压力下浇铸成所需的形状。在这个过程中,材料要么预热到熔化温度,要么倒入加热的模具中。无论哪种方式,聚合物都是在一段时间内的恒压压缩作用下制成的。处理后,材料固化并从模具上剥离。这种成型方式有助于在聚合物预热时获得均匀的共混物,它还为产品提供足够的拉伸强度。将这项技术推广到生物塑料中的一个主要缺点是预处理过程,高温使许多不耐热的生物塑料聚合物变性或降解,这也限制了不稳定的填充物在较高温度下的使用。当以批量生产为目标时,压缩成型是一种经济的生产技术。Requena 等(2016)研究了增塑剂对 PHA 压缩成型的影响。

有研究人员对微藻全细胞也进行了压缩成型实验。Zeller 等(2013)对蛋白质含量分别为 57% 和 58% 的螺旋藻(*Spirulina*)和小球藻(*Chlorella*)进行了热机械成型。成型过程包括样品在 150 ℃下处理 20 min,然后冷却 10 min,并通过对微藻细胞力学性能的测定,分析了不同增塑剂与微藻细胞之间的关系。

4.3　注射成型

注射成型所涉及的聚合物到在成型之前应被完全熔化,这一过程包括在所需的模具注入熔融材料和凝固。在成型过程中,熔融材料被注入模具,为此,模具由流道和浇口制成。在固化过程中,流道和浇口也会凝固造成损耗。多余的热塑性塑料可通过另一个熔化循环再利用,并可纳入下一个成型循环。产品的设计复杂度和产品质量直接影响产品的经济价值。为了测试二氧化碳固定在聚合物内的可能性,螺旋藻和微拟球藻被注射到其他热塑性塑料中。共混物的机械性能因成分不同而不同,但均在包装应用中具有一定的竞争力(Shi et al,2007)。

4.4　静电纺丝

静电纺丝是指生产纳米或微米直径的纤维。通过在容器尖端和收集板之间施加电压,将溶解在适当的挥发性溶剂中的聚合物溶液作为纤维拉伸。当聚合物溶液撞击收集板时,溶剂蒸发,聚合物沉积凝固。这就产生了孔隙率和刚度可控的无纺布垫(Doshi et al,1995)。静电纺丝在刚性填料、支架组织工程、药物输送系统和伤口愈合贴片等领域都有广泛应用。静电纺丝可以是溶剂纺丝或熔体纺丝。静电纺纤维具有较高比表面积。任何适合静电纺丝的聚合物的理想状态均取决于各种参数,如溶剂挥发性、聚合物浓度、表面张力、表面电荷密度和黏度。

静电纺丝聚合物纤维的固有力学性能受收集方法的影响。对于聚[(R)-3-羟基丁酸酯-co-(R)-3-羟基戊酸盐],静电纺丝纤维在电极和转盘上的拉伸性能发生了变化。这是由于聚合物与纤维轴的分子对齐有助于提高拉伸强度和拉伸模量(Chan et al,2009)。随着静电纺丝和聚羟基烷酸酯的使用越来越多,其在组织工程中的应用也越来越多。Ying 等(2008)研究了 PHA 与其他单体组合物作为生物相容性植入物的可能性及其在组织相容性中的作用。皮下支架的生物吸附能力在体内增加,其机械性能与皮肤相似。静电纺丝纤维的直径对生物吸附性能有很大影响,而吸附性能取决于纤维的相对分子质量和单体组成。研究人员发现,P(3HB-co-97mol%-4HB)有助于最小程度的纤维包裹,因为植入物在体内随着时间的推移(12 周)而降解。

聚合物在初始溶液中的百分比在决定纤维厚度、孔隙率、直径和均匀性方面起着主要作用。随着聚合物组成的增加,由于溶剂挥发较慢,纤维会变稠。增加直径会增加弹性,但会降低其拉伸性能。外加电压对材料的力学性能和形态也有影响。降低电压形成珠状纤维,因此选择最佳电压是必要的。

众所周知 PHA 是一种潜在的包装材料。Fabra 等(2015)对含有面筋等蛋白质的包装材料的改进进行了评估。开发了一种三层材料膜并检查其阻隔性能。在面筋蛋白的两侧加入 PHB 和聚羟基丁酸酯-共戊酸酯共聚物(PHB3V-3%戊酸酯),对其阻氧和防水性能进行了评估。PHB3V 的水蒸气阻隔性能取决于加工温度,而不是沉积时间。测得 PHB3V 的水蒸气渗透率和氧气渗透率分别为 $(3.14\pm0.2e^{-11})$ kg m Pa^{-1} s^{-1} m^{-2} 和 $(4.36\pm0.05e^{-15})$ m^3 m m^{-2} s^{-1} Pa^{-1}。然而,PHB 的防水性能取决于沉积时间和涂层厚度。材料透气性取决于所使用的聚合物类型。

Kehail 和 Brigham(2018)研究了 PHA 膜作为抗菌材料表面的应用,生产了聚(3-羟基丁酸酯-3-羟基己酸酯)材料。

[P(HB-co-30mol%HHx)]纤维通过氯化钠预处理完成表面功能化。这种功能化可以产生带负电荷的羧酸,有助于与溶菌酶结合。将纤维浸泡在溶菌酶中过夜,纤维就负载在溶菌酶上。结果显示,静电纺丝最大包埋量为 5.1±0.8 μg。对暗色红球菌 PD630 的生物膜形成具有约 42% 的抑制作用。

5 微藻生物塑料的专利及知识产权

微藻生物塑料仍在研究中,很少有公司开始将其商业化。考虑到商业化带来的经济负担,研究人员以及工业研究和开发小组都在尝试各种方法,以降低商业化过程中的成本。因此从原料开发到产品组成,每一步都可以申请专利或成为商业机密。利用微藻生物塑料,代谢工程藻株可以获得专利,而从细胞中获得生物聚合物的过程可以是特定公司的知识产权。在获得生物聚合物后,热塑性塑料制造所涉及的组合物、结构调整及其生产工艺也可申请专利(图 11.5)。

图 11.5 微藻细胞、生物塑料和 PHA 的相关专利

利用微藻制造热塑性共混物的专利(Shi et al,2013 US 8,524,811 B2)涉及微藻藻型、最大允许微藻含量、微藻粉末粒度以及所获得聚合物的机械性能。该专利指出,增塑的微藻聚合物可由单一类型的微拟球藻、螺旋藻和小球藻或作为组合物制成。在这项专利中,一个特别的方面是微藻粉混合物的粒径只有115 μm。

Lavoisier 等(2017)的专利(WO 2017/046356 Al)讨论了将蛋白质含量较低的微藻粉用于生物塑料的工艺开发。这项专利包括从微藻培养、收获以及通过酶、柠檬酸或其他化合物处理降低蛋白质含量的独特过程等内容。专利还介绍了获取微藻粉末的方法及其后续作为包装薄膜的原料。

6 商业化微藻生物塑料

全球微藻生物塑料生产商有限,主要原因包括需要更持续的工艺开发、有效的成本削减技术和降低能源投入所涉及的成本问题。Kimberly-Clark 公司和

Algix ® 是微藻生物塑料制造业的主要参与者。他们利用来自自然栖息地的微藻来制成产品、3D 打印或制成薄片。许多商业材料以品牌名称"Solaplast"进行销售(Solaplast 材料数据中心,2019 年 4 月 27 日)。Algix ® 经过适当的预处理使用微藻作为柔性泡沫。这类泡沫的应用包括垫子、背包、鞋类和玩具。Algix ® 与 3D 燃料一起扩大了从微藻生产到更可持续的 3D 纤维市场。Solaplast(40%微藻)有 4 种不同的材料,其中 3 种(Solaplast 2112,1222,1312)由食品级微藻制成,一种(Solaplast,2020)由工业微藻制成。在这 4 种材料中,Solaplast 1222 和 Solaplast 1312 是耐用树脂,Solaplast 2112 和 Solaplast 2020 是可分解树脂(见表 11.2)。

表 11.2 Algix ® 的 Solaplast 材料特性

Solaplast 材料	组成	聚合物性质	抗拉强度/MPa	拉伸模量/MPa	延伸率/%	弯曲强度/MPa
2020	工业微藻(40%)超支化聚乳酸(60%)	淀粉生物降解树脂	28.7	1765	3.3	8280
2112	食品级微藻(40%)+聚己二酸丁酯对苯二甲酸酯(60%)	淀粉生物降解树脂	5.9	145	24	1450
1222	食品级微藻(40%)+共聚物 PP(60%)	耐久加压树脂	16.4	876	10.4	5390
1312	食品级微藻(40%)+乙烯醋酸乙烯酯(60%)	耐久加压树脂	3.57	46.9	180	549

7 可持续生产微藻生物塑料的循环生物经济

微藻正在证明其作为不可再生资源衍生产品替代品的有效性(Alam et al,2019)。从燃料到聚合物,从原料到医药应用,微藻生物炼制的范围不断扩大。在培养、废物资源化利用和自然环境条件方面的灵活性使其成为细菌的竞争对手。微藻技术转移的主要缺点是在各种下游加工过程中所承受的资金成本。也可以通过调整微藻的循环生物经济来降低成本。目前,废水的处理和处置变得越来越具有挑战性。它们可以作为微藻生物炼制的低成本基质,所获得的生物质可被视为相当于经过分馏的原油,可以在分馏的每个阶段获得新产品。在此基础上,降低了不同生产目的的微藻培养成本,这也标志着生物炼制的可行性。而用于生物质生长和收获的能源将成为一次性投资。不同色素、脂肪酸和脂肪含量的提取将为进一步的产品强化奠定基础。提取的剩余生物质可作为厌氧消化的基质,也可作为生物塑料生产的填料。直接利用微藻生物质制备的热塑性共混物在力学性能上具有竞争力。在微藻生产生物柴油的情况下,油脂提取后的剩余生物质可与副产品甘油结合,作为生物塑料生产的增塑剂。剩余的甘油经必要的纯化后可作为生物质生长的培养基。这样,每个微藻生产流程都形成了一个循环,其中一个过程的输出成为另一个过程的起始原料。

如果每种化合物的侧流和应用与其循环利用率相同,那么实施循环经济的过程就很容易实现。那么主要的挑战在于将传统的加工步骤转变为更可持续的步骤。在这一过程中,原材料来自可再生的生物资源,然后依次提取有用的产品并重复使用,从而形成一个闭环。在这些步骤中,不仅要对工艺参数或产品进行浓缩,还要对排出系统的废物流进行最小化处理。利用微藻技术最大限度将生产线中的废物产量降至最低,实现废物最大价值,这标志着真正的循环生物经济(图 11.6)。

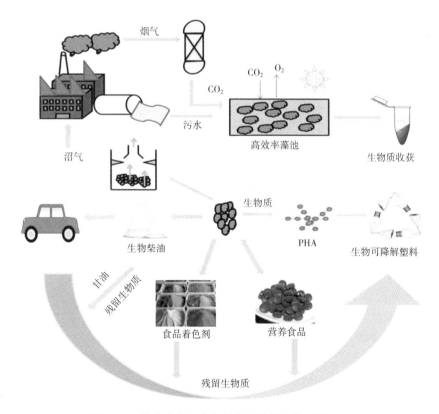

图 11.6　微藻生产生物塑料的可持续生物经济过程

微藻可以在非耕种的土地上种植。在许多拥有丰富自然太阳能的国家,但其直接用于原料开发的耕地有限或利用不足。印度拥有约 40% 的非耕地(世界银行数据,2019 年 4 月 15 日)。在这种情况下,鼓励微藻养殖有助于改善这些国家人民的生活方式和经济状况。从获得高价值的产品到大宗化学品,微藻也可以用来解决能源输入减少的问题,使人们逐渐获得能源的中性解决方案。通过将碳通量简化为产品形成,可以提高产量和生产率。在生物塑料生产中,优化下游加工处理和化合物分离将对建立一个强大的可持续性微藻生物经济方面发挥关键作用。

8　结论与展望

微藻是一种很有前途的可再生资源。培养条件简单和营养需求低使其成为一种令人感兴趣的原料,可以用于提取有价值的产品。获得高价值到低价值的产品可以通过定制下游的加工过程来实现。许多替代化石燃料的衍生品已被尝试,但主要的瓶颈在于如何提高生物质生产力和经济可持续性。通过将循环经济与微藻养殖和加工相结合,可以使现在以工业规模建立的下游加工更具可持续性。通过连续稳定的利用微藻生物质,可以使微藻技术在不久的将来成为现实。

延伸阅读

第12章 微藻:现代农业的生物肥料

Suolian Guo,Ping Wang,Xinlei Wang,Meng Zou,

Chunxue Liu 和 Jihong Hao

摘要 微藻是一类广泛存在的可以进行光合作用的生物,包括真核绿藻和原核蓝藻。在医药、保健品、饲料和燃料等领域具有巨大的生物资源利用潜力。这些令人感兴趣的生物还可以用于现代农业,因为能够丰富土壤养分,提高大量和微量营养素的利用率。微藻除了能提高土壤肥力和质量外,还能产生植物生长激素、多糖、抗菌化合物等代谢产物促进植物生长。本节主要讨论蓝藻和绿藻作为生物肥料对提高土壤肥力和质量以及促进植物生长的影响,并对其在现代农业中的应用进行了展望。

关键词 微藻;土壤肥力;植物生长;现代农业

1 前言

化肥的使用在保证粮食作物高产的同时,也带来了严重的环境和土地污染问题。化肥的过量施用造成了氮、磷、钾比例严重失衡,土壤硬化、盐碱化、养分减少、地下水污染等一系列问题,阻碍了现代农业的可持续发展。因此,如何减少化肥的用量,找到环境友好替代品是当前科学研究的一个重要课题。

生物肥料具有绿色、健康、无污染等优点,被认为是化肥的最佳替代品。许多研究表明,生物肥料能有效地提高土壤中氮、磷、钾等元素的利用率,增强作物的抗逆性,提高农产品的品质和产量,并能显著抑制土壤中植物病原菌的毒性。

在各种生物肥料中,以光合生物(包括原核蓝藻和真核微藻)为基础的生物肥料因其能提高土壤肥力和作物产量而备受关注。异囊蓝藻通过固氮和矿化作用促进养分的富集,而非异囊蓝藻和绿藻则主要通过释放土壤中不溶或不流动的养分来提高土壤的肥力。微藻光合能力及其在土壤中的应用促进了土壤中碳的富集,从而改善了土壤有机质,促进了矿化过程,提高了土壤和根际对大量、微量营养素的利用。此外微藻还能产生植物激素、多糖等代谢产物,为农业生产带来额外的效益。这一生物群可以应用于现代农业,有助于提高养分的有效性,保持土壤有机碳和肥力,并通过刺激土壤微生物活性促进植物生长和提高作物产量。

因此,在农业实践中,使用微藻生物肥料可以完全或部分替代化肥,减少养分流失,保护农业土壤肥力,满足可持续发展的需要。

2 微藻作为生物肥料提高土壤肥力和品质

化肥中含有大量无效成分,长期使用后在土壤中积累,与土壤中的金属离子形成水不溶性物质,降低土壤肥力。长期施用化肥,会造成土壤氮、磷、钾比例失调,养分组成下降,盐碱化、硬化等,过度耕作和频繁使用重型机械改变了土壤结构,导致水分维持和养分运输困难。

微藻不仅能通过同化吸收 CO_2 和 N_2,提高土壤肥力,还能分泌胞外多糖,形成共生系统,改善土壤结构。蓝藻和绿藻不同的特性使它们成为现代农业中有前途的生物肥料选择。

2.1 提高土壤肥力

2.1.1 碳固定

二氧化碳(CO_2)是排放的温室气体(GHGs)主要成分(68%)。化肥的使用在许多方面增加了温室气体的排放,如原材料开采、生产工艺、运输和机械化施肥等,都增加了二氧化碳的排放。施用化肥时,温室气体也以二氧化碳和二氧化氮的形式从土壤中排放。

蓝藻和绿藻是农业生态系统中重要的有机质来源,它们通过光合作用直接参与大气二氧化碳向有机微藻生物量的同化。作为初级生产者,微藻的光合作用占地球光合作用总量的50%。微藻吸收二氧化碳能显著提高土壤有机碳含量。除此之外,微藻还可以通过微藻排泄碳(胞外多糖)来增加土壤中的有机碳库,促进其他微生物群和动物群的生长。而动植物的残骸可以被微藻降解,进一步强化土壤有机质含量。在不同作物上接种绿藻和蓝藻的研究表明,土壤微生物活性、微生物生物量和总有机碳均有提高。通过 Yilmaz 和 Sönmez 的盆栽试验,研究了不同生物肥料对土壤有机碳的影响。结果表明,与对照相比,微藻生物肥料土壤改良剂显著提高了土壤有机碳含量。

2.1.2　固氮

除碳外,氮是生物质生产中最重要的营养元素之一。生物质的氮含量在1%~10%。脱氮的典型反应是细胞变色(叶绿素减少,腐殖质增加)和有机碳的积累[多糖和一些油脂(PUFAs)]。生物固氮是指利用固氮微生物将大气中的氮转化为氨的过程。相对于地壳中可溶性无机铵盐较少的情况,生物固氮在维持自然界氮循环中起着极其重要的作用。几乎所有的生物都依赖于有机物结合的有机氮。然而,生物固氮的过程只能通过一些特殊的微生物如细菌和微藻发生,这些微生物在体内有特殊的固氮酶系统。固氮生物的研究和利用,可以为农业开辟肥料来源,对保持和提高土壤肥力具有重要意义。

蓝藻有一种特殊的细胞,称为杂囊,能够固定大气中的氮,从而满足土壤微生物、大型动物群和植物的需要。各种研究表明,接种蓝藻或蓝藻联合体的农作物土壤氮素含量显著增加。接种蓝藻可节约化学氮肥25.0%。Perera证明,在水稻中接种丝状固氮蓝藻,可使施肥量减少50%,且不影响产量和品质。等孢蓝藻固氮在稻田中的应用很常见,但近年来的报道拓宽了其在多种蔬菜、棉花和粮食作物中的应用范围。

Swarnalakshmi等(2013)的研究表明,与50%和100%化肥对照组相比,在小麦作物中接种鱼腥藻后,土壤氮含量分别提高到57.42%和40%。同样,Osman等(2010)评估了两种蓝藻,内生念珠藻和奥氏振荡藻作为豌豆生物肥料的潜力。研究表明,接种蓝藻可以减少50%的化肥用量,提高豌豆种子的营养价值。蓝藻生物肥料的使用不仅减少了化肥的使用,而且提高了水稻和其他各种作物的产量。Jha和Prasad(2006)研究表明,在稻田接种固氮蓝藻菌株能显著提高秸秆和粮食产量,并节省25%的氮肥。在另一项研究中,Singh和Datta(2007)报道,与田间施用化肥相比,接种固氮多变鱼腥藻能促进水稻的生长和增加产量。土壤中生物固定过量的氮可能引起环境问题;然而与使用化肥造成的影响相比,这种影响的程度可能非常低。大多数的氮是以复杂的化学形式存在的,由于暴雨等自然灾害对土壤的侵蚀,可能会发生浸出。然而,产生胞外多糖的蓝藻会形成生物土壤结皮并防止土壤氮的淋溶。总的来说,接种蓝藻可以提供25~40 kg/ha的氮,显著地节约了农业生产的肥料成本,并通过防止农田生物肥料养分的流失,减少了环境污染。

2.1.3　营养物的矿化和溶解

微藻除了对土壤有机质具有贡献以外,还对土壤中大量和微量营养元素的矿化和溶解起着重要作用,这些营养元素对植物生长至关重要。微藻主要是蓝藻,被报道可通过产生有机酸或铁载体来矿化化合物。

有机酸(包括腐植酸)在矿物风化过程中起着重要作用。蓝藻能分泌类腐殖酸类物质,同时对农业生产具有重要意义。据报道,铜绿微囊藻(*Microcystis aeruginosa*)分泌的胞外多糖可作为生物泵,促进菲的生物吸收。Yandigeri 发现繁育拟惠氏藻和可变鱼腥藻对难溶性磷酸三钙和贻贝磷矿具有较好的溶解作用。

铁载体是微生物产生的有机化合物,在缺铁条件下有助于螯合铁离子,使其可供微生物和植物利用。蓝藻(*Anabaena flos - aquae*、*Anabaena cylindrica* 和 *Anabaena spp.*)具有合成铁载体螯合铁、铜和其他微量元素的能力。已有研究表明,蓝藻、绿藻和细菌的联合作用能提高植物体内 Fe、Mn、Cu、Zn 等微量元素的含量,对粮食等作物的生长具有重要意义。然而从土壤到根际和植物地上部分的微量元素的迁移机制还有待进一步研究。

2.2 提高土壤品质

2.2.1 改良土壤结构

土壤受到水、风和农业活动等物理力的侵蚀,农业土壤的肥力和生产力受到影响。据报道,许多绿藻和蓝藻能向周围环境分泌 EPS。EPS 不仅能增加土壤有机碳,而且能防止土壤侵蚀,改善土壤结构。绿藻和蓝藻产生的 EPS 具有很强的黏附性,它可以帮助土壤颗粒聚集,同时满足作物生长和根系渗透所需的最小孔径。

保持土壤结构的另一个方面是,形成的稳定的土壤团聚体能在一定程度上抵御降雨和水流的侵蚀。Malam Issa 等(2007)研究结果表明,接种 6 周后,土壤中形成了由细丝和 EPS 组成的有机矿物团聚体,与对照组相比团聚体的稳定性得到了提高。最近的研究表明,绿藻还可以改善土壤结构和团聚体的稳定性。Yilmaz 和 Sönmez(2017)研究了不同生物肥料对土壤团聚体稳定性的影响。结果表明,单独接种小球藻(*Chlorella*)或与蛭石联合接种,均能提高土壤微团聚体(0.25~0.050 mm)的稳定性。

蓝藻的接种有利于增加土壤径流的起始时间,减少土壤侵蚀。Sadeghi 等(2017)在实验室条件下研究了念珠藻、颤藻和杜氏藻等蓝藻对退化土壤径流流行率的影响。结果表明,在退化土壤中接种蓝藻,土壤径流开始时间增加了38.2%~168.8%。Kheirfam 等(2017)研究表明,接种蓝藻 60 d 后土壤流失量减少了 99%。

2.2.2 荒地复垦

绿藻和蓝藻是普遍存在的能耐受极端环境条件的生物,在干旱、耐盐性以及石油和金属污染地区的生存能力使开垦这类荒地成为可能。Trejo(2012)研究了三级污水处理中固定化铜绿小球藻和螺旋固氮菌用于沙漠侵蚀土壤复垦的潜力。结果表明,连续施用3次微藻群落,均能显著提高土壤有机质、有机碳和微生物生物量碳。根据Acea(2003)研究结果,应用颤藻,念珠藻和丝状藻有助于热损伤土壤的恢复。研究表明,随着淀粉和纤维素矿化微生物数量的增加,硝酸盐和亚硝酸盐产生菌的数量增加,接种蓝藻有助于热土壤(350℃)微生物结皮的恢复。Abed(2010)报道蓝藻和细菌在修复石油污染区方面有着独特的特性,并且可以相互支持生长。Chaillan等(2006)的一项研究也表明,蓝藻可能不会直接参与石油产品的降解,但与其他相关微生物的相互作用可以提高它们的修复活性,恢复石油和石油污染地区的肥力。Subhashini和Kaushik(1981)研究了利用蓝藻改良盐渍土的可能性。据报道,蓝藻能将过量的钠离子捕获到EPS基质中,限制植物对钠离子的吸收。然而,随着蓝藻生物膜的降解,钠离子被释放回环境中。这种栽培方式不会影响盐渍环境下作物对养分的有效利用。

蓝藻和绿藻对重金属具有良好的去除能力,目前已在重金属污染场所得到应用。针对固氮蓝藻对提高粉煤灰田间应用的潜力的研究表明,接种蓝藻粉煤灰后,粉煤灰中氮、磷含量增加,重金属含量下降。Tripathi等(2008)研究结果表明,利用蓝藻作为生物肥料可以提高水稻作物对粉煤灰的应激能力。据报道,蓝藻接种飞灰(在高金属污染下)可以防止植物积累重金属,促进植物生长。因此,蓝藻可作为金属污染场所的有效接种剂和生物肥料。

3 微藻作为促植物生长的生物肥料

微藻在促进植物生长方面也有重要的应用,能直接分泌生长激素、细胞分裂素等植物源激素,刺激作物生长。微藻还可以通过产生抗生素增强植物的免疫系统,提高其抗病性。此外,微藻能改善作物根系微生物群落,与其他微生物共同促进作物生长。

3.1 植物生长激素的产生

植物激素在植物生长发育中起着重要的作用。在农业中,外源补充植物激素(合成或天然)已成为提高作物产量和产率以及控制杂草的一种方法。然而,它们可能泄漏到邻近地区和水体的潜在风险会引起极大的环境问题。许多绿藻和蓝藻能产生胞内激素,有些甚至能向生长介质和周围环境分泌激素。微藻产生的生长素、细胞分裂素、茉莉酸等生长激素可作为农业生物刺激剂。目前,有研究利用蓝藻激素进行有价值植物的离体再生和作为有用作物的植物生长促进剂。接种绿藻和蓝藻可增强花药培养和玉米再生过程中的雄激素反应。从蓝藻中提取的生长激素能促进水稻幼苗的萌发和生长。Hussein 和 Hassner 研究了在无菌和田间条件下蓝藻分泌的激素对植物生长的影响。结果表明,蓝藻激素水平(细胞分裂素和生长素)与植株生长参数(茎长、根长、穗长、粒重)呈正相关。植物激素水平的增加是由于蓝藻和植物根系之间相互作用的结果。Mazhar 等(2013)发现蓝藻-小麦共生系统中内源和外源生长素水平升高,这表明植物与蓝藻之间存在信号转导。因此,在农业实践中利用具有潜在植物激素分泌能力的蓝藻作为生物肥料是一种环境友好的促进植物生长的方法。但目前对微藻激素应用的田间评价研究较少,有待进一步探索。

3.2 植物防御机制的诱导

据报道蓝藻通过激活 β-1,3 内切葡聚糖酶来调节植物的防御机制。几丁质酶、过氧化氢酶、过氧化物酶、多酚氧化酶、苯丙氨酸解氨酶等,具有抗氧化和致病机制。Priya 等(2015)研究结果表明,接种蓝藻显著提高了水稻根和茎中过氧化物酶、多酚氧化酶和苯丙氨酸解氨酶等免疫相关酶的活性。Kumar 等(2013)指出,接种蓝藻显著提高了香料作物种子、根茎中 β-1,3-内葡聚糖酶的活性。Babu 等(2015)研究了接种不同蓝藻(*Anabaena laxa* RPAN8, *Calothrix sp.* 和 *Anabaena sp.* CW2)对小麦植株防御酶活性的影响。不同的蓝藻有助于提高植物的免疫力。高糖(甘露糖)处理显著提高了过氧化物酶、多酚氧化酶和苯丙氨酸解氨酶活性。

因此,植物微藻或蓝藻的相互作用有助于直接或间接地提高植物的免疫力,增强对非生物和生物应激的稳定性。然而,微藻与植物相互作用在提高防御酶活性和免疫力方面的实际机制仍有待于全面研究,以探索不同绿藻和蓝藻作为生物肥料的各种有益方面。因此,具有多种农业价值的微藻可作为可持续农业的生物选择。

3.3 植物组织的定殖

接种蓝藻可调节根际微生物群落,从而改变微生物群落结构和数量。蓝藻与微藻、真菌、裸子植物、蕨类、维管植物等可形成共生关系。Krings 等(2009)研究表明,蓝藻可以通过气孔进入气孔腔,在气孔、细胞间隙、薄壁细胞和丛枝菌根区形成环状或胞内螺旋。Karthikeyan(2009)在小麦种子吸胀试验中观察到了根毛和皮层区域的短蓝藻微丝。通过扫描电镜和 DNA 指纹图谱分析,发现蓝藻可在小麦不同部位定殖。接种蓝藻能促进植物生长,提高固氮能力,通过诱导吲哚乙酸(IAA)的产生,提高植物的防御能力,改善植物的生长和营养状况。Priya(2015)报道,单歧藻能够定殖在水稻根和茎上,并刺激定殖位点的微生物种群溶解氮、磷。蓝藻可改善鹰嘴豆的共生关系,使根际土壤和根瘤菌群落发生有益的变化,进而促进作物生长和土壤肥力。深入研究蓝藻的多样性以及共生组合中的相互作用,特别是与重要的农业植物的相互作用,将有利于农业的可持续发展。

4 微藻作为防治病虫害的生物肥料

在农业实践中,使用化学杀菌剂防治病虫害对农业生态系统的可持续性是有害的。迫切需要探索可持续性的控制病原体的替代方法。生物防治最常见的微生物是细菌和真菌。在过去的几十年中,微藻主要是蓝藻,被认为存在生物防治病原体和病虫害的潜力。除了减少对环境有害的化学物质的使用外,蓝藻还提供了增加营养的额外好处从而提高植物抗病能力和作物产量。

4.1 疾病控制

据报道,蓝藻能产生大量的抗菌化合物,包括水解酶、苯甲酸、氨甲酰环丙烷 a 和肌苷酸。这些抗菌化合物可通过改变和破坏细胞质膜的结构和功能、灭活酶和抑制目标生物体中的蛋白质合成来抑制或杀死致病菌、真菌或线虫或其他微生物群或动物群。微藻提取物中含有多酚、生育酚等生物活性物质以及抗菌色素,有助于防治土传病害。蓝藻中的一些化合物具有生物控制及杀虫的特性,如眉藻的苯甲酸、双歧藻的含氯抗生素和疏松鱼腥藻的巨鞘丝藻酰胺类化合物,可通过诱导植物防御酶的活性而发挥作用。鱼腥藻和颤藻的提取物对枯草芽孢杆菌、乳酸微球菌和金黄色葡萄球菌具有抗菌活性。

研究表明,蓝藻可以通过促进根际微生物群落的有益变化,直接或间接地抑制棉花根腐病。颤藻、鱼腥藻、念珠藻、节球藻和小环藻对交链格孢菌、灰霉病菌和葡萄根霉的抗真菌活性随温度的变化而变化,在35℃时达到最高。结果表明,一些蓝藻（哈氏节球藻和岛状念珠藻）提取物具有抗菌的作用,对金黄色葡萄珠菌、蜡状芽孢杆菌具有抗菌功能、对白色念珠菌具有抗真菌活性。一些蓝藻菌株（如 *anabaena spp.*）在植物病原菌的生物控制和植物的生物刺激方面具有双重作用。Chaudhary 等(2012)比较了基于多变鱼腥藻和振荡鱼腥藻对番茄幼苗抗病性及生物肥力的影响。利用鱼腥藻制剂变异体可使番茄幼苗病害严重程度降低10%~15%,显著提高植株生长。Singh 和 Datta(2007)发现,除了提高水稻田的作物产量和土壤肥力外,这种制剂变异体还具有抗除草剂能力。

蓝藻也参与了蓝藻毒素的产生,蓝藻毒素对人类和动物有直接的负面影响。据报道包括粮食作物在内的植物能够积累蓝藻毒素。因此,需要严格控制蓝藻毒素及其对不同模型动物的影响。同时,应对蓝藻毒素及其对不同模型动物系统的影响进行必要的验证。Issa(1999 年)研究表明,狭义摆动藻和尖顶石斑藻产生的代谢产物对某些蓝藻和细菌具有抗菌活性,但对模型小鼠无影响。然而还需要更多的研究蓝藻抗生素的作用及其对水生和陆地环境中的微生物区系和动物区系的间接影响。

4.2　虫害控制

据报道,以蓝藻为主的微藻还可以通过产生肽类毒素和杀线虫剂来减少线虫等植物害虫的数量。Khan(2005)发现在土壤中接种微囊藻不仅可以提高番茄产量,而且可以减少番茄作物中线虫的数量和虫卵的形成。Khan 研究表明,番茄幼苗浸泡在铜绿微囊藻培养液中能够降低根瘤菌和线虫的数量,分别可降低65.9%和97.5%。此外,蓝藻对根结线虫也具有杀虫活性。与未经处理的土壤相比,土壤中 1%绿色颤藻的配方可使虫卵数和线虫数分别减少 68.9%和97.6%。苗期前接种蓝藻对线虫的杀灭活性和促进植物生长效果较好。Youssef和 Ali 比较了米鱼鱼腥藻、钙化藻和螺旋藻对侵染豇豆植株的根结线虫的杀灭活性,在这些微藻中钙化藻是最有效的,可以减少卵和节结的形成,提高植物的生产力。Chandel 的研究表明,繁育管链藻培养液对根结线虫的孵化有抑制作用。从蓝藻 MKU 106 中提取的多肽毒素浓度为 0.01%时对棉铃虫具有的杀虫活性。蓝藻毒素在棉花叶片上的浓度为 0.1%时,可作为花柱幼虫的拒食剂。研究表明,与有机肥处理相比,施用化肥(尿素)后,田间蚊幼虫数量增加。然而,接种蓝藻作为生物肥料,在不增加蚊虫种群的情况下提高了粮食产量。Biondi 等(2004)报道念珠藻 ATCC 53789 的甲醇提取物具有杀线虫活性(对线虫)、抗真菌活性(蜜环菌、扩展青霉、弯孢疫霉菌、立枯丝核菌、纹枯病菌、菌核菌和白色枯萎病菌),杀虫活性(对盐生卤虫)、除草活性(对某些禾本科植物)和细胞毒性(对棉铃虫)。因此有必要确定和制定适合微藻或蓝藻肥料的施用方案,以防止对非靶标生物的毒性,并将其成功地应用于常规农业实践中。

5 微藻肥料的经济性

微藻肥料在环境和经济上的可行性受到质疑,因为它的生长需要大量的水分和养分。因此,将微藻生物肥料生产与非饮用水源、低成本营养源或价值链及副产品的生产技术相结合是未来可行的趋势。

5.1 微藻培养和废水营养循环利用一体化

由于微藻生长需要大量的化学营养物质,将微藻作为生物燃料、生物肥料等低值产品在经济上不可能实现微藻的产业化培养。这一挑战可以通过使用廉价的营养来源来解决。利用不同类型的废水作为营养源培养微藻,既能处理废水,又能产生微藻生物量,具有广阔的应用前景。一般来说,废水中含有丰富的 C、N、P 等有机和无机营养物质,可以被微藻有效利用。废水中富含一种不可再生资源——磷,回收利用这种营养物质是非常重要的。微藻可以从废水中富集磷,然后用作生物肥料。可以从养猪场废水、水产养殖废水、大豆加工废水、马铃薯加工废水、地毯厂废水和生活污水中成功培养出微藻。

固体废弃物也可以作为微藻培养的营养源。农业活动和其他农业产业会产生大量的固体废物。近年来,人们发现各种固体废弃物如食物废弃物、家禽粪便和乳品废弃物,也可用于培养微藻。利用厌氧消化农业废弃物(如牛粪)中的营养物质培养微藻也是一种备用选择,从这些废弃物中培养出的微藻可作为生物肥料。Cabanelas 报道在不同类型的废水中培养小球藻(Chlorella)可以作为生物肥料。Renuka 等(2016)发现废水中培养的微藻作为生物肥料的配方可以提高小麦和谷物的产量和营养特性。同样,Wuang 等(2016)利用水产养殖废水培育了螺旋藻(Spirulina filamentosa),随后将其用作叶菜类蔬菜芝麻菜(Erucasativa)、巴彦红(Ameranthusgangeticus)和白菜(Brassica rapa ssp. chinensis)的生物肥料。与化肥(TriplePro15-15-15)相比,微藻生物量的铁(Fe)、镁(Mg)、钙(Ca)和锌(Zn)含量较高。这些微量元素(铁、镁、钙、锌)在植物生长中起着重要的生理作用。因此,这些废水可以作为微藻生物量的营养源。但农业废水可能含有杀虫剂、药物化合物和其他可能影响微藻生长的物质。因此,不同的废水作为微藻的生长基质,需要对其进行全面的评价,以满足微藻作为食品、饲料、生物肥料等不同产品的质量要求。

5.2 高附加值产品:微藻残渣作为生物肥料

蓝藻和绿藻被广泛用作商业化生物分子(脂类、碳水化合物和蛋白质)和生物活性化合物的重要来源。提取出目标化合物后剩余的微藻通常富含必需的大量和微量元素,可作为蛋白质源、生物肥料等其他应用的原料。不同的研究表明,从微藻中提取的脂类生物质营养丰富,可以作为农业的营养源。Zhu(2013)研究发现,提取油脂后的微藻生物质含有丰富的 C(49.0%)、H(6.96%)、N(5.76%)和 O(26.3%),能量值为 22.9 MJ·kg^{-1}。类似地,Ehimen 等(2011)研究结果表明,提取油脂后的小球藻(*Chlorella sp.*)C 含量为 44.7%~47.4%,H 含量为 7.05%~7.46%,N 含量为 9.39%~10.13%,O 含量为 34.57%~36.22%。Maurya 等研究了油脂提取后的微藻生物质对玉米生物肥料的影响,研究表明利用提取油脂后的微藻生物质作为玉米作物的肥料,不仅减少了化肥的使用,而且提高了作物的生产力。另一个可持续的方法是利用微藻废物的厌氧消化来产生生物甲烷和生物氢,以获得额外的价值。Solé-Bundó 等(2017)发现初级污泥中未处理的微藻和厌氧共消化的微藻生物质的消化液富含有机质和养分,可用于农业土壤改良。应用共消化微藻生物质应用于家独行菜培养的研究结果表明,该方法具有促进植物生长和降低药害的作用。大肠杆菌(*E. coli*)和重金属含量低于欧洲立法标准。在农业实践中,利用微藻废弃物作为生物肥料是一种经济有效的利用微藻生物质的方法。

6 微藻作为农业肥料的前景

微藻作为一种肥料,需要大量的养分来满足农业的商业需要。为了以微藻生物肥料的形式提供这些营养物质,需要大量的微藻生物质。化肥中的氮含量高达82%,微藻生物量中的氮含量为 1%~10%。因此,可以假设微藻需要大约15 倍的量来达到相似的施肥水平。根据 Plastina(2017)研究,如果玉米生产建议使用 186 lbs. ac^{-1}或 208 kg·ha^{-1}的氮,则需要 1.4 t·ac^{-1}或 3.1 t·ha^{-1}的微藻生物量才能达到类似的效益水平。在这方面,使用微藻作为接种剂是解决这一问题的可能方法。这只需要少量培养的微藻作为接种剂,微藻和蓝藻的生长可以连续的方式为作物提供营养和有价值的化合物。

使用微藻和蓝藻为基础的活菌剂是有益的,因为它们在植物生长的整个阶段提供持续的养分吸收,以及防止土壤侵蚀、养分淋溶和保持土壤结构和肥力。众所周知,利用蓝藻作为生长细胞,除了提供对植物生长有用的其他必需元素(大量营养素和微量营养素)和代谢物外,还可以节省 25%~75% 的氮肥。此外微藻生物质还含有 40%~60% 的碳、1%~4% 的磷等必需元素。微藻生物肥料最重要的效益是提高土壤有机碳含量,这是化肥所无法实现的。

近年来,微藻作为生物肥料的商业化利用取得了很大进展。微藻生物肥料产品已上市,其在提高植物生产力和土壤肥力方面具有有效性。德蒙特新鲜农产品公司在亚利桑那州的原始沙漠中进行了微藻生物肥料的田间试验,结果表明微藻施肥有利于荒地复垦,减少化肥投入,提高作物产量。

越来越多的人意识到使用微藻生物肥料的益处。微藻生物肥料的市场潜力巨大,但与商业化相关的挑战需要通过广泛的实地调查和开发和降低肥料生产技术的成本效益来解决。

7　结论

近年来的研究表明,利用具有不同优势的绿藻和蓝藻联合体/生物膜作为生物肥料在农业上具有广阔的应用前景。微藻生物肥料除了用作营养补充剂外,还带来其他好处如生物控制植物病原体、减少化学品的使用和减少温室气体排放。然而,微藻肥料的成功在很大程度上取决于生物质生产的经济可行性。利用废弃基质培养藻肥是一种经济可行的方法并具有其他环境效益。然而,实际相关问题仍需深入研究和实地评估。

为了进一步了解微藻生物肥料,促进其商品化进程,应重点研究微藻肥料的作用机理、微藻生物活性分子的积累及其对植物生长、生物系统和土壤结构的影响。利用现代分子学工具如基因组学、分子生物学和蛋白质组学,为阐明微藻生物肥料的生物合作和植物协同作用机理提供了一种新的技术手段,有助于进一步验证微藻生物肥料的有效性及其商业应用。

延伸阅读

第五部分　生物质产品

第13章　微藻产品:动态生产方法研究进展

Gul Muhammad,Md. Asraful Alam,Wenlong Xiong,

Yongkun Lv,and Jing-Liang Xu

摘要　微藻生物质是一种很有前途、可持续的原料,被广泛应用于生物燃料、化妆品、医药、功能食品、水产养殖和保健食品等领域。微藻产品的生产过程包括几个加工阶段。首先是微藻藻株的开发和培养,然后是微藻生物质的采集或从培养基中分离,随后进行浓缩、脱水、干燥和目标产品提取。收获和干燥方法的效率和成本严重影响了微藻产品的整体能耗和生产成本。目前有关微藻生物质的各种培养和收获技术的综述和研究文章很多。然而有关生物质干燥和贮藏方法的文献却很少。因此,在本章中简述了藻株选择、培养和收获及到目前为止记录的各种方法的优缺点,以及干燥和储存过程的重要性。

关键词　微藻;生物质;高水分;干燥;贮藏条件;稳定性

1　前言

微藻是一种微小的光合生物体,通过固碳过程合成不同的有机物如脂类、碳水化合物、蛋白质和维生素。由于微藻在生物燃料、化妆品、医药、功能食品、水产养殖、保健品等方面的广泛应用,微藻在工业和学术方面获得了更多的关注(Choi et al,2019)。经济型微藻产业发展面临的主要挑战之一是由于温度和日照的季节性变化而导致的微藻生物质生产力的全年可变性。可以发展在封闭的光生物反应器或开放的管道池塘中对微藻进行培养的技术(Yew et al,2019)。需要优化培养条件如温度、营养物质、光照强度和 pH 值,以刺激有价值的化合物在细胞中的积累。微藻生物质的获取是一个昂贵的过程,因为微藻细胞体积很小,培养系统中含有大量的水分。在过去的几年中,大量的研究工作已经在实验室规模上进行,需要在中试规模上进行优化(Alam et al,2017)。微藻的收获方法包括沉淀法、浮选法、过滤法、絮凝法和离心法,可以单独或组合使用。然而从能源消耗和成本两方面考虑,目前还没有一种通用的采集技术能够处理所有类型的微藻悬浮液。收获的生物质含水率高,在常温下几个小时内就会造成生物质浆体质量的破坏。因此,在收获后有必要立即对生物质进行干燥,使其稳定并可储存以供进一步使用。采用的干燥方法有太阳能、烘箱、微波炉、喷雾干燥、冷冻干燥、气流干燥、焚烧炉等。在这一章中,提供了微藻的一个简短概述,包括藻种收集、生物质的产生以及随后的干燥和储存。

2 藻株筛选

微藻是一种多样化的高光合生物体,主要分布在淡水或海水中。微藻由于具有较高含量的有价值分子而被广泛关注,如具有 30% ~ 70% 的脂类、40% ~ 65% 的碳水化合物和 20% ~ 40% 的蛋白质(Chew et al,2017)。微藻脂类可作为生物柴油的潜在原料,微藻碳水化合物可作为发酵工业中传统碳水化合物(经处理的木质纤维素生物质或糖)的替代碳源。此外,存在于微藻中的长链脂肪酸具有食品保健品等的功效。除了碳水化合物和蛋白质外,微藻还含有一些有价值的色素和其他大分子,可用于制药工业开发各种保健品(Yen et al,2013)。根据藻库(algaebase. org)的数据,各种报告表明世界上大约有 15 万种微藻(Yew et al,2019)。但是只有少数种类得到了有价值的应用研究。大部分的微藻养殖中心对微藻进行分离和鉴定以供自己使用。许多研究人员为了商业利益也将重点放在微藻藻株的选择和育种上,如小球藻、杜氏藻、螺旋藻和红球藻(Xin et al,2009)。20 世纪 60 年代初,富含 β-胡萝卜素的杜氏盐藻等藻株被用作营养来源。据报道螺旋藻具有免疫原性可用于医疗用途(如病毒感染、癌症和心血管疾病)。小球藻,一种淡水微藻,也被用作血糖和血胆固醇的降低剂。

目前许多研究团队正在努力提高微藻在应激条件下所需分子(如脂类)和有价值化合物(如类胡萝卜素、叶黄素)的产量。大多数的研究只集中在单一的实验室规模上。因此利用废水处理和工业规模的生物质生产生物燃料和高附加值产品,是发展微藻藻种的一个重要方向。

组学方法被广泛用于在不同的应激(即氮限制)条件下促进不同物种的脂质生物合成,而在这项技术中,与脂质相比,生物活性化合物(类胡萝卜素、叶黄素等)的技术分析则受到限制。基因工程技术可以改变代谢途径,以提高目标分子的产量。适应性实验室进化(ALE)已被广泛应用于促进创新生物学和表型功能的藻株构建。营养和环境应激在 ALE 中非常普遍,以小球藻 AE10 为例,在 10% 的 CO_2 浓度下,经过 31 个循环后获得 3.7 g/L 的生物质浓度,比对照组高 2.9 倍(Li et al,2015)。ALE 试图将健壮的莱因哈特藻置于氮饥饿环境中,在生长量较小的情况下脂肪含量增加 1 倍(Yu et al,2013)。上述方法,如组学技术、基因工程和 ALE,在《微藻生物技术用于生物燃料和废水处理的发展》中有详细讨论。

与传统燃料相比,微藻生物燃料的成本更高,这需要油脂生产和高附加值产品的结合来克服成本问题。同样,具有丰富油脂和高附加值产品的健壮微藻物种也可以在工业化过程中压缩成本。

3　微藻培养技术

微藻生物质积累的主要要求是光(自然或人工)、营养物(碳、氮和磷)和保持适当的培养条件(温度和 pH 值)(Menegazzo et al,2019)。培养微藻的方式包括自养、异养或混合营养条件(Menegazzo et al,2019)。微藻培养最常见的为自养培养,需要光照、二氧化碳作为能量和碳源。由于光照的日变化和季节变化,自养生长较慢导致微藻生产力降低。此外,白天产生的生物质可能会由于夜间的呼吸而损失。这可以通过混合营养培养来缓解,在混合营养培养中,使用有机和无机的混合物,细胞在光合作用中消耗二氧化碳,在呼吸过程中消耗有机碳。因此,细胞参与光合作用循环,产生新的细胞和生物质(Rashid et al,2019)。一些物种能够在黑暗条件下生长,在这种类型的培养中,葡萄糖、醋酸盐和废水等有机碳源被用作繁殖微藻的基质(Tan et al,2018)。这种类型的培养被称为异养培养,这种方法不依赖光或太阳能。每一种方法都有自身的优缺点。

3.1　跑道池

一般有两种养殖系统来培养微藻:一个是开放式跑道池,另一个是封闭式生物反应器(Tan et al,2018)。为了保证高生长率,跑道的深度通常为 0.3~0.5 m。在跑道池中安装搅拌桨轮,并在图 13.1 所示的流动通道处监测其移动(Chisti,2007)。这类构筑由混凝土构成,有时内衬白色塑料。白天,在循环开始前,将培养基加入跑道池中。连续操作桨轮以避免微藻沉淀,循环完成后回收液体培养基(Brennan et al,2010;Chisti,2007;Pierre et al,2011)。中国、美国和以色列采用了开放式跑道系统,其微藻产量为 0.5 g/L(Richmond,1990)。

开放式跑道面临的主要挑战是水的蒸发,由于水的损失、温度波动和季节变化会导致二氧化碳利用率低。另外,其他可能污染或消耗微藻的生物对微藻生物质的产生也有很大的影响。

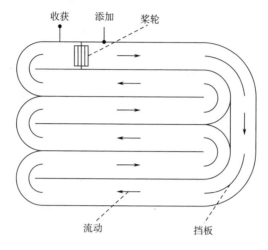

图 13.1　跑道池(chist,2007)

3.2　密闭式光生物反应器

光生物反应器是一种以光为能源的封闭式光生物反应器。与开放式跑道相比,这种类型的反应器可产生更多的生物质。并在特定条件下可避免污染(Tan et al,2018)。对于商业规模而言,光生物反应器不是一个很好的选择,因为它每天会产生大量废水(Rawat et al,2011)。从经济的角度来看,封闭式光生物反应器比开放式管道池成本高。另外,封闭式光生物反应器培养微藻所需的土地相对较少。例如,据估计在最佳条件下,使用封闭式光生物反应器,每英亩土地每年可从微藻中获得 19000～57000 加仑脂质含量,微藻油产量是油料作物的 200 倍(Tan et al,2018)。

根据反应器的几何结构,开发了多种封闭式反应器,如平板反应器、管式气升式鼓泡塔反应器、螺旋管式反应器和阿尔法型反应器。表 13.1 给出了上述生物反应器的相关信息。在《微藻生物技术用于生物燃料和废水处理的发展》一书中详细讨论了开放式跑道和封闭式生物反应器的优缺点、技术进步、自动化和制造商信息等。特别是对于高价值的长链脂肪酸或蛋白质,建议使用封闭式光生物反应器,而开放式池塘仅适用于生物燃料生产(Zeng et al,2011)。

表 13.1 不同光生物反应器的细节

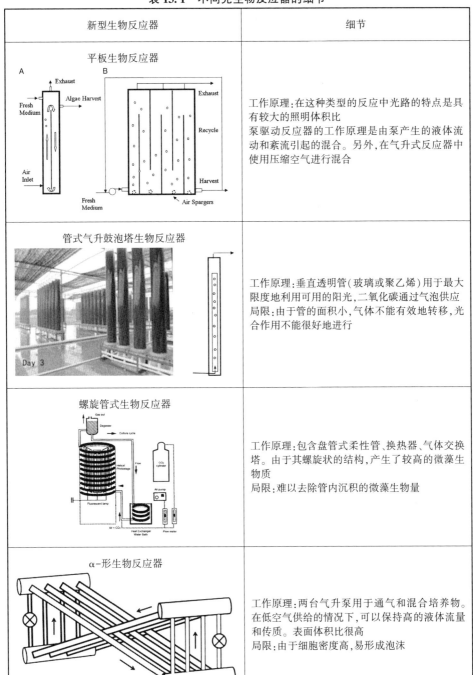

新型生物反应器	细节
平板生物反应器	工作原理:在这种类型的反应中光路的特点是具有较大的照明体积比 泵驱动反应器的工作原理是由泵产生的液体流动和紊流引起的混合。另外,在气升式反应器中使用压缩空气进行混合
管式气升鼓泡塔生物反应器	工作原理:垂直透明管(玻璃或聚乙烯)用于最大限度地利用可用的阳光,二氧化碳通过气泡供应 局限:由于管的面积小,气体不能有效地转移,光合作用不能很好地进行
螺旋管式生物反应器	工作原理:包含盘管式柔性管、换热器、气体交换塔。由于其螺旋状的结构,产生了较高的微藻生物质 局限:难以去除管内沉积的微藻生物量
α-形生物反应器	工作原理:两台气升泵用于通气和混合培养物。在低空气供给的情况下,可以保持高的液体流量和传质。表面体积比很高 局限:由于细胞密度高,易形成泡沫

4 收获生物质

4.1 离心分离法

离心法被认为是最快和广泛使用的收获方法之一。粒度和密度是离心的主要影响因素(Bux,2013)。该方法基于密度差原理,快速、稳定。与其他常用工艺相比,离心法具有一些优点,例如无化学试剂(即絮凝剂)和100%的回收效率。由于持续时间短,生物质的质量保持不变。高品质和无化学物质的生物质是食品、化妆品(Levine et al,2018)和制药行业(Alam et al,2019)的基本关注点。据报道离心法是非常有效的,但对于商业规模应用时则存在高耗能和高成本的问题。

4.2 沉淀法

沉淀法被认为是一种经济和理想的微藻采集方法,并可以应用于水和废水处理过程(Chun-Yen et al,2011)。在沉降过程中,悬浮液中的颗粒由于重力而沉降,并形成上面有透明液体的浓缩浆液(Mathimani et al,2018;Pragya et al,2013)。沉淀取决于细胞的大小或密度。微藻细胞尺寸越大,沉积速度越快。这种获取微藻的方式是具有吸引力的且对能源要求较低,同时只需要非常低的基础设施成本(Roselet et al,2019)。然而浮游型微藻不能用这种方法收获,因为需要很长时间才能将藻细胞沉淀下来。

4.3 过滤法

这种方法也被称为固液分离过程,其中微藻培养物通过过滤器,微藻培养物固体成分与膜粘附,水通过膜滤出(Menegazzo et al,2019)。分离是由于固体和膜孔径大小的不同而发生的。为了保持流动流畅,像传统的过滤一样,需要在膜上施加压力。微藻采集有不同的过滤方式即微滤、真空过滤、切向流滤和终端过滤。然而由于过滤器成本高,且过滤器由于被细胞粘附易堵塞,不利于大规模生产,因此过滤法并不经济。

4.4 絮凝法

絮凝是一种微藻采集方法,可用于制备微藻絮凝体(Chun-Yen et al,2011)。该方法作为一种预浓缩方法,可使微藻细胞从水中失稳,提高细胞密度。通过絮凝法采集微藻通常使用化学、物理和生物基絮凝剂。当溶液中 pH 值增加到一定水平时会自动发生的絮凝称为自发絮凝(Wan et al,2015)。近年来细胞絮凝技术在微藻收获中的应用也引起了人们的极大兴趣。

4.4.1 化学絮凝

化学絮凝剂广泛应用于各种微藻(Wan et al,2015)。这些方法以凝固为基础,凝固之后在培养装置的底部沉淀,同时细胞密度增加,如图 13.2(Salim et al,2011)所示。化学絮凝剂主要分为有机和无机絮凝剂(氨、金属盐等)。在相关文献中报道了化学絮凝法在各种微藻(栅藻属、小球藻属、盐藻、新绿藻属)中的成功应用(Wan et al,2015;Alam et al,2017)。

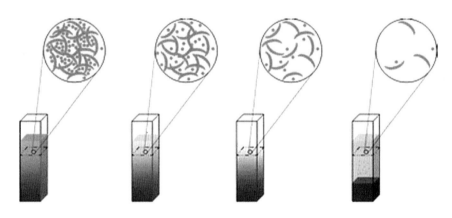

图 13.2 絮凝技术收集微藻(Salim et al,2011)

化学絮凝有 4 种常见的机理:①电荷中和;②静电吸附;③架桥;④卷扫。在电荷中和和静电吸附中,正电荷离子吸附在微藻细胞的表面。因此,粒子聚集在一起是因为范德华的吸引力,如图 13.3(a)所示。而在微藻表面,电荷与粒子相反,并且相互形成补丁[图 13.3(b)]。而在桥接过程中,微藻细胞附着在聚合物片段上形成桥接导致聚集和絮凝[图 13.3(c)]。在卷扫过程中,细胞或颗粒被大量聚集物截留导致絮凝[图 13.3(d)]。

4.4.2 生物絮凝

絮凝过程由微生物、胞外多糖(EPS)或来自絮凝生物体的其他物质(蛋白

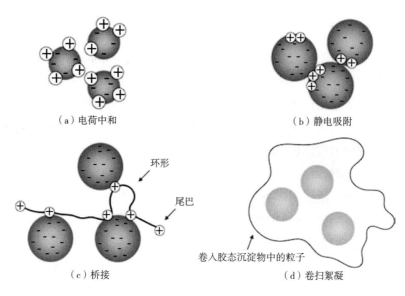

(a) 电荷中和　　　　　　　　　　　(b) 静电吸附

环形

尾巴

卷入胶态沉淀物中的粒子

(c) 桥接　　　　　　　　　　　　(d) 卷扫絮凝

图 13.3　絮凝机理(Rosel et al,2019)

质)诱导。目前,它被认为是一种新型且经济的微藻采集方法(Alam et al,2017)。与其他方法相比,生物絮凝是一种环境友好、廉价且可持续的方法,可大量收获微藻(Ummalyma et al,2017)。生物絮凝可分为 3 种类型:微生物絮凝;微生物伴生絮凝;微藻自絮凝。

　　大多数研究证实了微生物絮凝在废水处理中的优势。例如使用细菌菌株银色梭菌,可在不影响生长的情况下实现微拟球藻生物絮凝效率达 90%(Wan et al,2013)。在另一项研究中,通过响应面法(RSM)优化了微生物絮凝剂聚 c-葡萄糖酸(c-PGA)采集淡水原生小球藻和海洋普通小球藻的可行性(Zheng et al,2012)。由于其无化学试剂且对其潜在机制了解甚少,需要进一步研究(Ummalyma et al,2017)。

　　一种新颖的絮凝类型是微藻自絮凝,自由絮凝细胞与其他微藻细胞一起絮凝。这种类型的絮凝有效且无化学试剂,可广泛应用于从高附加值产品到低附加值产品中(Alam et al,2017)。只有少数自絮凝微藻的例子被报道如斜生栅藻、普通梭子藻 JSC-7 和镰形纤维藻。大多数研究是在实验室规模上进行的。例如,当 CNW11 与 JSC-7 共培养时,收获效率提高了 3 倍(25.6%~68.3%)(Alam et al,2014)。研究发现,存在于普通梭子藻 JSC-7 上的多糖分子主要负责与其他非絮凝细胞的修补和桥接,从而提高絮凝率(Alam et al,2014)。

4.4.3 电解絮凝

电解絮凝不使用絮凝剂。电解絮凝的主要原理是带负电的微藻细胞向阳极移动,失去电荷并形成团聚体(Mubarak et al,2019),如图 13.4 所示。Poelman 等(1997)报告了电解絮凝的有效性,在 35 min 内不同微藻的收获效率为 80%~95%,绿藻(角星鼓藻、新月藻、隐藻和盘星藻等)、硅藻(直链藻、硅藻、小环藻等)和蓝绿藻(束丝藻、腔口藻等)。这项技术消耗的能量非常少,仅为 0.3 kWh·m^{-3}。当电压降低时,去除效率也降低,并且当电极之间的距离减小时,消耗的能量也会减少(Poelman et al,1997)。在另一项研究中,使用 6 W 电源的电解絮凝在 30 min 内可以达到 93.6% 的回收效率(Xu et al,2010)。此外,这种类型的絮凝无污染风险,成本较低,但也存在一些问题如反应器的设计、需要定期更换电极和具有一定的初始投资成本等。

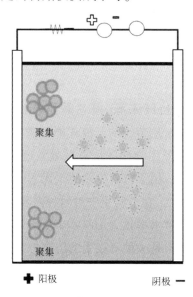

图 13.4 电解絮凝

4.5 浮选法

在实验室规模上,浮选法适用于采集微藻(小型单细胞微藻)。浮选是固体颗粒(微藻)在气泡的帮助下被带到液体表面的一种分离过程。这是通过增加气泡的浮力和降低气泡的密度来实现的。与沉淀法相比,浮选法被认为在微藻采集方面更有效(Menegazzo et al,2019;Singh et al,2011)。许多因素会影响气泡与微藻的粘附,例如微藻的大小、微藻之间的碰撞和粘附以及气泡。与较大的微藻颗粒相比,将较小的微藻颗粒带到表面更容易。但由于尺寸减小,与气泡碰撞和粘附的可能性也降低。此外,气泡和微藻都是带负电的,因此会产生静电排斥。因此,需要加入添加剂(即表面活性剂)(Garg et al,2012;Granados et al,2012;Zhou et al,2017)。此外,根据气泡大小可将浮选法分为溶解气浮选、分散浮选或电解浮选(Laamanen et al,2016;Menegazzo et al,2019)。

5　微藻生物质干燥过程

通过从培养基中分离获取微藻后,其生物质通常是潮湿的,并且含有大量的水分,再进一步处理之前需要干燥,这取决于下一步提取的产品类型,即微藻脂质、碳水化合物、色素或其他。各种研究报道了一些干燥方法(Chatsungnoen et al,2016),如晒干、烘箱干燥、微波干燥、喷雾干燥、冷冻干燥、气流干燥和热解干燥。下面讨论常见的干燥方法。

5.1　晒干

晒干是干燥微藻的可持续来源,但它需要较长的时间和更多的表面积(Brennan et al,2010)。此外,用传统的开放式晒干法很难控制所需产品的质量。由于干燥速度慢,低温会降低生物质的质量并导致细菌污染。有研究人员研制了一种封闭式日光干燥装置,用于微藻生物质干燥,其温度范围为35~60℃,90%的含水量可在3~5 h内去除。在本实验中对两种微藻物种螺旋藻和栅藻进行了测试,发现干燥后的生物质含水率仅为10%(Prakash et al,1997)。有人认为,当生物质用作动物饲料时,晒干是一种可接受的解决方案。

5.2　喷雾干燥

喷雾干燥系统(图13.5)包括液体雾化、气体或液滴混合以及液滴干燥。在垂直塔中,喷射雾化液滴,热气向下通过。干燥在几秒内完成,产品从塔底部移除,并使用旋风除尘器移除废气。

喷雾干燥被认为是高附加值产品的适宜方法,可以生产深色或绿色微藻粉。其颜色取决于喷雾干燥的方式和温度(Chen et al,2015)。此外,喷雾干燥的生物质也可用于人类消费品。在对滚筒干燥和喷雾干燥两种不同方法的评估中,推荐第一种方法,因为它具有更好的消化率、更少的能量和更低的投资。

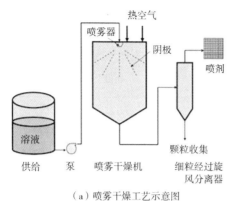

（a）喷雾干燥工艺示意图　　　　　（b）福清雾化喷雾干燥机，微藻通过塔顶的雾化器进行雾化、热风干燥

图 13.5　喷雾干燥器

5.3　旋转干燥

在旋转干燥法中，使用一种称为旋转干燥机的倾斜旋转圆筒。利用重力将材料（微藻）从一端干燥到另一端。以前，为干燥开发了不同类型的干燥器，例如直接加热（干燥材料与热气接触）和间接加热类型（热气通过钢壳与材料分离）。回转烘干机和滚筒烘干机被广泛用于废水污泥的干燥。滚筒干燥是干燥微藻最常用的方法之一（Mohn，1978）。使用薄层滚筒式干燥机对蓝藻进行干燥，结果显示出良好的产品得率。滚筒干燥机干燥微藻具有双重优势：样品消毒和细胞壁破坏。

5.4　冷冻干燥

冷冻干燥是食品工业和研究中常用的方法，因为使用这种方法细胞成分不受细胞壁破坏的影响（Chen et al，2015）。与喷雾干燥相比，冷冻干燥在干燥微藻中保留了更多的蛋白质，其蛋白质损失不到10%（Desmorieux et al，2004）。在冷冻干燥过程中，样品缓慢冷冻会形成较大的细胞晶体。

可根据规模和运行速度选择干燥方法。表 13.2 总结了几种干燥方法的优缺点。

在上述几种方法中，喷雾干燥被认为是提取高附加值产品（高蛋白质含量）的一种很有前途的方法。然而，喷雾干燥价格昂贵，并且会破坏某些色素（Tan et al，2018）。因此，未来应注意改进干燥设备，并需要重视开发适用于所有类型微藻生物质产品的干燥设备和方法。

表 13.2　各种干燥方法的汇总

方法	优点	缺点
晒干	可持续,无能源消耗	依赖天气
喷雾干燥	快速经济的方法,适用于微藻生产供人类消费	质量下降,运营成本上升
冷冻干燥	高能量密度	适用于小规模
烘箱烘干	低能量密度	适用于小规模
交叉气流干燥	经济、快速干燥	能量消耗大
热解干燥	可避免微藻生物质燃烧	成本高且复杂

6　微藻生物质储存的研究进展

微藻生物质是有发展前景和吸引力的,并且作为高附加值产品和生物燃料的原料的比重越来越大。但由于季节性变化,导致全年生物质产量不足,不能满足生产原料的稳定供应。通常草本生物质每年收获一次,并储存一整年用于生物燃料生产或农业使用。

尽管在许多地区,一年中可以多次生产微藻生物质,但由于温度和太阳辐射等季节性变化,生物质的产量和生长率会发生变化,因此需要储存以便继续稳定供应给后续工艺(Coleman et al,2014;Moody et al,2014;Wigmosta et al,2011)。微藻的储存有两种类型:一种是干储存,另一种是湿储存。第一种比较昂贵,因为天然气驱动的干燥器每吨生物质成本约为 150 美元。因此,第二种(湿式厌氧储存)是第一种的替代方案,长期用于储存牲畜使用的草本生物质(Wendt et al,2017)。例如,过去青贮用于储存不同种类的草本生物质(麦秸、玉米秸秆、柳枝稷和其他草类)以生产生物能源(Linden et al,2010;Oleskowicz Popiel et al,2011;Shinners et al,2007、2010、2011)。

青贮也成功地应用于微藻生物质的保存。据报道,如果在酸化厌氧条件下,含水率为 80% 的斜生栅藻藻生物质储存一个月,会损失 6%~14% 的干重(Wendt et al,2017)。在另一项研究中,发现了干燥、储存和空气暴露等不同参数对虾青素稳定性的影响。雨生红球藻在真空 $-20℃$ 或 $-37℃$ 下冷冻或喷雾干燥 5 个月。冷冻干燥的虾青素回收率比喷雾干燥高 41%,在 $-20℃$ 和 $4℃$ 下,虾青素的稳定性最高,在 5 个月内降解率为 $(12.3±3.1)%$。从经济角度来看,与 100 kg 的雨生红球藻相比,几乎可以获得 600 澳元的高利润。因此,冷冻干燥被建议作为一种经济高效、长期的储存方法(Ahmed et al,2015)。有研究人员研究了不同干燥温度(220℃、180℃)和出口温度(80℃、110℃、120℃)条件下喷雾干燥和贮藏对雨生红球藻虾青素含量的影响,研究周期为9周。最终获得了虾青素的合理保存条件(180℃/80℃,-21℃氮气环境;180℃/110℃,-21℃氮气环境;220℃/80℃,-21℃氮气环境)。为防止虾青素在雨生红球藻生物质中降解,Raposo 等(2012)建议在氮气条件下,-21℃时采用喷雾干燥的方法(180/110℃)。

从上述研究可以看出,厌氧湿法条件下微藻粉可储存 1~4 个月。另一种干燥方法如微藻与玉米秸秆共贮,也是季节性变化期间保持稳定性的有效方法。因此,厌氧湿法储存可以用于微藻产业的短期稳定储存。为了更好地维持微藻生物量,需要对长期储存和废弃生物质质量背后的机制进行深入研究。通过与中国福清市新大泽螺旋藻有限公司专家的交流,个人认为微藻色素如藻蓝蛋白、胡萝卜素、叶绿素等,在储存期间会在高温、光照或氧气下分解。因此,干燥的微藻粉需要保存在一定温度和湿度环境中,以符合标准法规的要求和客户的需求。一般来说,微藻粉库的控制温度需要设置在 20℃以下,湿度应低于 75%。微藻干粉需采用双层 PE 塑料袋包装,袋装生物质需无空气/真空。此外,微藻粉袋应放置在距地面 20 cm、距侧墙和屋顶 20 cm 的托盘上,并需要安装适当的控制装置,以保护生物质免受昆虫、苍蝇、蚊子等的侵害。

7　结论

微藻是一种很有前途的环保原料,可用于食品、饲料、化学品和生物燃料。目标产物产量高的健壮藻株有利于工业发展。因此有必要优化培养条件以获得充足的产量,避免生物质受到污染。对于微藻的收获和脱水,絮凝和离心的结合比浮选和过滤结合效果更好。而喷雾干燥是工业上最佳的选择,考虑到能耗日光干燥也很便宜。为了深入了解干燥和储存方法,需要进行基础的研究来填补目前的知识空白。

延伸阅读

第 14 章　微藻碳水化合物和蛋白质：
合成、提取、应用和挑战

Ayesha Shahid，Fahad Khan，Niaz Ahmad，Muhammad Farooq，
and Muhammad Aamer Mehmood

摘要　微藻是一种可用于可再生能源、保健品、医药和其他高价值工业产品的理想原料。微藻生物质的主要成分是碳水化合物、脂类和蛋白质，其浓度取决于培养条件、生长介质的组成、光照强度及持续时间和二氧化碳供应。根据其氨基酸组成、蛋白质质量和消化率，微藻也可以作为一种替代"蛋白质作物"加以利用。微藻碳水化合物主要以淀粉和纤维素的形式存在，可用于生产生物乙醇和可降解生物塑料。尽管微藻生物质可用于很多产品，看起来很有吸引力，但其商业发展却因其生长缓慢、产品产量低、无法使用高通量提取程序以及产品控制过程而受阻。本书的这一章阐述了提高微藻蛋白质和碳水化合物含量的培养条件以及提取技术，代谢物的回收、分离和表征的相关挑战。讨论了基于微藻的碳水化合物和蛋白质在能源、食品、制药和化妆品行业的潜在应用以及未来的机遇，以设计出一个合理的微藻生物炼制路线图。

关键词　微藻碳水化合物；微藻蛋白；生物活性化合物；产品富集；提取技术

1　前言

微藻作为获取生物活性代谢物的替代原料受到了极大的关注，尤其是其"最小废物产生"的特点（El Dalatony et al，2019）。它有潜力解决全球变暖、成为替代可再生能源、解决粮食安全和人类健康等持续存在的挑战（Salla et al，2016）。此外，微藻还具有处理废水和积累碳水化合物、蛋白质和脂质形式的碳基化合物的内在能力，同时可将太阳能转化为生物质能（Afzal et al，2017；Shahid et al，2017）。据估计，到 2024 年，微藻产品在全球市场的份额将达到 11.43 亿美元（Mehta et al，2018）。

在微藻中碳水化合物含量占比达到 15%~60%，这是光合作用过程中卡尔文

循环过程固定二氧化碳的直接产物(图 14.1),主要以淀粉(存在于质体中)、纤维素、糖原、多糖(存在于细胞壁中)、琼脂等形式存在(Khan et al,2018b)。蓝藻通常以糖原的形式积累碳水化合物,微藻则以淀粉(支链淀粉样多糖)的形式积累碳水化合物。细胞壁中的碳水化合物可提供结构支持,细胞内的碳水化合物是储存分子,可作为能量源来驱动代谢过程或作为应激下的生存保护剂(Markou et al,2012)。尽管微藻碳水化合物的能量含量较低(15.7 kJ/g),但由于可发酵糖含量高、半纤维素含量低,木质素含量为零,是生产生物氢、生物乙醇和生物丁醇的首选(Markou et al,2012)。微藻种类不同,碳水化合物含量和组成可能会有所不同(Chen et al,2013)。

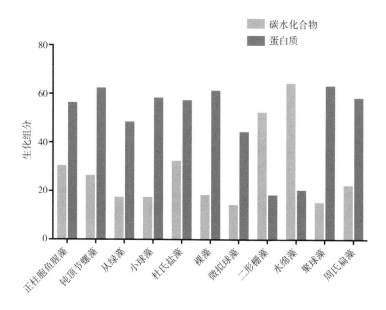

图 14.1 不同微藻物种的微藻碳水化合物和蛋白质含量

绿色微藻是丰富的蛋白质来源,占其生物质的 60% ~ 70%,能量含量为16.7 kJ/g(Markou et al,2012),与豆类、鸡蛋、牛奶、肉类和大豆等传统蛋白质来源相比,具有较高的营养价值。根据栖息地、季节和微藻种类,蛋白质组成也可能有所不同(图 14.1)。微藻中通常含有大量必需氨基酸如谷氨酸和天冬氨酸。与陆生植物相比,微藻蛋白质中含有更多的蛋氨酸、赖氨酸、组氨酸、色氨酸、苏氨酸和半胱氨酸(Guedes et al,2019)。微藻基蛋白质由于其相对平衡的氨基酸比例,作为一种替代蛋白质来源越来越受到人们的关注。与陆生植物相比 [0.06 ~ 0.20 t/(m² · 年)],微藻由于其结构、功能和营养价值以及较高的蛋白质产量[0.4~1.5 t/(m² · 年)]而具有重要的商业价值(Blakley et al,2017)。它们主要用作动物饲料以及人类食用的食品或食品补充剂(Guedes et al,2019)。微藻蛋白质还具有重要的药用价值,可以促进免疫系统功能、促消化、减少疲劳,改善肾脏、肝脏和心血管功能,并对体内的抗营养物质进行分解(Mehta et al,2018)。

野生型藻株通常含有低水平的碳水化合物,或者在优化条件下生物质的产生受到影响。为了获得高含量的目标产物,最重要的步骤是选择合适的微藻藻株,且必须在优化的条件下富含目标产物。下一步是优化培养条件(非生物因素),以提高生物产量和有价值产品的积累(Yen et al,2013)。

本章讨论了微藻碳水化合物和蛋白质的重要性。然而大量代谢物尤其是碳水化合物和蛋白质的积累具有一定的挑战性。要么野生型藻株不能积累这些代谢物,或者其中一种代谢物的过度积累可能会影响生产力。本章简要地讨论了环境协迫作为一种适当的策略,以提高增长率和生产所需的产品。多种预处理和提取方法可用于转化有用工业产品中的微藻代谢物。本文还概述了合适的方法及其可能的优缺点,帮助读者根据需要进行合适的选择。此外,还强调了基于微藻的碳水化合物和蛋白质可能在商业规模上的应用。

2 培养条件对产品增殖效果的影响

微藻的大规模培养对可持续发展的产业将会作出决定性贡献,尤其是在经济上可行的生物质资源和其他高价值产品的生产上。鉴定强健的微藻藻株和工艺流程是提高代谢产物产量必须考虑的因素(Chia et al,2018)。微藻倾向于在指数期积累大量蛋白质(de Carvalho et al,2019),因此为了实现微藻的生物燃料潜力,需要提高微藻的碳水化合物含量。碳水化合物含量可以通过减少淀粉降解和增加葡聚糖储存量来提高。控制环境因素包括 pH、光照、营养、温度、碳源等是直接影响其生化成分的最常见和最经济的方法。然而在大多数情况下,代谢物含量的增加是以生物质生产为代价的(Chen et al,2017)。因此,在不影响生物质生产的情况下,认识和控制提高碳水化合物含量的因素至关重要(Chen et al,2013)。下面将阐述各种物理化学因素对提高目标生物量和产品产量的影响。

2.1　营养物质对碳水化合物累积的影响

氮、磷、硫、钾等大量营养素对微藻的生长至关重要(见表14.1),然而营养限制或匮乏条件也是可行的,主要用于改变代谢物成分(Markou et al,2012)。限制氮和磷可以将卡尔文循环期间固定的碳转移到非含氮化合物的生产上,如多糖(主要是淀粉和糖原)和脂质(de Farias Silva et al,2019a)。

表 14.1　不同营养物对微藻碳水化合物含量的影响

营养限制/匮乏	微藻	碳水化合物含量	代谢产物提高	生物质产量	参考文献
N	钝顶节旋藻	4.3 mg/L	9.36%	192 mg/L	Lai 等(2019)
P	钝顶节旋藻	6.31 mg/L	59.7%	195 mg/L	Lai 等(2019)
N,P,维生素和金属	周氏扁藻	420 mg/g	130 %	5720 mg/L	Dammak 等(2017)
Ca、Mg	小球藻	450 mg/L	50%	——	Hanifzadeh 等(2018)
N	铜绿微囊藻	——	20%	$2.25×10^7$ cells/mL	Hanifzadeh 等(2018)
S	莱茵衣藻	5070 mg/L	~51%	——	Mathiot 等(2019)
多种营养成分	栅藻	400 mg/g	64%	1950 mg/L	Hernández-García 等(2019)

据报道,当培养条件从氮充足条件转变为氮匮乏条件时,小球藻的碳水化合物含量从12%增加到54%,蛋白质含量减少了20%~60%(de Farias Silva et al,2019b)。在氮平均和有限磷的条件下培养的小球藻中也观察到类似的结果,其中碳水化合物含量从10%增加到60%,蛋白质含量从57%减少到7%(Samiee-Zafarghandi et al,2018)。当栅藻在高硝酸盐浓度下培养时,与通常结果相反,观察到碳水化合物从 80 mg/g 增加到 160 mg/g,蛋白质从 208 mg/g 增加到 524 mg/g(Ranadheer et al,2019)。

虽然营养匮乏似乎是一个可行的选择,尤其是为了提高碳水化合物含量,但由于生物产量低,工艺可行性受到影响。在分批培养中,极端缺氮可能会对碳水化合物含量产生负面影响。因此与营养匮乏相比,营养限制被认为是一种更有吸引力的策略,有利于碳水化合物的积累。然而,这是以蛋白质减少为代价的。在这方面,两阶段培养或连续培养也可能是合适的。

2.2 光照和温度对碳水化合物累积的影响

温度对蔗糖的形成有很大影响。通常高温会促进碳水化合物的生成,这可能是由于嗜热酶系统参与了蔗糖生产(Barati et al,2019)。光照是光合作用的重要能量来源,其数量和质量直接影响生长速率、细胞组成和 CO_2 固定速率。据报道虽然辐照强度的影响取决于微藻种类,但光照强度的增加与碳水化合物含量和生物质量呈线性相关。辐照强度的进一步增加(超过最佳值)可能会损害光系统,或者由于生物量饱导致自遮光而减少光透率(Ho et al,2014;Markou et al,2012)。同样,低光照强度[低于 275 μmol/(m² s)]可能会逐渐降低淀粉的合成。不同的光照强度可以调节淀粉合成的关键酶(磷酸葡萄糖变位酶)的活性(Ho et al,2014)。

栅藻和链带藻在北欧培养时表现出耐寒能力。天然藻株能够在低温(5 ℃)和连续光照下产生较高生物质(>1000 mg/L)并积累碳水化合物和脂质作为主要储存分子,从而能够耐受相应的压力。在这些条件下,栅藻产生的生物质为 1400 mg/L,碳水化合物与酰胺的比率为 1.5,而链带藻产生的生物质为 700 mg/L,碳水化合物与酰胺的比率为 1.6(Ferro et al,2018)。同样,在 600 μmol/(m² s) 的连续高光强度下,凯斯利、副小球藻的生物质和淀粉产量分别为 1040 mg/(L·d) 和 220 mg/(L·d)(Takeshita et al,2014)。研究表明在高营养(74.1 mg/L)、高光强度[252~364 μmol/(m² s)]和中等温度(28 ℃)条件下,马氏拟伊藻生物质 [260 mg/(L·d)]增加。然而,这些条件并没有显示出对蛋白质、脂质和色素生产有利。而在低光照[140 μmol/(m²·s)]和低温(20 ℃)条件下,观察到微藻蛋白质含量最大到 236 mg/L(Gonfilves et al,2019)。

目前,高光照度的影响已被广泛研究,以促进微藻的生物质生产和碳水化合物的累积(表14.2)。为了应对高光强度,微藻倾向于积累高能量化合物如碳水化合物和脂质,以保护细胞免受应激条件的影响。关于温度对碳水化合物积累影响的信息有限,因为大多数研究集中于高温下的脂质积累。另一个原因可能是很少有耐热微藻藻株。然而,有必要研究温度对微藻碳水化合物和蛋白质含量的影响。

表 14.2　光照对微藻生物质和碳水化合物生产的影响

辐射强度/ （ μmol·m^{-2}·s^{-1} ）	微藻	碳水化合物 生产效率/ （ mg·L^{-1}· day^{-1} ）	促进代 谢物/%	生物质产量 （ mg·L^{-1} ）	参考文献
896	栅列藻	280	31	978	Toledo Cervantes 等 （2018）
300	小球藻	170	—	2800	Gifuni 等（2018）
650	斜生栅藻	800	~30	1700	de FariasSilva 等 （2018）
310	链带藻	—	13.4	2380	Coronel 等（2019）
2000	葡萄藻	900	—	1300	García Cubero 等 （2018）

2.3　有机碳源对碳水化合物累积的影响

碳对于常规加工和微藻培养至关重要。蔗糖（作为碳源）对生长发育、细胞信号传递、能量储存和逆境同化至关重要。HCO$_3^-$和 CO$_2$形式的无机碳对光合作用、CO$_2$封存和所需产品的积累非常重要。尽管大气中的 CO$_2$很容易被微藻吸收，但也很容易释放，HCO$_3^-$离子的形式可提供更稳定的无机碳，它们是由大气中的二氧化碳通过碳酸酐酶（CA）催化而提供的，反应位置在羧基体周围蛋白质壳（具有单向膜作用，二氧化碳无法逃逸出来），通过核酮糖-1,5-二磷酸羧化酶固定 CO$_2$提高羧化效率。（Tourang et al，2019）。另一种增强溶解无机碳的方法是通过膜转运蛋白或 ATP 活性将 HCO$_3^-$离子从细胞外液转运到细胞内。添加碳酸氢钠作为 HCO$_3^-$离子源是最合适的方法，可增加溶解无机碳的可用性，同时增加了培养基 pH 值，促进细胞生长以及富含能量分子的产生（Choi et al，2019；Pancha et al，2015）。然而，一些微藻对高 pH 值变化比较敏感，从而对生物质生产和代谢物含量产生负面影响。

在一项研究中，该研究旨在评估碳源和养分浓度对钝顶节旋藻生物质和碳水化合物产量的影响。据观察，培养基中添加高达 16 g/L 的 NaHCO$_3$可提高生物质产量。而 NaHCO$_3$浓度的进一步增加并没有增加生物质而是导致其降低。由于较高的碳酸氢盐浓度对碳水化合物积累有负面影响，因此，发现 9.8 g/L 的浓度最适合促进钝顶节旋藻中的生物质和碳水化合物生产（Tourang et al，2019）。在培养基中添加碳酸氢盐会直接影响其 pH 值，从而影响生长和代谢物含量。在 pH 值为 9.0 的条件下培养的两种蓝藻鞘丝藻和暗色振荡藻产生的最大生物质分别为 1196 mg/L 和 1226 mg/L,碳水化合物含量分别为 219 mg/g 和 192 mg/g (Kushwaha et al,2018)。除碳酸氢盐外,直接添加二氧化碳和使用其他碳源(如戊糖、蔗糖)已被证明有利于改善碳水化合物的积累。然而,也有添加碳酸氢盐提高了蛋白质和碳水化合物产量的情况。表 14.3 总结了各种碳源对微藻生产生物活性化合物的影响。

表 14.3 碳源对微藻生长及代谢产物含量的影响

微藻	培养基	控制条件	生物质产量	碳水化合物含量		蛋白质含量		参考文献
				前	后	前	后	
栅藻	BG11	$0.9\ g \cdot L^{-1}$ $NaHCO_3$	$28.32\ mg \cdot L^{-1} \cdot d^{-1}$	18.5%	30.9%	47%	49.5%	Pancha 等(2015)
微小小球藻	BBM	5%戊糖	$60\ mg \cdot L^{-1} \cdot d^{-1}$	32.5%	58.6%	15.4%	14.1%	de Freitas 等(2019)
空星藻	乳制品废水	12% CO_2	$267\ mg \cdot L^{-1} \cdot d^{-1}$	—	58.45%	—	—	Mousavi 等(2018)
香榧绿藻	BBM	5% CO_2	$900\ mg \cdot L^{-1}$	31.2%	71.4%	20%	14%	Varshney 等(2018)
耐热性小球藻	BBM	5% CO_2	$960\ mg \cdot L^{-1}$	30.2%	~53%	24%	10%	Varshney 等(2018)

3 基因改造对微藻产品富集的研究

微藻产品的工业规模扩大也可以通过改善微藻代谢来实现。近年来,代谢或基因工程与合成生物学相结合已成为一种有希望的方法,通过基因组编辑来控制多个感兴趣的属性,从而开发"超级藻株"。这些特征可能是:①生物质或代谢物产量的提高;②对毒素或非生物因子的抗性;③光合效率的提高;④消耗各种碳源的能力;⑤减少不利副产品的形成(Naghshbandi et al,2019)。包括基因组学、转录组学、蛋白质组学、代谢组学和糖组学在内的组学方法常被用于识别遗传靶点及其调控元件,并研究外部因素对参与酶合成或代谢物生产的基因的影响(Khan et al,2018a)。近年来,通过随机或靶向突变和遗传中断、基于核或叶绿体 DNA 的转化、异源蛋白表达、RNAi 沉默和基于 CRISPR 的选定基因插入或删除来调节基因表达以实现稳定性(Ghag et al,2019)。然而,与其他成熟的表达系统如细菌、酵母或植物相比,这些研究仍处于起步阶段。这些研究大多局限于模型微藻生物如小球藻、衣藻和聚球藻,后续应扩展到其他有价值的微藻物种。这方面工作比较困难的原因是代谢途径的复杂性、多样性和反馈抑制,使微藻重建这些途径非常困难。同时,目前还缺乏通过基因工程改善微藻碳水化合物或蛋白质含量的方法,为此还需要进行更多的研究。

3.1　提高碳水化合物的产量和质量

如引言所述,微藻主要以淀粉的形式储存碳水化合物。通过基因工程产生的碳水化合物可以通过以下方式得到提高:①过度表达参与淀粉生物合成的酶;②阻止淀粉降解或副产物形成;③改变可溶性糖的分泌。ADP-葡萄糖焦磷酸化酶是淀粉合成代谢途径中的限速酶;改变这种酶的结构和催化特性可以增强淀粉合成(Ho et al,2014)。与甘蔗相比,聚球藻的基因改造可以使蔗糖产量提高数倍甚至更高。在 NaCl 胁迫诱导下,项圈藻中蔗糖磷酸合成酶(SPS)的过度表达使细胞内蔗糖水平提高了 10%(基于干重)(Smachetti et al,2019)。同样,在诱导启动子下,醛缩酶与乙醇脱氢酶和丙酮酸脱羧酶在集胞藻中的共过度表达可使乙醇产量增加 69%,生物质增加 10%(Liang et al,2018)。

此外,糖基转移酶(负责糖形式转换的酶)的过度表达也可以增强碳水化合物的积累,或者通过使淀粉分解代谢酶失活也可以增强碳水化合物的积累(Ghag et al,2019)。藻胆体反应调节因子(RpaB)在聚球藻中的过度表达,可诱导细胞生长停滞,导致蔗糖分泌能力提高了两倍以上,改善了产物的形成和光合效率(Abramson et al,2018)。为了提高生物乙醇的转化效率,对多糖的表达进行了探索。尽管这些研究仅限于原核或真核来源的纤维素酶表达的植物(Bhalla et al,2013),但还可以应用于微藻,以改善碳水化合物和生物乙醇产量。

3.2　重组蛋白生产工艺的改进

微藻是生产重组蛋白的潜在来源。微藻藻株可以通过细胞核、线粒体和叶绿体转化来增强蛋白质合成。由于翻译和逆转录的存在,微藻的真核特性使它们能够产生糖基化蛋白质。尽管基于微藻的重组蛋白尚未商业化,但工业化的重组蛋白生产或重要性的医疗重组蛋白生产在成本效益上具有优势。莱因哈特藻已被广泛用于研究治疗性蛋白质的生产,并且在该系统中成功表达了超过 100 种此类蛋白质(Gong et al,2011)。

微藻的生物制造在成本和能源方面具有有效性、污染程度低以及简化的下游加工的特点,使其成为首选。最近,人类乳铁蛋白(hLF)在莱因哈特藻中通过转化形成了优化版本的乳铁蛋白基因,转基因藻株可产生 0.73 μg 乳铁蛋白/

40 μg可溶性蛋白。转基因微藻提取物对变异克雷伯菌和大肠杆菌具有抗菌活性(Pang et al,2019)。同样,转基因蛋白核小球藻可在优化条件下产生 53 mg/L 的 hLF,比对照组高出 4 倍(Wang et al,2019)。在另一项研究中,疟疾检测蛋白(用于 ELISA 检测)和来自蚊子孢子子体和卵母细胞的细胞横切蛋白(抗原),已经在莱因哈特藻中的叶绿体中成功表达和合成(Shamiz et al,2019)。

通过辐射诱变对蛋白核小球藻(K05)进行修饰,使蛋白质含量提高 31.8%,生物质产量提高 11.6%(Song et al,2018)。此外,通过 C-末端蛋白融合和双水相萃取技术(基于两性蛋白基因)来提高重组蛋白的分泌和纯化(Baier et al,2018)。总的来说,基因工程和合成生物学工具似乎是重建代谢途径以提高蛋白质和碳水化合物含量和质量的一个有吸引力的选择。在利用转基因微藻提高蛋白质含量、质量、分泌和纯化方面仍需进一步研究。

4　产品回收的提取方法

微藻生物量的有效提取是生产高价值商品的必要前提。理想的提取方法应能够选择性地提取所需产品,同时尽量减少副产物和有毒化合物的产生。有几种方法可用于细胞壁破坏,以提取所需成分。然而,其对特定藻株的适用性主要取决于细胞壁和所需要的成分(Kapoore,2014)。一般来说,这些提取方法可分

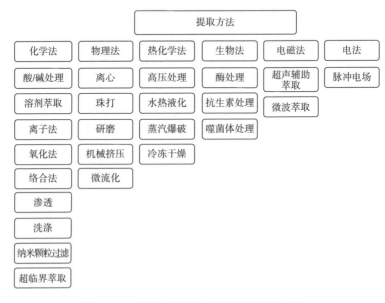

图 14.2　多种从微藻中回收产品的提取方法

为化学、物理、热或热化学、生物、电磁和电,如图 14.2 所示。每种方法都有其优缺点,在表 14.4 中进行了总结,这里讨论了一些相对先进的方法。

表 14.4 微藻产品回收的各种提取方法的比较

分类	方法	适用藻株	优点	缺点	参考文献
化学法	酸/碱处理	绿球藻、栅藻	节能	酸/碱处理后类胡萝卜素有损失	Günerken 等(2015)
	溶剂提取	隐甲藻	具有成本效益,可在更大范围内使用	过程缓慢,常使用大量溶剂,有的溶剂具有毒性	Cravotto 等(2008)
	离子液体法	绿球藻、小球藻	成本较低	毒性问题,还不是完全成熟的技术	Shankar 等(2017)
	渗透	破囊壶菌	节能,可大规模使用	费时,废水产生,细胞破坏效率不高	Byreddy 等(2015)
	洗涤				
	纳米颗粒过滤	小球藻	环境友好	在开发阶段,成本高,去除纳米颗粒后的工艺难度大	Seo 等(2016)
	超临界萃取	雨生红球藻、超微绿球藻、栅藻、红球藻、小球藻	适用于提取类胡萝卜素,快速、无毒	成本高昂,无法在工业规模上使用	Nobre 等(2006);Sikkema 等(2010)
物理法	离心				
	超声波降解法	科氏隐球藻、加迪纳微绿球藻	无毒,高效破坏细胞,快速和低维护成本	局部气蚀,能量要求高,价格昂贵	Al hattab 和 Ghaly(2015)
	超声法	眼点拟微球藻、小球藻	无毒,高效破坏细胞,快速和低维护成本	高能需求和高运行成本	Al hattab 和 Ghaly(2015)
	珠打	小球藻、念珠藻、拟微球藻、超微绿球藻、栅藻、绿球藻、葡萄藻	高效的细胞分裂,快速提取	效率取决于细胞的性质、珠子的去除、能量输入和维护成本	Al hattab 和 Ghaly(2015)
	研磨	钝顶节旋藻、普通小球藻、雨生红球藻、紫球藻、眼小球藻	快速简便的实验室规模技术	会降低一些细胞的重要成分,花费时间	Safi 等(2014)

续表

分类	方法	适用藻株	优点	缺点	参考文献
物理法	机械挤压	二形态栅藻、小球藻、微绿球藻、葡萄藻 MCC31、镰形纤维藻	具有工业规模的油脂回收技术	能源效率低下,细胞破坏不好	Aarthy 等(2018)
	微流化	微绿球藻、小球藻、苏西四角藻	适合油脂提取,细胞在室温下即可破裂	不宜提取蛋白质,需要较高能量	Spiden 等(2013)
热化学	高压反应	雨生红球藻	使用方便,维护成本低	不适合色素,能量要求高	Mendes Pinto 等(2001)
	水热液化	斑节藻、毛枝藻、南方绿球藻、弗氏绿球藻、假绿球藻	不需要烘干生物质	能源需求高,产生热量,回收率可变,使用昂贵的催化剂	Biller 等(2013);Passos 等(2015)
	蒸汽爆破	加迪塔南氯球藻	相对容易的维护和更低的能源需求,高效的细胞破裂	不同物种之间的结果不同	Al hattab 和 Ghaly(2015)
	低温干燥	特氏杜氏藻、栅藻、三角藻、南氯藻	单步干燥和提取过程,不干扰细胞成分的生物活性	低效率的细胞破坏,能量需求高,难以维护,耗时	Al hattab 和 Ghaly(2015)
	水力空化	微绿球藻	能源需求比较低	空化面积有限	Ali 和 Watson(2015)
生物法	酶处理	小球藻、二形态栅藻、微绿球藻	选择性、精细高效的细胞壁水解,不影响类胡萝卜素的生物活性	酶价格昂贵,每次反应后难以恢复,过程延迟	Al hattab 和 Ghaly(2015)
电磁法	超声波辅助萃取	二形态栅藻、微绿球藻	相对节能	不同的结果取决于物种	Wang 等(2014a)
	微波辅助	斜生栅藻、葡萄藻、普通小球藻、栅藻	相对节能,产品回收率好,细胞破碎效率高,反应时间快	维护费用较高,产生热量	Al hattab 和 Ghaly(2015)
电法	脉冲电场技术	原始小球藻	选择性、精细高效,不影响类胡萝卜素	在开发阶段	Goettel 等(2013)

传统的提取方法,如溶剂提取,是一种消耗非常大的方法,如涉及使用剧毒的有机溶剂,并通过过量的热、光和氧可以导致立体结构和重要的生物活性成分分解。在工业规模上使用三氯甲烷和甲醇等有毒溶剂会造成严重的环境危害和人类健康问题(Denery et al,2004)。另外,传统方法如研磨和低温研磨(包括使用液氮)在实验室规模上被发现是有效的,但在更大规模上使用这种昂贵的方法显然不切实际。

与其他9种机械方法相比,珠磨(珠子大小为0.5 mm)已证明是微藻细胞破坏的有效方法,但有研究发现它对某些物种(如绿藻和小球藻)无效,使其一致性大打折扣(Lee et al,2010)。这是一种实验室规模的常用技术,而其改进形式“搅拌珠打”通常用于工业规模。然而,在珠打浆和均质机等技术中,过热是其大规模应用的主要障碍。此外,还涉及珠分离步骤。机械细胞压榨机对植物有效,而微藻细胞较小,对微藻无效。实验室规模的高压灭菌和均质化方法从技术和经济角度来看,在工业规模上使用似乎并不可行(Gong et al,2016;Lee et al,2010)。索氏提取法通常被认为是从植物源中提取重要生化成分的最合适方法之一,但其耗时长(长达15 h)且涉及使用有毒溶剂。此外,与其他传统方法相比,索氏提取法的产率要低得多(Cravotto et al,2008)。同时有研究人员设计了一些其他化学和生物方法去解决毒性和产热问题,但又出现了污染问题,使下游加工困难(Jaki et al,2006)。涉及使用纤维素酶、木聚糖酶和果胶酶等酶的生物方法对环境友好、性质温和,但价格昂贵,效率有限。同样,酶的回收也是一个重要问题(Gong et al,2016)。

物理技术如超声波辅助提取(Cravotto et al,2008)、微波辅助提取(Biller et al,2013;Cravotto et al,2008)、高压均质(Gilbert-Lópcz et al,2017)(微流化器)、超临界流体萃取(Gong et al,2016)和脉冲电场裂解(Goettel et al,2013)(PEF)的开发旨在提高萃取过程的效率。在超声介导的提取中,20～100 MHz的超声波被用来产生局部空化气泡,当膨胀时会导致细胞壁破裂。在超声技术中,由于操作单元单一、能量输入少,与喇叭超声相比,水浴超声更适合于大规模使用。一些最新的方法如超临界流体萃取(SFE)和加压液体萃取(PLE)也被认为是绿色技术。SFE利用超临界条件下无毒的CO_2从细胞中提取脂质。PLE通常使用不同溶剂从玉米和燕麦中提取极性和非极性成分。此外该技术已用于从两种微藻钝顶节旋藻和杜氏盐藻中提取抗氧化剂等生物活性化合物。然而,使用过程需要持续维持高温和高压以及高能量输入,使这两种技术在工业应用中均不切实际。

此外,高温会降低类胡萝卜素等温度敏感成分的产量。脉冲电场裂解(PEF)也可用于从微藻中提取所需产物。在这种技术中,细胞受到强电场脉冲的作用,导致细胞壁形成小孔,就像在电穿孔过程(DNA转移过程)中发生的那样。细胞壁上临时孔隙的形成导致生化成分从细胞中渗出。由于一些必需有机溶剂的限制,该方法不适用于类胡萝卜素的提取。

目前的提取方法受到耗时长、消耗大量有毒溶剂、耗能多和高昂的操作程序的限制,使扩大生产规模比较困难(Balasubramanian et al,2011)。微波辅助提取技术(MAE)不仅用于微藻油脂提取,还用于蛋白质、碳水化合物和色素的提取。微波具有加热速度快、热量和质量单向流动、选择性能量耗散速度快、可提高所需产品的纯度和产率等优点。微波辅助提取可导致卵形微绿球藻高达94.92%的细胞分裂(Ali et al,2015)。总之,MAE是一种环境友好的方法,使用有毒溶剂最少,对各种生物活性代谢物的提取具有适用性,但是,发热和维护成本仍然是需要解决的重要问题。

5 产品提纯

如前所述,微藻最近被用来表达重组蛋白。莱因哈特藻基因组为重组蛋白的表达提供了一个合适的模型和表达系统,同时适宜大规模培养且效益较高(Shamriz et al,2016)。从微藻发酵液中优化一种可持续且高效的蛋白质分离工艺用于工业应用是一个巨大的挑战。来自莱因哈特藻的治疗性重组蛋白和生物活性分子需要高达99%的纯度(Rasala et al,2010)。通过基因工程三角褐指藻表达了一种重组人类抗体(Hempel et al,2011)。用琼脂糖柱柱纯化表达的重组蛋白,并采用凝胶电泳鉴定其纯度。各种色谱技术通常用于实验室规模的微藻蛋白质的纯化,如亲和、尺寸排阻、疏水相互作用和离子交换色谱等(Verdel et al,2000;Wang et al,2014b)。有研究人员使用疏水作用和交换色谱法纯化了一种单体蛋白质(分子量为65000)的凝胶琼脂麒麟菜藻d-半乳糖-6磺酰化酶,提高了纯化率(4.9倍)和细胞裂解物产率(3.7%)(Wang et al,2014b)。通过凝胶过滤和离子交换色谱法可从淡水微藻球形枝藻中分离出一种单体卤代过氧化物酶(分子量为43000)(Verdel et al,2000)。同样,通过亲和色谱法从红藻丽丝藻中可分离出一种名为N-乙酰-d-半乳糖胺特异蛋白的蛋白质(Han et al,2012)。

除了基于色谱的纯化外,膜过滤方法(如交叉流过滤和超滤)也用于纯化微藻蛋白质(Henderson et al,2010;Her et al,2004;Zhang et al,2010)。与色谱法相比,过滤法具有产品收率高、体积流量大、条件简单和效益高等优点。使用膜过滤的主要问题是所需膜尺寸的可用性,对于分离特定蛋白质至关重要(Buyel et al,2015)。

微藻代谢物生产的成本取决于多个因素,包括生物质的生产成本、所需代谢物的产量和净化的成本。此外,已发现回收过程成本占总成本的60%,即EPA的发酵成本只占40%(Molina Grima et al,2003)。

6 微藻活性化合物面临的挑战

尽管利用微藻生物质生产生物活性化合物的前景非常好,但其大规模生产的经济可行性是微藻商品商业化的一个重要问题。少数微藻物种包括小球藻、螺旋藻、葡萄球藻、红球藻、微绿球藻、等鞭藻、卟啉藻、杜氏藻和四色藻已显示出商业潜力。这些藻株的大规模生产仍处于初级阶段(Alam et al,2019),主要原因是其生长速度缓慢,容易受到污染。目前,微藻市场约为每年2万吨微藻生物质,其价格分别取决于生物燃料生产和人类消费,范围从每千克0.4~100欧元。富含蛋白质的微藻生物质可以每千克0.75欧元的价格出售(Sathasivam et al,2017)。然而,微藻碳水化合物的市场份额必定增加,特别是用于生物乙醇生产的市场份额是非常有前景的,以便能够取代其他传统来源(Khan et al,2018)。

有必要确定具有大规模培养能力的强大潜在微藻物种,以应对污染、生长减少和代谢物生产减少等相关的问题。另一个选择则是工艺优化,改变各种生物和非生物因素或培养条件以提高生物质和代谢物的产量(Shahid et al,2019)。通常,微藻藻株能够适应各种环境条件,并根据其栖息地开始生产生物产品。此外,强健的微藻藻株通常是特异微生物,可以在碳源、温度、光照、介质组成、营养和盐度水平等多种因素下异常生长,并调整其组成以适应这些条件并减少被污染的机会(Rashid et al,2019)。利用微藻的这一特性可以提高其生物加工的经济性。

微藻生物质的收获和干燥是另一个具有挑战性的过程。仅收获一项就占生产成本的20%~30%。微生物诱导的絮凝或自絮凝微藻物种如普通小球藻JSC7可能是一个很好的物种(Alam et al,2014)。收获方法的选择可能会影响所需产品的质量。絮凝沉淀法被认为是一种经济的方法,但适合获得低价值产品。高价值的产品需要大量的生物质,这些生物质只能通过连续离心操作进行处理。为了降低生产成本和延长保质期,必须获得高固体含量的生物质。晒干是一个很好的选择,因为它效率高,维护和运行成本低,特别是在阳光充足的国家(Rizwan et al,2018)。

以经济高效的方式综合提取所需产品(燃料和食品)是微藻商品商业化的主要制约因素。开发一种通用的提取方法是比较困难的,因为它的选择取决于所需的产品和微藻物种。此外,所选方法不应损害其他相关产品(Rizwan et al,2018;Rösch et al,2019)。使用微波、超声波和选择性溶剂是一个很不错的选择。在蛋白质提取中,微藻细胞壁中的多糖阻碍了该过程,并对产品的纯度和产量具有决定性影响。此外,细胞壁作为一层保护层,可降低蛋白质的消化率。据报道,各种方法如风干、晒干、发酵等可提高蛋白质的功能性和消化性。微藻多肽也有类似的情况,在发酵过程中经过外源酶或蛋白酶水解之前,微藻多肽保持惰性。大多数微藻蛋白质和多肽味道苦涩,但在高温和 pH 极端条件下,是极好的强化剂(Sahni et al,2019)。为了减少蛋白质的含量,建议先提取蛋白质再提取多糖成分,然后再提取脂肪酸,然后可将所得多糖发酵成生物乙醇和生物丁醇(Rösch et al,2019)。

露天池塘系统成本减少的可行性解决方案是将废水作为营养介质。一个案例研究表明,对于跑道型池塘,价格从每千克 4.5 欧元降至每千克 3.6 欧元;对于薄层级联(TLC),价格则从每千克 2.3 欧元降至每千克 1.4 欧元。如果将废水处理成本视为生物质生产的投入(Fernández et al,2019),则生产成本可能进一步降低(跑道和 TLC 的价格分别为每千克 2.1 欧元和 0.6 欧元)。工艺优化与集成生物炼制相结合是以经济高效、环保的方式获得各种生物产品(食品和燃料)的最佳选择。

7 微藻生物活性化合物的应用

微藻是一种尚未完全开发的有价值的生化物质来源,可通过采用有效且成本效益高的方法利用微藻生产能源、食品和其他保健产品(图 14.3)。微藻还能够产生许多有价值的生物活性化合物,这些化合物尚待开发。除了生产生物乙醇外,微藻的碳水化合物和蛋白质成分还可作为各种商业规模的应用如人类健康和营养、化妆品、药品、动物和水生生物饲料以及生物肥料(表 14.5)。

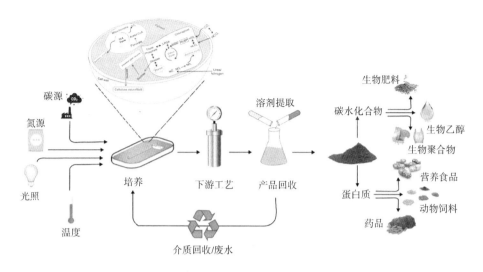

图 14.3　低成本高效生产微藻碳水化合物和蛋白质产品示意图

表 14.5　以蛋白质和碳水化合物为基础的微藻工业产品

种类	产品	微藻	应用	参考文献
蛋白质	蛋白粉/片剂	小球藻、旋毛藻	-作为健康食品 -用作畜禽饲料	Bleakley 和 Hayes(2017)
	藻胆蛋白	钝顶螺旋藻、紫球藻	-广泛用于食品生产 -用于药理学和医药工业 -在化妆品行业	Manirafasha 等 (2016)
	缩氨酸	蛋白核小球藻、蓝藻	-在制药行业作为抗癌、抗氧化、抗炎 -心血管健康功能食品的生产	Ejike 等(2017); Kim 和 Kang (2011)
	克霉唑类氨基酸	蓝藻、甲藻等	-作为防晒霜	Llewellyn 和 Airs(2010)
碳水化合物	多糖类	紫球藻、蔷薇藻、蓝藻	-作为微生物生长培养基制备中的固化剂 -作为一种增稠剂代替明胶、果胶和淀粉 -化妆品	Buono 等(2014); Venugopal(2016)
	硫酸酯化多糖	铁藻、蛋白核小球藻、三角褐指藻、卟啉藻	-抗炎、抗氧化、免疫调节	Buono 等(2014)

7.1　生物乙醇

微藻是生产生物柴油的第三代原料。然而,一些微藻物种富含纤维素和淀粉形式的碳水化合物,因此有助于生产生物乙醇。由于微藻具有较高的生长速率和固定 CO_2 的能力,因此与植物相比,这种富含碳水化合物的微藻物种生产生物乙醇具有一定的优势。此外,微藻碳水化合物主要由纤维素和淀粉组成,这使其与木质纤维素生物质相比更容易转化为单糖。小球藻、栅藻、杜氏藻、衣藻和四色藻富含碳水化合物(超过干重的40%)。小球藻属的各种物种的碳水化合物含量高,例如普通小球藻含有 37% ~ 55% 的碳水化合物(干重)(Hossain et al, 2019)。

在微生物发酵这些成分之前,需要将其水解成简单的可发酵糖。化学(酸和碱)和酶水解是两种常用的方法。酸水解相对来说更便宜、更快,但也会导致重要成分的分解,并产生会干扰发酵的有毒化合物。酶水解虽然是一种成本高、速度慢的过程,但也是一种温和、环境友好的过程,可以在不产生抑制性副产物的情况下产生较高的葡萄糖。酶水解通常需要昂贵的预处理程序以提高水解效率。水解微藻生物质的转化主要通过两种方式进行,即分离水解和发酵(SHF)或同步糖化和发酵(SSF)(Khan et al,2018b)。

7.2　人类健康和营养产品

近年来,特别是在益生菌鉴定之后,人们对水生生物特别是微藻对人体的健康方面进行了深入的研究。由微藻产生的甾醇可以治疗心血管疾病。据报道,螺旋藻能产生有助于预防心血管疾病的川贝海绵甾醇(clionasterol)物质(Munir et al,2019)。同样,许多抗氧化化合物(例如,支孢子菌素、二甲基磺酰丙酸、β-胡萝卜素、虾青素和一些其他类胡萝卜素)也可从微藻中获得。这些抗氧化剂可以补偿氧化应激损伤。最大螺旋藻和钝顶螺旋藻经常被用作人类食物的来源。螺旋藻作为一种食物来源已商业化种植,因为它可以改善免疫系统,并且它对胃肠道乳酸菌有积极影响。还可用于治疗其他疾病如癌症、糖尿病、关节炎、心血管疾病和贫血(Mani et al,2007)。

据报道小球藻也被用作食物来源,富含不同的维生素、蛋白质(干重的51% ~ 58%)和类胡萝卜素(Richmond,2004),还参与"小球藻生长因子"的产生,该因子可促进乳酸菌在体内的生长。这种微藻还含有 β-葡聚糖可发挥免疫刺激作用如降低血脂和清除自由基(Iwamoto,2003)。并且它有许多健康有益功能比如降低胆固醇水平、降低血糖、增加血液中的血红蛋白水平。在乙硫氨酸中毒和饥饿期间,还可充当肝脏保护剂,增加肠道细菌的生长,防止肾衰竭,刺激免疫系统,阻止单核细胞增多性李斯特菌和白色念珠菌的生长。在哺乳动物中,小球藻的提取物可用于增加细胞因子和脾细胞的产生,以及激活一些其他免疫系统反应。日本人一直在利用椭圆小球藻制作各种食品,例如,饼干、面粉、面包卷、绿茶、酱油、汤和冰淇淋(Barrow et al,2008)。

微藻生物质由酶、纤维素、碳水化合物和蛋白质组成。微藻还可以产生不同的维生素(例如,维生素 A、维生素 B$_1$、维生素 B$_2$、维生素 B$_6$ 和维生素 C),并且是各种矿物质的来源如钙、碘、钾、镁、烟酸和铁。由于微藻中含有所有必需营养素,所以它在不同的亚洲国家被用作主要食物来源,特别是日本、中国和韩国。由于其营养价值高,也被用于其他国家。由于市场需求和严格的食品安全法规,只有少数的微藻物种可以用作人类膳食补充剂。微藻可以液体、片剂和胶囊的形式在市场上被出售,供人类食用,还被添加在饮料、口香糖、面食、糖果和零食中。它们也可用作天然食品着色剂和营养补充剂。微藻包含重要营养物和药用价值使其对人类有益(Koyande et al,2019)。

7.3 化妆品

小球藻和节螺藻中有一些重要成分被用于护肤品。一些国际公司如 Daniel Jouvance 和 LVMH 拥有自己的微藻生产部门。微藻提取物通常用于皮肤和面部护理、防晒和护发产品。盐藻、冰藻、钝顶螺旋藻、宽果藻、普通小球藻、泡叶藻、眼点拟微球藻和脆软骨藻是一些通常被用于化妆品的微藻物种。微藻具有一些重要的性质如高水平的抗氧化剂、水结合能力和黏滑的质地,因此其提取物通常被用于化妆品中。一种富含蛋白的抗衰老特性的提取物,可以从节螺藻中提取。从普通小球藻中提取的提取物具有参与组织再生和减少皱纹的作用。眼点拟微球藻提取物具有紧致皮肤的特性,杜氏盐藻提取物可增强皮肤能量代谢并促进细胞生长(Ariede et al,2017;Couteau et al,2018)。因此,微藻在化妆品生产中具有重要的价值。

7.4 药物

生物活性分子是通过生物过程从微藻中自然获得的,这种生物过程很难用化学方法合成。化学性质不同的抗生素,如单宁、多糖、脂肪酸、溴酚、萜类和醇类都是由微藻产生的。一些神经毒性和肝毒性化合物也可以由几种微藻生产。

在制药行业,这些化合物有一些潜在的应用(Patel et al,2019)。土栖藻和棕鞭藻可产生用于制药工业的毒素。螺旋藻、栅藻和小球藻可用作人体补品。微藻提取物可改善皮肤、生育能力、免疫反应和控制体重。然而这些高浓度的提取物也可能有害,尤其是使用蓝藻时(Katircioglu et al,2012)。

7.5 水产养殖

水产养殖的动物主要从食物链中获取营养。食物链中的主要生产者就是微藻。成虫及其幼虫的生存和生长取决于微藻产生的营养物质。微藻包括骨架藻、巴夫藻、微绿球藻、小球藻、等鞭金藻、褐指藻、红毛藻、角毛藻、海链藻和四色藻,在水生动物的外部外观和生理生长中起着至关重要的作用(Apandi et al,2019)。迄今为止,无论是海洋动物还是淡水动物,微藻都被用作饲料添加剂和食物来源。枝角类动物、轮虫和虾是由不同类型的浮游动物养殖而成,这些浮游动物进一步被用于渔业和甲壳类动物养殖。雨生红球藻、盐藻和螺旋藻被用于培养观赏鱼、鲑鱼和对虾(Shah et al,2018)。鼓励使用微藻作为食物来源,然而使用微藻作为食品存在着毒理学污染风险和生产成本高的问题。

7.6 动物饲料(宠物和农场)

在一些研究中微藻被报道为一种饲料添加剂。许多动物可以使用节螺藻作为饲料,例如猫、狗、牛、观赏鸟、繁殖公牛和马。微藻作为饲料可对动物的生理产生积极的影响。也可以用作家禽饲料中的蛋白质来源(5%~10%)(Richmond,2004)。但如果在长时间和高浓度条件下使用,也会对家禽产生有害影响。通常会影响肉鸡小腿、皮肤和蛋黄颜色。目前,近30%产量的微藻用于制备动物饲料,50%的节螺藻用于制作饲料添加剂(Molino et al,2018)。

7.7 生物肥料

在没有空气的情况下,微藻生物质可以在较高温度(350~700℃)下通过热解转化为木炭、合成气和生物油(Yang et al,2019)。这种机制产生的生物炭可以用作碳的固存源和生物肥料。利用生物炭可以减少84%的二氧化碳排放量(Chen et al,2019)。在农业领域,微藻可作为生物肥料和土壤改良剂的来源(Ronga et al,2019)。蓝藻可以减少氮肥用量,改善土壤理化性质,提高生物产量,还可以改善土壤的电导率、pH值、残渣碳和氮。此外,在蛋白质含量方面,使用微藻可使谷物品质得到改善。在低洼地和高地条件下,项圈藻、单歧藻、管链藻和念珠藻可以增加大气中的氮,以促进水稻作物的生长(Esteves Ferreira et al,2018)。微藻生产通常采用4种方法,即田间法、苗圃兼育苗法、池法、坑法。后两种方法对个体养殖更有利,而前两种方法对微藻的批量生产更有利。通过出售微藻生物肥料可以产生额外的收入。

8 微藻产品的商业化

近年来针对从细胞裂解液中有效提取色素、蛋白质、碳水化合物和其他有价值的产品的方法已申请了多项专利(表14.6)。例如,Sepal Technologies Ltd. 获得了一项专利,开发了一种从水中获取微藻细胞而不破裂的新方法(Borodyanski et al,2003)。该方法包括连续的絮凝、脱色和脱水等步骤,以浓缩形式获取微藻生物质而不会导致细胞破裂。另一项专利关于绿色提取技术,用于开发微藻生物质的分离仪器。Katz 及其同事持有另一项新的絮凝-去絮凝方法专利,用于收集淡水、盐水、微咸水和处理过的废水等各种形式水中产生的微藻生物质(Katz et al,2013)。另一种利用外加磁场分离微藻的方法采用的是顺磁性纳米颗粒的复合物(Tohver et al,2001)。

表14.6 微藻生物质工业的工艺优化与利用的最新专利

内容	获专利日期	受让人	专利号	目标微藻	参考文献
细胞不破裂的微藻分离方法	25-02-2003	Sepal Technologies Ltd.	US-09748249/ US-6524486 B2	普遍适用性	Borodyanski 和 Konstantinov (2003)
微藻分离	14-04-2011	Valicor Inc.	US-20110086386A1	—	Czartoski 等 (2016)
絮凝反絮凝法改善收率	25-04-2013	The University of Texas System(Board of Regents)	WO 2013059754A1/ US-20130102055	小球藻、微绿球藻、螺旋藻、杜氏藻、振荡藻、金针藻、文氏藻、凤尾藻、淡色单胞藻、星状藻	Katz 等(2013)

续表

内容	获专利日期	受让人	专利号	目标微藻	参考文献
微藻蛋白质和脂类的分离	13-01-2013	Old Dominion University Research Foundation	WO2013086302A1	栅藻、衣藻、螺旋藻、小球藻、紫球藻、裸藻	Kumar 和 Hatcher(2013)
利用酶消化从微藻中生产脂质、蛋白质和碳水化合物	05-03-2015	The University of Toledo	WO2015031762A1	裂殖壶菌、小球藻、补血藻	Vadlamani 等 (2016)
糖和脂类的提取方法	28-05-2015	Eni S. P. A.	WO2015075630A1	—	Massetti 等 (2016)
选择性加热提取淡水微藻蛋白	05-11-2013	Heliae Dev LLC	US-8574587B2	—	Aniket(2013)
选择性加热提取淡水微藻球蛋白	03-06-2014	Heliae Dev LLC	US-8741629B2	微拟球藻	Aniket(2014)
微藻收获的过程	04-01-2015	The Colorado School of Mines	US-9464268/ US-20150152376A1/ US-20110201076	均适用	Tohver 等 (2001)
微藻可溶性蛋白质的提取	01-06-2017	Roquette Freres	US-20170152294	小球藻属	Patinier(2017)
利用微藻生产富含蛋白质的食用产品	02-02-2017	Synthetic Genomics Inc.	WO2017019125A1	—	Rutt 等(2017)
从微藻、大型藻、蔬菜及其组合的固体生物质中分离蛋白质	27-03-2014	Wageningen Universiteit	WO2014046543A1	—	Zhang 等(2014)

一项专利用于小球藻属中分离高纯度蛋白质(分子量小于5000)的多步骤蛋白质提取方法,涉及洗涤、热渗透(在50~150℃下)、过滤、絮凝、分步离心,然后使用截留分子量小于5 kDa的特殊尺寸膜进行超滤(Patinier,2017)。Heliae Development LLC. 发明了从淡水微藻微拟球藻中分离球蛋白的方法。该方法涉及将淡水微藻与盐水混合,并在低于提取物沸点的温度下加热,得到富含球蛋白的液体部分。通过一系列步骤将富含球蛋白的液体部分与生物质部分分离,这些步骤涉及使用各种溶剂(如乙醇、甲醇、丙酮、异丙醇、乙腈和乙酸乙酯)进行处理(Aniket,2013)。2013年该公司获得了一项关于微藻蛋白质分离和脂质分离的专利,使用温度为200~350℃的生物反应器,将细胞裂解物分离为固相和液相提取60%的总蛋白质(Aniket,2014)。

2012年,哥伦比亚一家公司(Ecopetrol S. A.)获得了一项从微藻生物质中提取糖的有效方法的专利。建议在高温(100~200℃)和高压下(101.14~303.42 kPa)下使用硫酸处理,可导致小球藻、球孢藻和衣藻微藻细胞壁的破坏,从而促进碳水化合物提取过程(基于微藻和大型微藻获得可发酵糖的改进方法,2011)。另一种从微藻中提取碳水化合物和脂质的方法于2014年获得专利。该方法利用提取的碳水化合物进行发酵,以生产乙醇和丁醇等(Massetti et al,2014)。此外,使用阴离子絮凝剂(聚丙烯酰胺、聚羧酸盐、聚丙烯酸酯和聚甲基丙烯酸酯)和提高pH值(等于或高于10)对微藻进行絮凝。然后通过溶剂萃取和酸水解的方法提取浓缩半固体生物质的碳水化合物和脂质。托莱多大学(University of Toledo)获得一个专利,使用酶水解(使用真菌酸性蛋白酶)小球藻和裂殖壶菌,可改善碳水化合物、脂类和蛋白质的提取率(Choi et al,2010)。

9 结论与展望

微藻生物炼制在产品多样性和可持续性方面具有巨大潜力,在不久的将来可能成为价值数十亿美元的产业。技术的不断发展提高了微藻生物炼制的效率,但大规模生产具有附加值的多产品商业生物炼制依然是不可行的。目前的研究表明,一个多产品的商业生物炼制厂的运营成本太高。一般情况下大宗商品的下游加工占总成本的30%,而在目前的生物炼制中,这一比例高达50%~60%。因此,为了降低总体费用,需要简化下游处理,减少操作单元的数量。有效性的设计对于生物炼制部分的细胞破坏和提取非常关键。当然,我们需要开发更有效的细胞破坏和提取程序,以及优化提取全过程。需要更好地了解每种微藻的细胞壁结构和组成，以便采用最合适的技术对其进行处理。以微藻为基础的产品需要提取其中的代谢成分，为此已开发了多种细胞破壁技术。然而，微波辅助萃取（MAE）和脉冲电场法（PEF）已证明是最有前途的方法之一。为了扩大技术应用规模，需要进一步优化操作成本和能源消耗，以达到高产量、高质量和易于回收的最终目标。开发新的高效技术的基础是促进微藻细胞破坏和提高生物活性化合物回收率。总之，随着整个工艺成本的降低，温和性是设计微藻生物炼制方法时要考虑的另一个重要标准。最大限度地利用生物炼制中微藻生物质的所有成分，将有希望从目前的小规模生产发展成为有价值商品的大规模生产。

延伸阅读

第 15 章　湿微藻预处理和油脂提取：
挑战、潜力和工业应用规模化

Md Shamim Howlader 和 William Todd French

摘要　利用微藻生产油脂在减少使用传统化石燃料产生的环境问题方面具有巨大潜力。目前，从微藻生物质中工业化生产油脂用于生物燃料的障碍，通常来自生物质干燥后进行的提取成本。如果直接在湿生物质上进行提取，可以显著降低油脂提取成本。目前，从湿生物质中回收的油脂效率非常低，在大规模应用中不具备竞争力。由于水分含量高，在提取油脂之前，需要对湿生物质进行预处理，以提高整体油脂采收率。在提取油之前，可以采用不同的预处理（如高压均质、超声波、微波辐射等）破坏微藻致密的细胞壁。有时预处理和油脂提取都可以使用相同的设备进行以降低总体生产成本。在考虑其商业规模应用之前，需要仔细评估不同预处理方法的工艺经济性和油脂提取成本。

关键词　生物燃料；微藻；油脂提取；预处理

1　前言

我们正处于这样一种状态，迫切需要解决目前面临的一些基本生存问题，以使地球免遭某些现实威胁。全球变暖是 21 世纪最受关注的问题之一，全球变暖正在发生，并对我们的生存造成严重威胁。由于地球表面温度的升高，我们所在的星球已经发生了巨大的变化。化石燃料的使用是全球变暖的主要原因之一，而全球变暖通常是由化石燃料和其他高度工业化产生的温室气体排放引起的（Ramakrishnan，2015）。为了减轻全球变暖，需要将注意力转移到生产更绿色的燃料上，这些燃料应该不仅对环境友好，而且具有成本效益，使其能够大规模应用。一般来说，生物柴油是一种更环保的燃料，排放的温室气体较少，并且是由大豆和菜籽油等不同植物油来源生产的可再生能源。但以这些原料生产生物柴油不是一个长期解决方案，因为它们多被用作食物并且生长和生产依赖于季节变化（Mazanov et al，2016；Park et al，2008；Patel et al，2017）。

不同类型的微生物是大规模生产生物柴油的潜在来源。通常,产油微生物被认为生物燃料生产的合适候选微生物,这些微生物可以在干细胞重量(DCW)的基础上生产超过20%的油(可高达80%)(Shields Menard et al,2018)。在产油微生物中,酵母菌适合大规模生产生物柴油,因为酵母菌生长速度更快,它可以利用多种底物,并且与其他微生物相比,其生产率更高(Patel et al,2017;Alfenore et al,2016;Adrio,2017)。尽管不同的细菌和真菌可以在许多方面应用,也可以考虑生产生物柴油(Mukhopadhyay,2015;Portillo Etfail. 2018)。在不同的微生物中,微藻是研究最广泛的微生物之一,由于其多功能性,比如有数千种可供探索的物种,不与生产植物油的食物竞争,且能够固定大气中的二氧化碳,可以在世界任何地方培养,并且当藻株正常生长时具有较高的生物质和脂质含量(Singh et al,2010;Grifiths et al,2009;Alam et al,2019;Wan et al,2015;Lu et al,2019)。一般来说,从微藻中提取脂质,该过程首先在控制条件较少的开放的池塘中进行微藻的培养,或者在较易控制的光生物反应器(简称PBR)中培养。制作微藻生物燃料过程的第二步是收集微藻,然后使用合适的溶剂从细胞生物质中提取脂质。

传统的微藻油脂提取方法是将微藻生物质经干燥后用溶剂进行提取。湿微藻的干燥过程非常耗能,导致基于微藻的生物燃料商业化经济性不够(Sathish et al,2012)。从湿微藻生物质中提取脂质可以绕过生物质的干燥来消除这一缺点。尽管湿法提取工艺可以降低能源需求,但问题仍然存在,因为从湿生物质中提取的脂质通常很低。溶剂萃取前对湿生物质进行预处理可提高脂质回收率,可通过多种不同方式进行预处理,如物理、化学、酶等。已有许多关于微藻生物质预处理提高湿生物质脂质回收率的报道(Yap et al,2015;Wang et al,2015;Dong et al,2016;Howlader et al,2018a;Martinez-Guerra et al,2018)。除脂质外,微藻生物质还可用于蛋白质、碳水化合物和其他生物产品的提取。在本章中,将讨论用于处理生物质以提高脂质回收率的不同预处理技术。此外,还简要讨论了利用不同的细胞破碎方法对微藻生物质预处理后蛋白质回收的研究结果。在这里,报道了研究人员在过去5年获得的数据以及最新的发现。

2 从干生物质中提取油脂

传统上在采用不同的方法干燥湿细胞后,然后再从微藻生物质或其他微生物中提取脂质。对于实验室规模的油脂提取,冷冻干燥是广泛使用的生物质干燥方法,该方法是在低温下通过真空进行干燥。对于大规模的油脂提取和生物柴油生产,在进行油脂提取之前,一般使用滚筒干燥机或喷雾干燥机对微藻生物量进行干燥。由于较高的脂质回收率,因此首选从干燥生物质中提取脂质。但由于干燥需求更高能量,因此导致脂质提取成本总体增加,使该工艺不适合大规模应用。因此从湿微藻细胞生物质提取脂质是首选。

3 湿法提取油脂

从湿生物质中提取油脂是提高微藻中油脂和其他生物产品回收率的首选方法,有助于开发经济高效的生物技术。湿微藻中水分含量高,阻碍溶剂回收油脂,可以通过对湿微藻预处理来解决提取油脂的问题。对湿微藻进行预处理的方法有多种如高压均质、微波辐射、超声波处理、高压气体法和蒸汽爆破等。下面将进一步讨论应用于微藻的细胞破碎或预处理方法。

3.1 高压均质

高压均质(HPH)是微生物预处理中应用最广泛的技术之一,可用于提取不同用途的细胞内化合物。与前面讨论的许多其他方法不同,高压均质已经工业规模应用于乳制品加工中蛋白质提取和纯化(Cano Ruiz et al,1997)。一般用于微藻处理的 HPH,主要是对一定生物质浓度的湿藻细胞施加单道或多道超高压(5~150 MPa),通过打破厚厚的细胞壁释放细胞内脂质或蛋白质(Samarasinghe et al,2012;Yap et al,2014;Günerken et al,2015),然后使用其他方法从均质样品中提取产品,如膜过滤(机械法)和溶剂萃取(化学法)。已有许多关于在不同的加压条件下使用 HPH 处理后提高油脂回收率的报告。例如,Yao 等(2018)发现通过 HPH 处理的正己烷萃取法可以回收 57.4%的脂类,比 Bligh-Dyer 法(回收率44%)要高得多。Cho 等(2012)报告表明,当 HPH 处理样品和未处理样品的油脂提取时间分别为 30 min 和 5 h 时,油脂回收率可从 19.8%提高到 24.9%。由于油脂提取和后续生物柴油生产的主要缺陷就是提取成本。因此,如果微藻中的起始固体含量较高,则 HPH 处理的能量需求会明显低于其他方法。尽管如此,HPH 不适用于具有较低细胞密度的微藻生物质,因为低细胞浓度的微藻加工成本非常高,使该工艺不适合大规模应用。HPH 处理的能量需求可使用以下方程式获得:

$$E(MJ/kg) = PN/C_m\rho$$

式中,E 是处理每千克干生物质所需的总能量;P 是施加压力,MPa;C_m 是处理藻细胞的固体百分比(%);N 是处理过程中使用的通径数。尽管从能源消耗的角度来看,处理后的细胞中固体含量越高越有利,但对于密度较高的细胞来说,却有一定的缺陷,例如,高黏度会导致额外的单元操作,需要将其泵送至 HPH 设施,同时乳化液的形成是另一个需要考虑的问题。据报道,当 HPH 用于处理细胞固体含量在 20% 到 25% 时,正己烷提取的脂质回收率有所降低(Yap et al,2015;Dong et al,2016)。

3.2　微波预处理

微波是另一种很有前途的微藻微生物预处理方法,可提高干、湿生物质的油脂回收率。微波会产生频率为 0.3 ~ 300 GHz 的电磁辐射,其中微藻细胞壁会因非接触热源而破裂,并且可以使用溶剂提取细胞内脂质或其他代谢物(Drira et al,2016)。微波是实验室应用最广泛的微藻油脂提取预处理方法之一。微波的优点之一是既适用于干生物质,也适用于湿生物质。其他显著优势包括非接触热源,与其他方法相比,该工艺需要更少的设备,以及具有更快的能量传递(Drira et al,2016)。有报道称,微波可以提高微藻生物质的油脂回收率。例如,de Moura 等将微波处理的微藻生物质的脂质提取与超声波处理进行比较,发现微波处理的脂质回收率提高了 20%(W/W),还发现微波预处理对提取脂质中的脂肪酸比例没有影响(de Moura et al,2018)。Heo 等(2017)报道,微波处理的微藻细胞的脂质回收率为 83%(W/W),未处理细胞的脂质回收率为 51%(W/W)。Balasubramanian 等(2011)比较了用微波和水浴控制处理微藻生物质后的脂质提取,用微波处理的生物质回收率为 76% ~ 77%,用水浴控制回收率为 43% ~ 46%(W/W)。从上述讨论中可以看出,微波可用于从微藻细胞中脂质的回收,与传统方法相比,成功率更高,但从能源消耗角度来看,该工艺必须具有成本效益才能实现工业化应用。成本估算应包括需要处理特定藻细胞所需的总能量以及所获得生物柴油的可用能量。已有关于微波法能量需求的报告,可以得出结论微波法由于其高能量需求而不能用于大规模加工微藻(Ali et al,2015;Lee et al,2012)。例如 Lee 等(2012)对不同微藻的微波处理的能源需求进行了研究,发现每千克干生物质处理需要 420 MJ,这是非常高的,使该工艺不适合商业规模应用。

3.3　超声波处理法

超声波是一种广泛应用于微藻生物柴油的预处理技术。超声波处理过程及其工作原理在前面已经做了介绍(Howlader et al,2018a)。应重点研究不同参数的影响如功率、处理时间、超声波发生器强度以及微藻细胞生物质中的固体浓度对脂质回收率的影响。一般来说,随着处理参数的不同,有可能提高脂质回收率,但处理时间越长,最终产品的质量可能会下降,导致生产成本也会增加。因此需要选择合适的处理参数并优化工艺。最近有许多关于利用超声波处理微藻生物质以提高脂质回收率的研究。例如所处理的生物质浓度为15%(W/W)的情况下,Garoma 和 Janda 报道了超声处理后普通小球藻的脂质回收率与未经处理的细胞相比增加了 26.4%。这是因为生物质浓度对脂质提取的影响,当生物质浓度超过 15%,对于特定的溶剂体系,脂质萃取率也没有提高(Garoma et al,2016)。Adam 等(2012)通过研究功率、提取时间和干物质百分比的影响,发现生物质的干物质百分比是使用超声波提取脂质的最显著因素。在 Ellison 等最近的一项研究中,他们使用布勒染色法以及用正己烷从混合微藻样品提取脂质,研究了超声波功率和处理时间对脂质提取的影响。发现当使用布勒染色法提取脂质时,最佳超声条件为 750 W 和 30 min,可将脂质回收率从 8.3% 提高到 16.9%(Ellison et al,2019)。超声波处理也可应用于微藻对数生长期以提高低浓度时的生物质和脂质含量。如 Ren 等(2019)使用 20 W 的超声波功率和 20 kHz 的频率改善微藻的生长和脂质积累,发现生物质和脂质含量达到了最佳值2.78 g/L 和 890 mg/L,而对照组的生物质和脂质含量分别为 2.00 g/L 和 550 mg/L。由于超声波处理的底物消耗量较大导致了较高的脂质和生物质含量。这项引人注目的研究为生物燃料的应用打开了一扇新的大门,如果这种方法能够扩大到工业规模,那么生物柴油的生产成本就会大大降低,使该过程成为可行的方案。

3.4　蒸汽爆破

蒸汽爆破可应用于湿微藻生物质上,在添加不同浓度酸或不添加酸的情况下以释放细胞内脂质。蒸汽爆破通常利用120~240℃的温度和 1.03~3.45 MPa 的压力进行短时间的爆破(约 5 min)(Cheng et al,2015;Lorente et al,2015,2017)。系统在指定时间内保持加压状态,然后突然减压至常规环境条件。有报道称,使用蒸汽爆破技术可以提高各种微生物的脂质和其他代谢产物的回收率。如 Lorente 等(2017)发现,与使用己烷作为溶剂的未处理样品相比,使用150℃蒸汽爆破(添加5%硫酸)处理的加迪塔南氯球藻,脂质回收率从2.1%(W/W)提高到惊人的17.6%(W/W)。同一作者还报道与未经处理的样品相比,经蒸汽爆破处理的加迪塔南氯球藻的蛋白质提取量从1.4%(W/W)增加到9.1%(W/W)(Lorente et al,2018)。值得注意的是,其他微生物的脂质和蛋白质回收率没有提高,这表明蒸汽爆破效果取决于处理不同微生物细胞壁的能力。Lorente等发现,添加不同浓度的酸可以提高蒸汽爆破过程中脂质的回收率。如以正己烷萃取法为例,当酸作为蒸汽爆炸的添加剂,其浓度从0增加到10.0%时,脂质回收率从2.5%(W/W)增加到10.0%(W/W)。Lorente等(2015)进一步比较了蒸汽爆破与其他预处理方法的脂质回收效果,发现蒸汽爆破与超声波和微波处理相比,脂质回收率显著提高。通过研究人员的初步研究,发现蒸汽爆破是一种潜在的预处理方法,可应用于微藻的工业化生产。蒸汽爆破对于生物燃料应用方面具有许多优点,但需要微藻加酸处理。在不添加任何酸的情况下,脂质回收率非常低,这将对其大规模应用构成障碍,因为从回收成本和环境考虑,大规模酸回收非常具有挑战性。与HPH和微波等其他传统细胞破壁技术不同,蒸汽爆破生物燃料和蛋白质提取应用过程尚未被彻底探索,这是扩大该方法应用于商业规模所必需做的事情。

3.5 高压气体处理

加压气体也可用于处理湿微藻以提高脂质回收率以及其他生物产品。对于加压气体处理方式来说,处理气体在一定压力、温度和搅拌下作用一定浓度的生物质微藻细胞悬浮液一段时间,然后系统突然减压,由于减压阶段气体膨胀,细胞被裂解(Howlader et al,2017a,2019)。使用加压气体破坏细胞的机制是一个有趣的现象,处理气体在99%(W/W)以上含水率的微生物细胞悬浮液中的溶解度对细胞高效率的破坏起着重要作用。尽管使用加压气体破坏细胞的确切机制尚不明确,但文献中讨论了几种可能的存在原因(Garcia Gonzalez et al,2007)。例如,如果处理气体与细胞悬浮液中的水发生反应,当二氧化碳用作处理气体时,悬浮液的总pH值由于形成碳酸而降低。由于pH值降低,细胞的正常细胞活性降低,因为细胞在特定pH值下具有最佳活性。第二种解释是当使用加压CO_2处理细胞时,一些未反应的气体通过细胞膜与代谢物(如Ca^{2+}和Mg^{2+})反应存在于细胞中,以$CaCO_3$和$MgCO_3$的形式沉淀。由于某些重要代谢物的丢失,细胞也失去了正常的活性。第三种解释是处理结束时压力突然降低,由于处理气体突然膨胀,细胞像一个爆裂的气球一样被机械破坏。当加压气体破坏细胞时,这些因素共同导致细胞破裂。研究发现有不同的气体可以用来破坏微生物细胞，CO_2是最合适的一种，因为具有明显的优势如其可以与细胞悬浮液中的水反应，以及与代谢产物生成沉淀，而其他气体（如 N_2、O_2、Ar 等）不会发生这种情况。此外 CO_2 是稳定的、廉价的、使用更安全的、无毒的。由于含油微生物的脂质在细胞干重中超过 20%（W/W），如果处理气体在富含脂类的细胞中具有中等至高度的溶解性，则该工艺将是有利的。文献报道，与其他气体相比，CO_2 在脂质（甘油三酯和三丁酸甘油酯）和富脂质细胞中的溶解度更高（Howladere et al，2017a，b，2018b）。目前加压 CO_2 已广泛用于食品应用中，可用于灭活食品中存在的有害微生物或病原体（Xu et al，2010）。虽然热处理也能达到类似的目的，但加压 CO_2 被发现具有优越性，因为热处理的食品质量会因温度高而降低。由于加压 CO_2 已成功应用于食品工业，该方法也可用于处理湿微藻以提高生物柴油应用中的脂质回收率。例如，Howlader 等（2017a）报道了当处理压力为 4000 kPa，处理时间为 5 h 时，经 CO_2 处理的粘性红酵母细胞的脂质回收率增加了 40%。该方法的主要优点之一是处理每千克干生物质所需的能量与其他传统方法相当（Howlader et al，2018a）。由于研究还处于探索其全部潜力的早期阶段，加压 CO_2 需要进一步研究，以考虑将其作为工业规模的微生物细胞破坏的替代方法。

3.6　离子液体辅助法

离子液体（IL）是室温下的液体，由于其黏度、密度、极性和疏水性等可调特性，近年来在固液分离领域得到了广泛的应用。这些属性可以通过更改其结构来改变。离子液体可同时用于微藻生物质预处理和脂质提取，与传统方法相比，离子液体具有一些优势，如不可燃、低蒸汽压、高热稳定性和化学稳定性等（Desai，2016）。Kim 等（2012）使用离子液体[Bmim][CF_3SO_3]和甲醇的混合物与传统的布勒染色法对小球藻的脂质提取进行了比较，发现脂质回收率分别为19%和11%。Orr 等（2016）研究了用于处理微藻生物质的各种离子液体，并使用己烷萃取法提取脂质，研究了微藻与离子液体的质量比、培养时间、水含量和助溶剂等方面的影响因素。结果表明，离子液体可以用来破坏微藻细胞壁，以提高细胞内高水分含量的脂质回收。此外，使用不同的离子液体处理微藻细胞生物质需要更低的能量，这使该工艺成为生物燃料应用的一种替代方法。To 等（2018）还研究了不同离子液体对脂质提取的影响，发现[Che][ARG]是从小球藻和钝顶螺旋藻中提取脂质最有效的离子液体，而[Emim][OAc]的效率最低。即使使用相同的微藻，在相同的处理条件下，不同脂质的结构差异也会导致不同的脂质提取率。Choi 等对 IL 和熔盐混合物提取脂质进行了另一项研究,发现单一熔盐($FeCl_3 \cdot 6H_2O$)脂质提取率为 113 mg/g,单一 IL[Emim][OAc]脂质提取率为 218.7 mg/g,熔盐混合物($FeCl_3 \cdot 6H_2O$)和[Emim][OAc]脂质提取率为 227.6 mg/g。结果表明,当熔融盐与 ILs 混合时,脂质回收率提高(Choi et al,2014)。虽然离子液体被认为是微藻生物质处理的一种合适候选方法,但该方法目前主要局限在实验室规模,需要进一步研究大规模应用的可行性。

3.7 其他预处理方法

与其他方法相比,使用氯(Cl_2)破坏细胞能量需求较低,因此有可能是预处理微藻生物质提高脂质回收率的潜在方法。Garoma 和 Yazdi 发现,氯处理的微藻生物质浓度为 0.2 g/L 时的能量需求为 3.73 MJ/kg,明显低于所有常规方法。尽管从能源需求角度考虑,Cl_2 处理具有一定的优势,但由于氯与残余生物质的反应活性,Cl_2 处理的脂质回收率甚至低于未处理的生物质(Garoma et al,2019)。如果能够降低反应性,那么氯法在油脂工业中还是可行的,但是需要进一步研究才能现实。正如 Sathish 和 Sims(2012)所报告的那样,稀酸处理是另一种有望用于微藻生物质预处理的技术,因为使用这种方法处理湿生物质可回收高达 79%(W/W)的脂质。尽管稀酸预处理具有处理湿微生物所需能量较低的优点,但由于稀酸带来的环境问题,使该方法无法大规模应用。如果将稀酸处理应用于商业,则需要数吨酸来处理生物质,当需要处理废液时会造成环境问题。表面活性剂也可用于预处理微藻生物质以提高脂质回收率。研究表明,表面活性剂用于处理湿生物质后提高了脂质回收率(Lai et al,2016)。通常,对于表面活性剂的辅助预处理,表面活性剂的浓度、处理时间和 pH 值等因素会影响萃取效率。虽然表面活性剂辅助法可以提高脂肪回收率,但由于表面活性剂成本高,该方法不适合大规模应用。酶预处理也可用于微藻以提高脂质回收率。当使用酶制剂预处理时,一般采用溶解一定量的酶与微藻混合培养一定的时间的方法。控制酶预处理的参数为酶浓度、培养时间、反应 pH 值和培养温度。酶既可以单独使用,也可以采用混合酶使用。

4 利用细胞破碎技术回收蛋白质

不同的细胞破碎方法可以用来回收蛋白质和其他副产品,许多研究人员一直在做相关研究。据报道在理想的处理条件下,高压均质(HPH)可用于改善细

胞膜解体后的蛋白质释放。例如 Safi 等（2017a）发现，与其他一些细胞分裂技术
[如珠磨、脉冲电场（PEF）和酶处理]相比，高压均质的细胞分裂率达到 95%，蛋
白质回收率超过 50%，且能量需求较低。在 Sai 等（2017b）进行的另一项研究
中，发现 HPH 在预处理期间释放的蛋白质（49%）比酶处理（35%）更多，但在酶
法破碎的情况下，膜过滤后的总蛋白质提取量更高。有时需要额外的处理来释
放微藻生物质中的蛋白质含量。例如，Phong 等发现单独超声波处理不能有效地
使蛋白质从微藻厚细胞壁中释放出来。当超声波与碱预处理相结合时，提高了
蛋白质的回收率。与单独使用超声波处理相比，使用超声波与碱处理结合处理
细胞时，小球藻的蛋白质回收率从 20% 提高到 25%（Phong et al,2018）。Lee 等
通过使用超声波破坏微藻细胞，研究了小球藻的蛋白质回收率，超声波在蛋白质
回收率方面与冻融和非离子洗涤剂 triton X-100 相比更为优越。最佳超声功率
和时间分别为 400 W 和 30 min,生物量为 6.0 g/L,蛋白质回收率为 25.3%（Lee
et al,2017）。Sai 等利用 5 种不同的细胞破碎技术，如对照法、手动研磨法、超声
波法、化学法（添加 2 N 的 NaOH 以保持 pH 值为 12 进行蛋白质提取）和 HPH,对
微藻雨生红球藻、拟微绿球藻、小球藻、螺旋藻和紫球藻的蛋白质回收进行了另
一项研究。使用高压均质（HPH）从紫球藻中提取的蛋白质产率为 90%，这是一
个非常高的回收率。其他方法的蛋白质回收率相对较低，对照法、手工研磨法、
超声波法和化学法分别为 24.8%、49.5%、67.0% 和 73.5%。值得注意的是，除
HPH 外使用化学方法的蛋白质回收率相对较高，并且与超声波和 HPH 相比，化
学方法的加工成本更低，这证明了使用 NaOH 的化学方法有可能大规模应用于
从微藻生物质中回收蛋白质（Sai et al,2014）。Lupatini 等（2017）也报告了在螺
旋藻上使用超声波破碎细胞回收蛋白质的类似结果，使用 33~40 min 的超声波
处理可以回收高达 76% 的蛋白质。

5 展望

目前正在针对不同的应用研究使用不同技术对微藻细胞进行破碎，并且在
湿生物质和干生物质中回收脂质方面取得了一定的成功。单一的破碎方法有时
无法以期望的生产率提取产品，可以采用不同技术的组合来解决这一问题。例
如，超声波与碱处理相结合比单独使用超声波处理进一步提高了蛋白质回收率
（Phong et al,2018）。Martinez-Guerra 等（2018）利用微波和超声波联合作用生产
脂肪酸甲酯（FAME）。Liang 等（2012）发现当酶辅助提取与超声波结合时，脂质

回收率可高达49%。在研究的所有方法中,高压均质(HPH)认为是迄今为止最适合工业规模的细胞破碎方法,其他方法在小规模或实验室规模应用中显示出较好前景,但在大规模过程中尚不可行。尽管HPH处理存在一些缺点,如为了降低能量需求要求微藻生物质中的固体含量更高,但需要额外的单元操作才能达到样品的高黏度需求,并且过程中形成的乳液阻碍了溶剂萃取。通过对该方法的研究可以使微藻生物燃料成为可能,因为HPH可以完全破坏微藻的坚韧细胞壁,并提高代谢物的回收率。其他方法尚处于开发初期,需要进一步研究微藻加工回收不同生物制品的可行性。

6 结论

本章讨论了不同的细胞破碎方法、脂质回收以及大规模应用的优缺点。根据处理每千克干生物质所需的能量、油脂回收、溶剂回收等,分析了工艺的可行性,发现如果生物质中的固体含量较高,高压均质是最合适的方法。不同的加压气体也可用于打破微藻细胞壁以提高代谢产物的回收率,但其可行性分析需要进行广泛的细致研究。目前实验室规模的使用方法,如微波、超声波和离子液体,因其优点而受到关注。另外除了脂质回收,最近也研究了使用这些预处理方法提取蛋白质的各种影响因素,发现高压均质是最合适的方法,其次是化学方法。化学方法只需要少量的化学品,但回收了相当数量(73%)的蛋白质,该方法的经济可行性有待进一步研究。最后,建议结合不同的细胞破碎方法提高微藻脂质和蛋白质回收率。

延伸阅读